Michael Has
Grenzen von Nachhaltigkeit und Ecodesign

Weitere Titel aus der Reihe

Warum ist der Himmel blau?
Joachim Breckow, 2024
ISBN 978-3-11-145358-3, e-ISBN 978-3-11-145369-9

Energie – wo kommt sie her
Und seit wann sie uns beschäftigt
Wolfgang Osterhage, 2024
ISBN 978-3-11-115172-4, e-ISBN 978-3-11-115255-4

Faszination Flug
Wirbel, Zirkulation, Auftrieb
Peter Neumeyer, 2024
ISBN 978-3-11-133600-8, e-ISBN 978-3-11-133628-2

Sterngucker
Wie Galileo Galilei, Johannes Kepler und Simon Marius die Weltbilder veränderten
Wolfgang Osterhage, 2023
ISBN 978-3-11-076267-9, e-ISBN 978-3-11-076277-8

Unterwegs im Cyber-Camper
Annas Reise in die digitale Welt
Magdalena Kayser-Meiller, Dieter Meiller, 2023
ISBN 978-3-11-073821-6, e-ISBN 978-3-11-073339-6

Einstein über Einstein
Autobiographische und wissenschaftliche Reflexionen
Jürgen Renn, Hanoch Gutfreund, 2023
ISBN 978-3-11-074468-2, e-ISBN 978-3-11-074481-1

Michael Has

Grenzen von Nachhaltigkeit und Ecodesign

—

Läuft uns die Zeit davon?

Autor
Dr. habil. Michael Has, dist. Prof.
Grenoble INP - Pagora, UGA
Graduate School of Engineering in Paper,
Print Media and Biomaterials
Michael.Has@Protonmail.com

ISBN 978-3-11-144640-0
e-ISBN (PDF) 978-3-11-144684-4
e-ISBN (EPUB) 978-3-11-144691-2
ISSN 2749-9553

Library of Congress Control Number: 2024941707

Bibliografische Information der Deutschen Nationalbibliothek
Die Deutsche Nationalbibliothek verzeichnet diese Publikation in der Deutschen Nationalbibliografie;
detaillierte bibliografische Daten sind im Internet über
http://dnb.dnb.de abrufbar.

© 2024 Walter de Gruyter GmbH, Berlin/Boston
Coverabbildung: Eoneren / iStock / Getty Images Plus and ma_rish / iStock / Getty Images
Satz: VTeX UAB, Lithuania

www.degruyter.com

Grenzen von Nachhaltigkeit und Ecodesign
Läuft uns die Zeit davon?

Fußabdrücke, Nachhaltigkeit, Umwelt und Gesellschaft, Energie- und Rohstoffknappheit, nachhaltiges Leben

Vorwort

Bei der Recherche für eine einführende Vorlesung über Fußabdrücke sah ich mich mit der Notwendigkeit konfrontiert, eine Liste von Fußabdrücken zusammen zu stellen. Schnell ergab sich daraus die Frage, was passieren würde, wenn mögliche Grenzwerte zu solchen Fußabdrücken überschritten werden. Das Ergebnis war insofern erstaunlich, als dass bei entsprechenden Diskussionen gern davon ausgegangen wird, dass nur einziger Grenzwert überschritten wird, bevor sich ein Risiko abzeichnet. Wenn beispielsweise also der Kohlendioxidfußabdruck so hoch würde, dass sich das Klima in irreparablem Ausmaß ändert.

Sobald die Frage nach den Grenzwerten zu *einem* Fußabdruck im Raum steht, liegt es nahe zu fragen, was denn passieren würde, wenn diese Grenzwerte bei *zwei* Fußabdrücken gleichzeitig überschritten würden – und was passieren würde, wenn die Grenzwerte bei mehr als zwei Fußabdrücken überschritten würden. Das mag zunächst wie Schwarzmalerei wirken, aber ein Rückblick auf die Nachrichten der vergangenen Jahre zeigt, dass eine solche Situation hätte eintreten können: Ein vergleichbar kleines Schiffsunglück im Suez Kanal unterbricht die Rohstoffversorgung massiv; eine Pandemie, obwohl bei weitem nicht so tödlich, wie sie sein könnte, rührt an den gefühlten Grundfesten des gemeinsamen Lebens; Waldbrände auf der südlichen wie nördlichen Erdhalbkugel zeugen ebenso wie etwa das Abschmelzen von Eis in Gletschern und den Polkappen vom Klimawandel; ein kleiner Vulkanausbruch auf Island bringt den Flugverkehr zwischen Nordamerika und Europa durcheinander, und so weiter. Dies alles innerhalb weniger Jahre – was wäre also, wenn all dies gleichzeitig passiert wäre? Die menschliche Geschichte zeigt, dass solch ein Szenario keinesfalls etwas Neues wäre: Selbst eine oberflächliche Recherche liefert schnell Verweise, zum Beispiel auf Joseph Tainters überaus lesenswerte Arbeiten zum Kollaps großer Zivilisationen allgemein oder auch auf die Forschung von Eric Cline zum Ende der Bronzezeit.

Nun liegt bereits ein kleiner Denkfehler vor, denn Fußabdrücke und die angesprochenen Grenzen haben miteinander zu tun, sind aber nicht dasselbe. Wie passen also die angesprochenen Grenzen und Fußabdrücke zusammen? Für eine Vorlesung über Fußabdrücke ginge dies alles zu weit, stimulierte aber eine Herangehensweise für dieses Buch (wobei einzelne Kapitel einzeln zu lesen sein sollten, was notwendigerweise zu Wiederholungen führt).

Natürlich ist das allgemeine gesetzliche Ziel, Fußabdrücke aller Art, das heißt, auch die sozialen und unternehmensbezogenen Indikatoren, so zu halten, dass alle Aktivitäten auch unter dem Blickwinkel gesehen werden, dass dem größeren Ziel nachhaltiger Entwicklung zu dienen ist. Dazu bedarf es neben dem Bewusstsein auch konkreter Maßnahmen, die von allen Beteiligten der Lieferketten zu erbringen sind. Dies gilt für Unternehmen ebenso wie für Haushalte. Ein solcher Zusammenhang wird in der Berichterstattung von Unternehmen adressiert. Unternehmen in Europa müssen darüber berichten, welchen Nachhaltigkeitsimpact sie haben. Dazu wurde 2023 mit dem European Sustainability Reporting Standard (ESRS) ein Rahmenwerk verabschiedet. Kernpunkte sind die umweltbezogenen, sozialen und unternehmensführungsbezogenen Parameter, zu denen das berichtende Unternehmen Aussagen zu treffen hat, also die Fußabdrücke. Die Liste dieser Fußabdrücke ist lang, und es ist strittig, ob die im Standard verabschiedete Liste abschließend ist oder noch Parameter fehlen (zum Beispiel der Eintrag von Mikroplastik in die Natur). Aus Platzgründen wurde die Beschreibung begrenzt auf die wichtigsten Parameter.

Unternehmen unterscheiden sich voneinander, was ebenfalls für Haushalte gilt. Hier wurde davon ausgegangen, dass die einen von den anderen lernen können, gleichzeitig aber Lösungen kaum 1:1 übertragbar sind, weil sich die Gegebenheiten stark unterscheiden. Gute und flexible Lösungsansätze sind lokal oder regional und häufig individuell auf die einzelne Situation bezogen.

Die Stabilität des Systems aus Wirtschaft und Natur ergibt sich aus der kontinuierlichen Versorgung mit Energie und Ressourcen. Dabei liegt der Fokus der Verwendung beider nicht auf der Lösung der Probleme der Vergangenheit, sondern der Innovation und neuen Wertschöpfungen. Eine Reduktion der Fußabdrücke und Key Performance Indicators soll Risiken reduzieren, ohne jedoch das Wachstum der Wirtschaft zu behindern. Es ist interessant zu sehen, dass die Bewertung der ökologischen Fußabdrücke auf der Annahme beruht, dass sich die Natur vorhersagbar verhält, und das insbesondere bis zum Erreichen der Grenzwerte oder auch darüber hinaus. Die oben beschriebenen Ansätze, so wichtig, hilfreich und nötig sie sind, fußen auf dieser Annahme und der Hoffnung, dass sie zutrifft. Gleichzeitig ist bekannt, dass bestimmte Phänomene, insbesondere an Systemgrenzen bei Phasenübergängen, nicht vorhersagbar sind.

An dieser Stelle wird es nötig, die einfache Frage zu stellen, für wie lange Verantwortung zu tragen ist für das eigene Tun. Diese Überlegung ist nötig, denn Vorstellungen von Fußabdrücken basieren zum Teil auf der unausgesprochenen Vorstellung wonach die Natur, eine zukünftige Generation, jemand mit noch unbekannten Ideen „es schon richten" wird. Obwohl allenthalben nahezu als Standard genutzt, gibt es keinen Hinweis darauf, dass diese Art der Delegation legitim ist. Wie dringlich der Fokus auf die Vermeidung oder Lösung der Probleme ist, kann daraus abgeleitet werden, wie lange Produkte für ihre Herstellung benötigen oder wie lange sie im Verkehr sind. Ein Blick zu anderen Kulturen zeigt, dass auch diese Sichtweise, wenn auch nicht neu, dennoch hilfreich sein kann.

Mit klarem Blick scheint nur die Wahl zwischen Stabilität und Wachstum möglich zu sein, und bei noch genauerem Hinsehen wird klar, dass Wirtschaftswachstum und Reduktion von Verbrauch an Ressourcen und Energie nicht gleichzeitig möglich sind.

Recycling hilft nicht, das Problem mangelnder Ressourcen langfristig zu lösen, und Innovationen können das Energie- und Ressourcenproblem ebenfalls nicht grundsätzlich adressieren. Es scheint also nahezu unvermeidbar, dass die Wirtschaft schrumpfen muss. Der gesellschaftliche Diskurs dazu fehlt zum Teil, denn die Dringlichkeit für Entscheidung oder Not zum Handeln wird noch nicht gesehen. Ein Teilbereich der Wirtschaftswissenschaften diskutiert das Thema der nötigen Reduktion der Wirtschaftsleistung kritisch unter den Blickwinkeln *Postwachstum*, *Green Growth* oder *Degrowth*. Wie angesprochen, verhalten sich natürliche Systeme an ihren Grenzen nicht vorhersagbar – dies gilt auch für das sozialökologische System, in dem wir leben. Das Phänomen ist schon lange bekannt und zeichnet sowohl Systeme aus der Natur wie auch solche aus der Wirtschaft aus. Die Forschung zu diesen Vorgängen in der Literatur ist dennoch verhältnismäßig jung; sie wurde von C. S. Holling geprägt. Er zeigte unter anderem, dass Systeme vor dem Erreichen von Grenzwerten flexibel auf äußere Störungen reagieren und wieder in ihren Ausgangszustand zurückkehren. Nach dem Erreichen von Grenzwerten oder wenn die Versorgung mit Ressourcen am Ort des Bedarfs nicht mehr gegeben ist, verhalten diese Systeme sich nach einer Störung nicht mehr in dieser Weise – sie reagieren chaotisch und kehren nicht mehr in die vorherige Ausgangslage zurück. Dies kann zu einem Kollaps des Systems führen. Um dies genauer zu beschreiben, fügte Holling dem Bild von natürlichen Systemen drei weitere Parameter hinzu:

– Den Zugang zu Energie und Rohstoffen am Ort des Bedarfs (ähnlich dem, was der oben zitierte E. Cline beobachtete).
– Die Verbundenheit der Systemelemente miteinander.
– Resilienz als Widerstandskraft eines Systems gegenüber Störungen.

Verbundenheit, oder die Existenz von Netzwerken, kann man sich anhand des Bildes von einem Unternehmen vorstellen, das schon lange und erfolgreich besteht: Es wird durch langjährige Beziehungen etwa in Form von Verträgen oder von informellen Beziehungen stabilisiert. Man beobachtet eine Zunahme des wirtschaftlichen Potenzials im Laufe der Zeit, zum Beispiel mit der Anzahl von geschlossenen Verträgen. Eben diese Verträge können auch hinderlich sein, denn ihre Erfüllung bindet gegebenenfalls Ressourcen, die für die Weiterentwicklung des Unternehmens nötig wären. Die Netzwerke bilden also auch ein stabilisierendes Muster, auf dem die Wirtschaft wächst. Wenn Netzwerke nicht flexibel bleiben und irgendwann zu starr auf den gleichen Mustern basierend reagieren, wirken sie im Fall von unvorhergesehenen und neuen Herausforderungen nicht stabilisierend, sondern durch mangelnde Flexibilität zu rigide. Dieses Risiko ist jedem natürlichen System eigen, also immer vorhanden. Neben einer sorgfältigen Beobachtung aller Systemparameter besteht daher die einzige Handlungsmöglichkeit darin, Verbrauch und Wachstum zu begrenzen und sich auf die Erhaltung und den Ausbau der Flexibilität der Gesamtsysteme und auf eine Zurückhaltung bei der Ausbeutung von Ressourcen zu konzentrieren.

Etwas grafischer skizziert, folgt die Darstellung in diesem Buch der folgenden storyline:

Auf einer über Jahrhunderte skalierten Zeitachse liefern sozialökonomische Systeme (wie etwa unser Wirtschaftssystem) keinesfalls immer die gleiche Produktivität. Sie können wachsen, aber sie können auch kollabieren und aufhören zu existieren. Es könnte sein, dass sich ein neues System mit anderen Charakteristika und anderen oder den gleichen Einwohnern auf deutlich niedrigerem Produktivitätsniveau bildet. Dies soll in der folgenden Abbildung (Abbildung 1) kurz andiskutiert werden.

Das System wächst also und liefert Produktivität und Vernetzung. Es konsumiert zu diesem Zweck Energie und Rohstoffe. Dieser Ablauf findet sein Ende, wenn die Versorgung des Systems mit Energie und Rohstoffen zusammenbricht oder wenn Umweltbedingungen ein Überleben unmöglich machen.

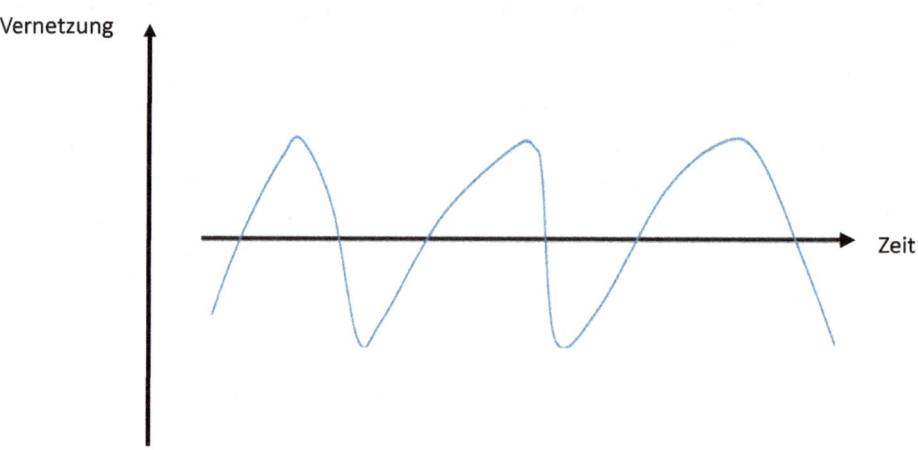

Abb. 1: Die Entwicklung eines sozialökologischen Systems. Die Entwicklung eines sozialökologischen Systems wiederholt sich häufig. Mit großer Vernetzung geht eine hohe Anfälligkeit des Systems für äußere Störungen einher. Ökosysteme reagieren vor dem Erreichen eines Umschlagspunktes vorhersagbar, das heißt, sie kehren in ihr Ausgangsgleichgewicht zurück. Jenseits eines solchen Umschlagpunktes ist das nicht mehr der Fall.

Auf lange Sicht wiederholen sich die Zyklen in der einen oder anderen Form. Mit großer Vernetzung geht eine hohe Anfälligkeit (niedrige Resilienz) des Systems für äußere Störungen einher. Holling konnte zeigen, dass Ökosysteme vor dem Erreichen eines Umschlagspunktes vorhersagbar reagieren, das heißt, in ihr Ausgangsgleichgewicht zurückkehren. Jenseits eines solchen Umschlagpunktes ist das nicht mehr der Fall: das System reagiert chaotisch auf äußere Anregung, und es verliert Produktivität wie auch interne Vernetzung, auch wenn keine Energie und keine Rohstoffe mehr zur Verfügung stehen.

Der Begriff „nachhaltig" bedeutet in dieser Darstellung, alles zu tun, um von einem solchen Umschlagpunkt fern zu bleiben, damit ein Kollaps vermieden wird, der mit einem Umschlag einhergehen würde. Ein solcher Punkt wurde in der untenstehenden

Grafik mit Y bezeichnet. Ein gewisser Sicherheitsabstand ist vernünftig, also links vom Punkt X zu bleiben, wäre weniger risikobehaftet als ein Ort im Raum zwischen X und Y.

Nun ist bekannt, dass Energie und Rohstoffverbrauch mit Umweltverschmutzung, Klimaveränderung und so weiter einhergehen. Die in der Abbildung dargestellte Charakteristik stellt den Weg in eine ökologische Katastrophe dar, die nur vermeidbar ist, wenn bestimmte Grenzwerte nicht überschritten werden. Die Frage stellt sich, wo genau diese Grenzwerte liegen und welche Parameter gemessen werden sollen. Wenn Grenzwerte nicht bekannt sind, ist es vernünftig, die Frage zu stellen, womit zum Beispiel die Menschheit oder lebende Spezies Erfahrung hat, und diese Werte dann als Grenzwerte anzunehmen. Diese Art von Parametern wird heute als „Fußabdruck" bezeichnet und die Grenzen entsprechend als „planetary boundaries" (siehe Kapitel 6).

Dieses Konzept wird im Folgenden aufgegriffen.

Zuerst (das heißt, in den Kapiteln 1–5) wird angenommen, dass das System stabil ist, wenn nur die richtigen Fußabdrücke bekannt sind und man weit genug von ihnen entfernt ist. Es ist also nötig, die Fußabdrücke zu kennen, die gesetzlichen Regelungen, die denkbaren Maßnahmen, die Verantwortlichkeiten, die Menge an zur Verfügung stehenden Ressourcen und so weiter. Kapitel 1–5 beschäftigen sich mit Prozessen links vom Punkt X in der obigen Abbildung.

Kapitel 6 erweitert das Bild: Neun planetary boundaries sind bekannt (Kapitel 6), und von diesen sind sechs überschritten. Es zeigt sich damit, dass es zwischen X und Y „noch Platz gibt", aber es ist nicht bekannt, wie und wann das System überlastet wird und wie es bei Überlastung reagiert – siehe Abbildung unten (Abbildung 2).

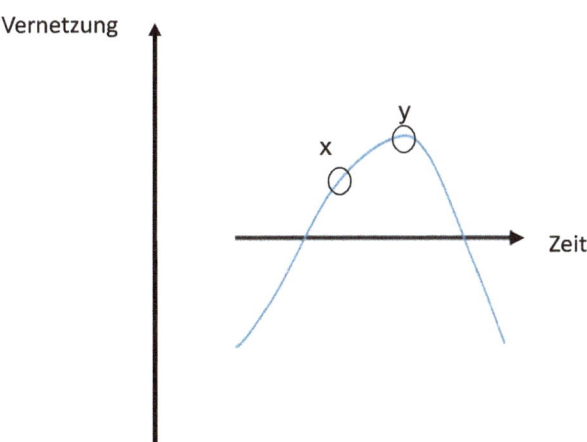

Abb. 2: Die Entwicklung des sozialökologischen Systems verläuft bei y so, dass das System nach einer Störung nicht wieder in sein Ausgangsgleichgewicht zurückkehrt. Das System verhält sich chaotisch. Es ist daher in jedem Fall vernünftig, vorsichtig zu handeln und Risiken so zu vermeiden, dass bereits ein Überschreiten eines Punkts X vor dem Punkt Y vermieden wird.

Spätestens zwischen X und Y ist Handeln bereits vor Erreichen des Punktes X nötig, jedoch von allem dringend erforderlich: Es ist ein Zeichen von Verantwortung, nachhaltiger mit Energie und Rohstoffen zu wirtschaften, das Wirtschaftswachstum zu begrenzen, um von unbekannten Grenzen und Effekten fern zu bleiben und damit kein Risiko für sich selbst und andere einzugehen.

Bei dieser Gelegenheit wird häufig auf „Recycling" und „Innovation" als Rettungsanker verwiesen. Wie in Kapitel 6 skizziert, sind Recycling und Innovationen natürlich hilfreich, können aber die Hoffnung prinzipiell nicht bedienen.

Danksagung
Wie bei Buchprojekten häufig, war auch in diesem Fall Hilfe unerlässlich. Es ist eine angenehme Pflicht, verschiedenen Weggefährten und Freunden Dank zu sagen: Claus Biegert, Armin Grossmann, Daniela Hinteregger, Thomas Lee, Bernard Pineaux, Veronika Weithaler, Ute Skambraks und Aldona Szymanek.

Literatur
Ich habe Referenzen angegeben, die hoffentlich für die Leser nützlich sind. Ich hoffe, dass es mir gelungen ist, die Inhalte der Quellen treffend zusammenzufassen. Sollten einige der hier vorgestellten Ideen nicht zitiert worden sein oder unbeabsichtigt die Ideen anderer wiederholen, ohne zitiert zu werden, kann ich neben Nachsicht nur darum bitten, mich auf die entsprechende Arbeit aufmerksam zu machen, damit sie in späteren Ausgaben dieses Buches entsprechend erwähnt werden kann.

Inhalt

Vorwort —— V

1 Einführung —— 1

2 Fußabdrücke und Key Performance Indicators —— 11
2.1 Der nachhaltigkeitsbezogene Handlungsrahmen der Menschheit —— 11
2.1.1 Berichterstattung und Gesamtbewertung —— 19
2.1.2 Life Cycle Assessment und Economic Input Output Approach —— 22
2.1.3 Vorgehensweise zur Ermittlung von Fußabdrücken —— 24
2.1.4 Vorgehensweise bei der Berichterstattung —— 26
2.1.5 Genauigkeit der Angaben/Fehler —— 28
2.2 Umweltfußabdrücke —— 31
2.2.1 Der ökologische Fußabdruck —— 32
2.2.2 CO_2-Fußabdruck —— 33
2.2.3 Der Wasserfußabdruck – Schutz von Wasser und Meeresressourcen —— 35
2.2.4 Biodiversität als Kenngröße für biologische Vielfalt —— 38
2.2.5 Landverbrauch —— 41
2.2.6 Der Verbrauch von Ressourcen – Abfall —— 42
2.3 Soziale KPIs —— 44
2.3.1 Einführung —— 45
2.3.2 Menschenrechte —— 46
2.3.3 Faire Arbeitspraktiken —— 49
2.3.4 Lebensbedingungen —— 51
2.3.5 Gesundheit und Sicherheit —— 51
2.3.6 Vielfalt am Arbeitsplatz oder im gesellschaftlichen Leben —— 52
2.3.7 Empowerment —— 53
2.4 Gute Unternehmensführung – Governance —— 54
2.5 Zusammenfassung —— 57

3 Gesetzliche Rahmenbedingungen —— 62
3.1 Nachhaltiges Handeln – ab wann? —— 63
3.2 Rechtliche Vorgaben für ökologisch nachhaltiges Arbeiten —— 67
3.2.1 Die Corporate Sustainability Directive —— 68
3.2.2 EU Taxonomy Directive —— 69
3.2.3 Berichterstattung zu Nachhaltigkeitsfragen —— 69
3.2.4 EU Emission Trading System /Carbon Border Adjustment Mechanism —— 72
3.2.5 Lieferkettensorgfaltspflichtengesetz —— 73
3.2.6 Corporate Sustainability Due Diligence Directive —— 74
3.2.7 Ecodesign (siehe auch Kapitel 4.2.1) —— 75
3.2.8 Risikoanalysen in der Nachhaltigkeitsberichterstattung —— 76

4	**Handlungsansätze —— 81**
4.1	Gesellschaftliche Handlungsansätze im Nachhaltigkeitsumfeld —— 83
4.1.1	Alternativen zum Bruttosozialprodukt —— 84
4.1.2	Eigentum und Eigentumsübergänge und Wertschöpfungs- beziehungsweise Lieferketten —— 87
4.2	Unternehmerisches Handeln im Nachhaltigkeitsumfeld —— 92
4.2.1	Ecodesign —— 93
4.2.2	Projektablauf für Ecodesign-Vorhaben —— 96
4.2.3	Allgemeine Maßnahmen für materielle Produkte – „Golden Rules" —— 98
4.2.4	Extended Producer Responsibility —— 99
4.2.5	Gutschriften und Zertifikate —— 100
4.3	Handeln im Nachhaltigkeitsumfeld Privathaushalt —— 108
4.3.1	Fußabdrucksrechner – MRIO – Ansatz und Landverbrauch —— 109
4.3.2	Lieferketten —— 113
4.3.3	Konkrete Ansätze —— 114

5	**Eigentum und Verantwortung —— 123**
5.1	Nachhaltiger Konsum —— 123
5.1.1	Umtriebszeiten —— 125
5.1.2	Nutzungsdauern —— 127
5.1.3	Verantwortlichkeitszeiträume in anderen Kulturen —— 130
5.1.4	Andere Blickwinkel auf Zeit im Nachhaltigkeitskontext —— 131
5.1.5	Wie viel Zeit bleibt? —— 133

6	**Läuft uns die Zeit davon? —— 136**
6.1	Innovation —— 140
6.2	Adaptive Cycles —— 142
6.3	Recycling —— 155
6.4	Green Growth – Postgrowth – Degrowth —— 159

7	**Zusammenfassung —— 169**

Personen- und Stichwortverzeichnis —— 173

Abbildungsverzeichnis —— 177

Tabellenverzeichnis —— 179

Quellenangaben —— 181

Biographie —— 191

1 Einführung

Nachhaltigkeit und Nachhaltigkeitsziele, Endlichkeit der Ressourcen, Klimadiskussion, Wachstum, Reduktion der Wirtschaftsleistung

Nachhaltigkeit
Hans Carl von Karlowitz verfasste 1713 das erste in sich geschlossene deutschsprachige Werk zur Forstwirtschaft. Es trug den Titel „Sylvicultura oeconomica, oder haußwirthliche Nachricht und Naturmäßige Anweisung zur wilden Baum-Zucht" [1]. Von Karlowitz schrieb das Buch nach einer Reise durch das europäische Ausland, in der er eine Vielzahl von Sichtweisen auf die Natur und Methoden der Forstwirtschaft kennen gelernt hatte. In seinem Werk wird die Grundidee der nachhaltigen Wirtschaftsweise sinngemäß formuliert: „Daher wird die größte Kunst/Wissenschaft/Fleiß und Einrichtung lokaler Ländereien darin bestehen, wie man eine Erhaltung und Bewirtschaftung des Holzes so herstellt, dass es eine kontinuierliche nachhaltige und dauerhafte Nutzung gibt. Dies ist unverzichtbar, da ohne solches Verhalten das Land nicht in seinem Wesen verbleiben kann."

Während sich diese Sichtweise auf die Nutzung der Ressource Land für die Produktion des Rohstoffs Holz bezieht, bezog von Karlowitz in seinen Überlegungen auch das Nutzungsverhalten von Konsumenten mit in seine Betrachtungen ein. Er verdeutlicht das Prinzip mit einer Metapher, indem er sinngemäß schreibt, dass man „alte Kleidung nicht wegwerfen sollte bis man neue hat. Genauso sollte man den Vorrat an reifem Holz nicht ernten bis klar ist, dass es genügend Nachwuchs gibt."

Nachhaltiges Wirtschaften im Sinne von von Karlowitz bezieht sich somit auf den gesamten Zeitraum, der für die Herstellung und Nutzung eines Gutes erforderlich ist und bezieht die Entsorgung mit in das Denken ein. Auf die Verarbeitung wird nicht explizit eingegangen, und auch der Entsorgung widmet sich von Karlowitz nicht weiter. Dies ist ein auch aus heutiger Sicht sinnvoller Ansatz für Holz. Diese Idee hängt eng zusammen mit dem Verständnis eines Wirtschaftens im Sinne von „vom Zins und nicht vom Kapital leben". In einem weiteren Sinne besteht damit zwischen ökologischer Nachhaltigkeit und wirtschaftlich nachhaltigem Verhalten ein seit langem bekannter Zusammenhang, der meist besser verstanden wird.

Vor diesem Hintergrund ändern sich die Definitionen dessen, was unter Nachhaltigkeit verstanden wird, im Laufe der Zeit: So stellte der Brundlandt-Report [2] den Menschen und seine Wirtschaft in den Mittelpunkt, in dem er die Prämisse ausgibt „Unsere eigenen Bedürfnisse befriedigen, ohne die Fähigkeit zukünftiger Generationen zu gefährden, ihre Bedürfnisse zu befriedigen". Diese Definition hebt den Konflikt zwischen heutigen und kommenden Generationen hervor und konzentriert sich auf eine für Menschen bedarfsgerechte Entwicklung.

Eine weniger anthropozentrische und modernere Überlegung spiegelt sich in der modernen Definition von Nachhaltigkeit, wie sie von der University of Alberta vorgelegt wurde: Nachhaltigkeit, so deren Sichtweise, ist der Prozess des Lebens innerhalb der Grenzen der verfügbaren physischen, natürlichen und sozialen Ressourcen. Diese Definition fokussiert sich auf die belebte und unbelebte Natur in all ihren Wechselwirkungen. Sie rückt damit die Natur in den Mittelpunkt und verdeutlicht den Konflikt zwischen den Rechten aller Lebewesen. Zudem sieht diese Betrachtungsweise die Natur als ein hochkomplexes und vor allem dynamisches System.

Die Definition der University of Alberta [3] nutzt das verführerische Wort „verfügbar". Wie weiter unten ausgeführt wird, kann diese Sichtweise in eine Situation münden, in der ein Wirtschaftssystem auf Kosten sowohl der Vergangenheit als auch der Zukunft in der Gegenwart wirtschaftet: Ressourcen, die zum Teil in Jahrmillionen natürlich angereichert wurden, werden schnell und künstlich konzentriert, verbraucht und nach kürzester Zeit zu Abfällen, aus denen diese Ressourcen nicht mehr zurück zu gewinnen sind ohne Energie, die ebenfalls zum Teil in erdgeschichtlichen Zeiträumen erzeugt wurde. In diesem Zusammenhang allgemein und ohne Restriktionen von „verfügbar" zu sprechen, ist Teil des Problems.

> In dem Sinne nachhaltig zu leben bedeutet, dass nur das genutzt wird, was innerhalb der eigenen Lebensspanne von der Natur produziert wird in Termini von Energie wie auch von Ressourcen.

Die äußeren Rahmenbedingungen sind insbesondere durch soziale Maßgaben gegeben, die von verschiedenen Kulturen jedoch unterschiedlich interpretiert werden.

Diese Sichtweise führt zu der Frage nach den Maßstäben dafür, was als nachhaltig angesehen werden kann. Im Sinne von von Karlowitz ist dafür eine sorgfältige Analyse *aller* die Nachhaltigkeit beeinflussenden Größen (im Folgenden Fußabdrücke oder KPIs genannt) über den gesamten Lebenszeitraum von Produkten ein Zeitraum, der weit über das Lebensalter von einzelnen Personen hinausgehen kann. Bei dieser Analyse ist nicht unwahrscheinlich, dass im Laufe der Zeit die Einsicht wächst, dass Einflussgrößen unterschätzt wurden und noch zusätzlich in den Kanon der Fußabdrücke/Key Performance Indicators (KPIs) aufgenommen werden müssen. Daher haben Listen von Fußabdrücken einen gewissen Zeitwert.

Wenn Fußabdrücke oder KPIs ermittelt wurden, liegt es nahe, Grenzwerte zu entwickeln und damit einen Rahmen zu setzen, innerhalb dessen sich diese Fußabdrücke bewegen müssen, um nachhaltiges Wirtschaften zu ermöglichen. Nachhaltigkeitsziele ordnen die entsprechende Erreichung dieser Grenzwerte einem Jahr oder Schritt in der Entwicklung zu.

Nachhaltigkeitsziele
Das Tempo und das Ausmaß der Umweltveränderungen sind sehr beschleunigt. Das führt zu dem Bedarf, die Entwicklung von Industrie und Gesellschaften in Nachhaltigkeitsfragen global zu verwalten und vor allem auch anhand von Zielen zu steuern. Spätestens mit dem Brundtland-Report [2] war klar, dass ökologische Themen eng mit an-

deren Nachhaltigkeitsthemen wie der Versorgung (mit Energie, Ressourcen, Nahrung) oder sozialen Themen (Linderung der Armut, Inklusion) zusammenhängen.

Auf der einen Seite ist die Menge an Ressourcen und Energie, die die Erde zur Verfügung stellt, im globalen und lokalen Maßstab begrenzt. Auf der anderen Seite sind vor allem lokal Kompromisse zwischen den am Ort möglichen Ökosystemleistungen (d. h. lokaler Produktivität) und dem zulässigen Maß an Nutzung nötig. Die nötige Kompromissfindung soll durch Ziele wie die Sustainability Development Goals der UN (SDGs, [4]) und Grenzwerte erleichtert werden.

Die Vereinten Nationen (United Nations, UN) haben das Thema der Nachhaltigkeitsziele immer wieder aufgegriffen: Die SDGs resultierten aus politischen Verhandlungen über Ergebnisse einer wissenschaftlichen Diskussion. Das ist eine Schwäche, denn die Auswahl und Formulierung der SDGs führt häufig zu Diskussionen und dem Wunsch nach weiteren bis 2030 zu erreichenden Zielen. Dennoch haben die SDGs weltweite Anerkennung gefunden. Die SDGs sind in gewisser Weise eine Bilanz zwischen menschlichen Aktivitäten, der Profitabilität von Unternehmen und dem, was der Planet liefern kann. Diese Ziele unterstützen den oben angesprochenen Bedarf nach globaler Verwaltung und Steuerung von Nachhaltigkeitsvorgaben durch politische Vorgaben.

Die Nachhaltigkeitsziele der UN sind mit 17 Zielen und mehreren auch konkreteren Unterzielen zu jedem dieser Ziele beschrieben (Tabelle 1.1 unten).

Tab. 1.1: Nachhaltigkeitsziele der Vereinten Nationen (Sustainability Development Goals, [4]).

Kampf gegen Armut	Ungleichheiten reduzieren
Hunger beenden	Nachhaltige Städte
Gesundes Leben	Nachhaltiger Konsum
Hochwertige Bildung	Klimaschutz
Geschlechtergleichheit	Leben unter Wasser
Sauberes Wasser	Leben an Land
Saubere Energie	Frieden, Gerechtigkeit und starke Institutionen
Arbeit und Wirtschaftswachstum	Partnerschaften für diese Ziele
Ausbau der Infrastruktur	

Als zufällig gewähltes Beispiel sollen hier die Unterziele zu Ziel 2 aufgeführt werden, „Den Hunger beenden, Ernährungssicherheit und eine bessere Ernährung erreichen und eine nachhaltige Landwirtschaft fördern":

Ziel 2.1 Bis 2030 den Hunger beenden und sicherstellen, dass alle Menschen, insbesondere die Armen und Menschen in gefährdeten Situationen, einschließlich Kleinkindern, das ganze Jahr über Zugang zu sicherer, nahrhafter und ausreichender Nahrung haben.

Ziel 2.2 Bis 2030 alle Formen der Unterernährung beenden, einschließlich der Erreichung der international vereinbarten Ziele in Bezug auf Wachstumsverzögerung und Auszehrung bei Kindern unter 5 Jahren bis 2025 und auf die Ernährungsbedürfnisse heranwachsender Mädchen, schwangerer und stillender Frauen, sowie älterer Menschen eingehen.

Ziel 2.3 Bis 2030 die landwirtschaftliche Produktivität und das Einkommen kleiner Lebensmittelproduzenten, insbesondere von Frauen, indigenen Völkern, Familienbauern, Hirten und Fischern, verdoppeln, unter anderem durch sicheren und gleichberechtigten Zugang zu Land, anderen produktiven Ressourcen und Betriebsmitteln, Wissen und Finanzmitteln, Dienstleistungen, Märkte und Möglichkeiten für Wertschöpfung und Beschäftigung außerhalb der Landwirtschaft.

Ziel 2.4 Bis 2030 nachhaltige Lebensmittelproduktionssysteme sicherstellen und widerstandsfähige landwirtschaftliche Praktiken umsetzen, die Produktivität und Produktion steigern, zur Erhaltung von Ökosystemen beitragen, die Fähigkeit zur Anpassung an Klimawandel, extreme Wetterbedingungen, Dürre, Überschwemmungen und andere Katastrophen stärken und die Flachen- und Bodennutzung schrittweise verbessern.

Ziel 2.5 Bis 2020 die genetische Vielfalt von Saatgut, Kulturpflanzen sowie Nutz- und Haustieren und den damit verbundenen Wildarten erhalten, unter anderem durch solide Verwaltung und diversifizierte Saatgut- und Pflanzenbanken auf nationaler, regionaler und internationaler Ebene. Den Zugang zu fairer und gerechter Aufteilung der Vorteile fördern, die sich aus der Nutzung genetischer Ressourcen und des damit verbundenen traditionellen Wissens ergeben, wie international vereinbart.

Diese Ziele sind konkret und beinhalten Termine, bis zu denen das entsprechende Ziel erreicht werden soll. Die Ziele wenden sich an Regierungen, Nicht-Regierungsorganisationen (Non-government Organizations, NGOs), Unternehmen, und zumindest implizit auch an Verbraucher und die Zivilgesellschaften als Ganze. Zudem beziehen die Ziele ökologische und soziale Parameter in die Betrachtungsweisen ein: Inhaltlich stehen Themen wie Menschenrechte von einzelnen und Gruppen, Rechte der Natur, kulturelle Rechte, Klima- und Ressourcenschonung sowie ökologisch nachhaltiges Wirtschaften nebeneinander.

Obwohl solche Ziele einen gewissen Anlass für Optimismus geben und obwohl diese Ziele aus dem Jahr 2015 formal gleichrangig sind, wachsen die Treibhausgasemissionen nach wie vor und die Praxis vor allem in der Zusammenarbeit mit Unternehmen zeigt, dass es deutlich einfacher ist, soziale und wirtschaftliche Ziele anzugehen als ökologische. Zudem deuten Studien darauf hin, dass das Erreichen der SDGs im Allgemeinen nicht unbedingt die Umweltzerstörung verhindern wird [5]. Es besteht zumindest das Risiko, dass die SDGs dem Streben nach wirtschaftlichem Wachstum keinen Riegel vorschieben, was natürlich verhindern kann, dass das Ziel des notwendigen Wandels nicht erreicht wird.

Soziale Probleme sind anthropogen und beziehen sich auf Menschen. Sie sind wohl auch daher leichter anzugehen. Jedoch spielt die Umwelt eine grundlegendere Rolle: Ohne die Anerkennung dieser Rolle für das menschliche Wohlergehen und das Verständnis der Funktionen sozialökologischer Systeme (social-ecological systems (in der Literatur [6] abgekürzt als SES)) garantiert das Erreichen sozialer Ziele und Vorgaben für den lokalen Rahmen über kurze Zeiträume nicht das langfristige Überleben der Biosphäre.

Zudem sind die Ziele nicht voneinander unabhängig, und die Abhängigkeiten könnten zumindest zu lokalen Widersprüchen führen. Zum Beispiel, wenn Länder oder Regionen sich Ziele für Energieeffizienz und erneuerbare Energien vorgeben, indem sie Elektrofahrzeuge, Regulierung der Heiztechnik in den Haushalten, oder die Beimischung von Biokraftstoffen zum Kraftstoffmix formulieren (SDG 11), hat eine solche Vorgabe Auswirkungen auf verschiedene andere SDGs, wie in diesem Beispiel auf SDG 7 (Energie), SDG 13 (Klimaschutz), SDG 9 (Industrie) oder im Weiteren auch SDG 2 (Ökosysteme). Und inwiefern eine Entscheidung mit einem positiven Effekt in einem Bereich einen negativen Effekt in einem anderen Bereich erkauft und ob es dieser Vorteil wert ist, kann diskutiert werden. Die Natur kennt solche Widersprüche und sorgt in der langfristigen Evolution für einen Interessenausgleich (für einen Überblick zu solchen Widersprüchen und Korrelationen, siehe Mapping interactions between the sustainable development goals: lessons learned and ways forward in [7]).

Die Beobachtung, dass nicht nur von finanziellen Schieflagen ein Risiko für Unternehmen ausgeht, sondern auch von nicht-finanziellen Themen wie Umwelt, sozialen Verwerfungen und der Firmenführung, mündete bereits vor mehr als 30 Jahren in der Überlegung, dass Unternehmen neben finanziellen auch nicht-finanzielle Berichte formulieren sollten. Die oben genannten SDGs schaffen dazu ein Rahmenwerk, das allerdings zu unkonkret ist, um für einzelne Unternehmen zu Handlungsvorgaben zu gelangen. Wenn entsprechende Berichte heute verpflichtend angefordert werden, liegt es auf der Hand (auch, um Vergleichbarkeit zu gewährleisten), dass es konkreter Kriterienkataloge und Ziele bedarf, zu denen Unternehmen Stellung nehmen sollten. Mitte der 1990er Jahre wurden von NGOs und privaten Unternehmen entsprechende Ziele und Berichtsformate definiert. Das wiederum führte zu einem unübersichtlichen Wildwuchs von Standards, Labels, Zertifikaten und ähnlichem. Der erst 2023 verabschiedete European Sustainability Reporting Standard (ESRS) wurde von der EU als vereinheitlichter Nachhaltigkeitsberichtstandard entwickelt. In Kombination mit den SDGs kann der SERS als Richtlinie für Wirtschaft und Zivilgesellschaften dienen. Es ist jedoch damit zu rechnen, dass sich beide Standards weiterentwickeln werden, sowohl was die Grenzwerte, als auch was die Inhalte betrifft.

Ressourcenknappheit
Derzeit dominiert aufgrund der Zunahme von Extremwetterbedingungen und der allgemeinen Erwärmung der Atmosphäre die Klimadiskussion die Medien. Es ist jedoch ausschlaggebend für ein Verständnis der Gefahrensituation, neben der Klimadiskussion und den Menschrechten auch die absehbare Ressourcenknappheit nicht außer Acht zu lassen.

Wie dramatisch sich diese Situation darstellt, kann an einem Beispiel verdeutlicht werden: 2011 stufte die EU insgesamt 11 Rohstoffe als kritisch ein, die in der folgenden Liste [8] zusammengefasst sind:

Antimon, Beryllium, Kobalt, Flussspat, Gallium, Germanium, Graphit, Indium, Magnesium, Niob, Metalle der Platingruppe, Seltene Erden, Tantal, und Wolfram.

Bis 2023 ist diese Liste deutlich angewachsen [9] auf

Bauxit, Kokskohle, Lithium, Antimon, Feldspat, Seltene Erden, Arsen, Fluorspat, Magnesium, Baryt, Indium, Gallium, Magnesium, Beryllium, Germanium, Graphit, Bismut, Hafnium, Niob, Bor/Borate, Helium, Metalle der Platingruppe, Kobalt, Phosphate, Kupfer, Phosphor, Scandium, Silizium, Strontium, Tantal, Titan, Wolfram, Vanadium, und Nickel.

Diese Liste beinhandelt sowohl technisch wichtige Materialien (wie Lithium) als auch alltäglich sichtbare Materialien wie Kupfer, aber mit Phosphor beziehungsweise den Phosphaten auch Substanzen, die bei der heutigen Bewirtschaftungsweise als Dünger für die Versorgung mit Nahrungsmitteln nötig sind.

Natürlich bedeutet Ressourcenknappheit nicht, dass Ressourcen plötzlich nicht mehr zur Verfügung stehen. Wahrscheinlicher ist, dass förderungswürdige Abbaugebiete an exotischeren, das heißt, von Nutzern entfernteren Orten zu finden sind und/oder Förderungsmethoden durch unzugängliche Lagerstätten komplexer und auch umweltschädigender werden. In der Folge steigen Förder- und Transportkosten im Vorfeld und damit natürlich die Preise. Zudem entstehen neben weiteren Umweltschäden Abhängigkeiten von einer intakten Transportinfrastruktur, deren Existenz und Funktionstauglichkeit insbesondere in Zeiten des Klimawandels nicht als selbstverständlich angesehen werden darf.

Recycling und Innovation
Der verantwortungsvolle Umgang mit Ressourcen ist vor diesem Hintergrund verpflichtend. Recycling ist ein notwendiges wirtschaftliches Gebot. Es wirkt gelegentlich, als ob die öffentliche Diskussion davon ausginge, dass Recycling alle Probleme mit der Rohstoffknappheit lösen könne. Diese Annahme ist falsch, denn selbst ressourcenschonendes Design und Recycling kann nicht sicherstellen, dass *alle, das heißt, 100 % aller* Materialien, im Wirtschaftskreislauf verbleiben. Dies hat zur Folge, dass Recycling lediglich eine Verzögerung der Rohstoffknappheit zur Folge hat, sie aber nicht vermeiden kann (siehe auch Kapitel 6).

Neben dem Recycling sind Innovationen ein weiterer Hoffnungsträger in der Umweltdiskussion. Vielfach wird die Hoffnung geäußert, dass Innovation alle technischen Probleme und die Rohstoffknappheit lösen werde. Diese Hoffnung erweist sich als nicht oder nur bedingt berechtigt, denn neue Lösungen für komplexe Probleme neigen dazu, technisch noch komplizierter und ressourcenintensiver zu sein als die Probleme, die sie zu lösen beabsichtigen. Darüber hinaus erfordern sie wachsende Investitionen und wiederum Ressourcen, um zu funktionieren. Mit Forschung und Entwicklung gehen zudem auch steigende Energie- und Materialaufwendungen einher, die Innovationen verteuern können.

Die oben beschriebenen Folgen der Ressourcenknappheit werden absehbar in den kommenden Jahren unabhängig von den Folgen des Klimawandels das öffentliche Leben bestimmen.

Klimawandel

Der Klimawandel liegt hier nicht im Fokus. Er wurde so weitgehend diskutiert, dass er hier kaum noch adressiert werden muss: Zu Beginn des zwanzigsten Jahrhunderts waren A. Högbom und S. Arrhenius die ersten, die vor der isolierenden Wirkung von CO_2 in der Atmosphäre und dem Anstieg der Emissionen warnten. In der Folge wurde die isolierende Wirkung einer Reihe von Gasen genauer quantifiziert und der Effekt als Treibhausgaseffekt bezeichnet. Die entsprechenden Theorien wurden jedoch mit Skepsis betrachtet, insbesondere, weil unklar war, welche ausgleichenden Mechanismen (zum Beispiel die absorbierende Wirkung der Ozeane) wie stark zur Abmilderung des Effektes beitragen.

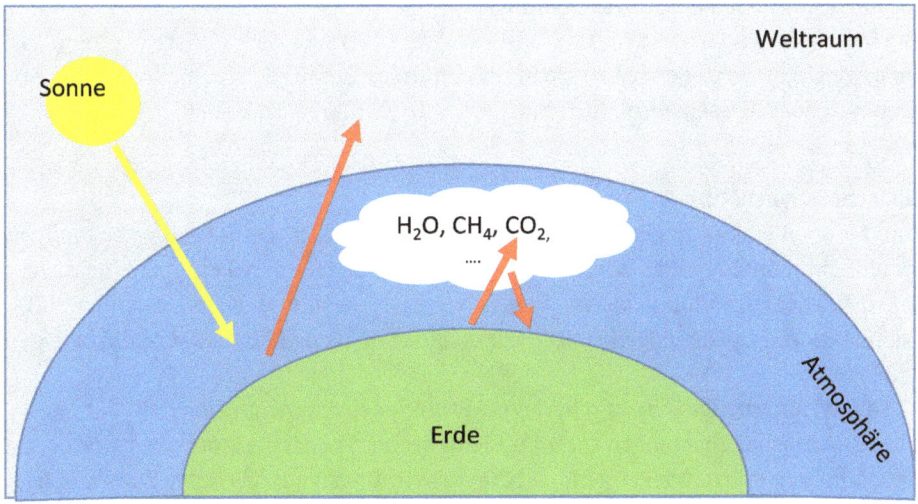

Abb. 1.1: Klimawandel. Die Sonnenstrahlung bewirkt eine Erwärmung der Erdoberfläche (~ 170 W/m^2). Ein großer Teil der entstehenden Wärme wird wieder ins Weltall abgestrahlt (~ 110 W/m^2). Durch Treibhausgase wird die Erdoberfläche isoliert und die Atmosphäre erwärmt sich durch die absorbierte Wärme.

Es zeigte sich, dass ausgleichende Mechanismen nicht wirksam genug sind, um den Klimaeffekt (siehe Abbildung 1.1 oben) zu verhindern und auch, dass die Emissionen bereits deutlich ausgeprägter angestiegen waren als zuvor angenommen. Erst in den 1990er Jahren wurde den Prognosen über das Klima mehr Aufmerksamkeit geschenkt und Regierungen zum Handeln aufgefordert. Es ist mittlerweile unbestritten, dass die globale Erwärmung wahrscheinlich deutlich vor 2030 1,5 °C im Vergleich zu 1990 erreichen wird.

Im Pariser Abkommen (von 2015, [10]) einigten sich die politischen Entscheidungsträger auf gemeinsame Ziele zur Begrenzung der globalen Erwärmung. Ziel des Abkommens ist ein Anstieg von maximal 2 °C gegenüber dem vorindustriellen Niveau. Wahrscheinlich werden die Emissionen im Jahr 2030 ihren Höhepunkt erreichen und erst in der Folge zu sinken beginnen. Dies führt unter Umständen zu einer Erwärmung von 2,4 °C bis 2050. Aufgrund der Aktivierung einer Reihe von CO_2-Emittenten, wie zum Beispiel auftauenden Sümpfen, kommt es jedoch zu einer weiteren Erwärmung von 0,6 °C, sodass die Gesamterwärmung bis zum Jahr 2050 bei etwa 3 °C liegen kann (vergleiche [11]). Das weltweite Wettergeschehen wird durch vermehrtes Auftreten von Extremwetterlagen charakterisiert.

Diese Entwicklung hat absehbar zur Folge, dass einige bewohnte Regionen der Welt unbewohnbar werden. Dies einerseits, weil es dort zu heiß wird, und andererseits, weil der Meeresspiegel steigt. Menschen, die in den entsprechenden Regionen leben, werden natürlich versuchen zu fliehen. Die entsprechenden Migrationsbewegungen werden die Bevölkerungsentwicklung auch fernab dieser klimatischen Problemzonen und Brennpunkte beeinflussen oder sogar dominieren.

Daneben ist klar, dass Märkte und der Warenverkehr sich ändern werden. Dies auch, weil heute bestehende Infrastruktur zumindest zum Teil nicht mehr oder nur verringert in der Lage sein wird, für Transporte zur Verfügung zu stehen.

Wirtschaftswachstum
Einige der oben beschriebenen Effekte intensivieren sich beim heutigen Stand der Technik mit zunehmender Wirtschaftsleistung. Das bedeutet insbesondere, dass wenn das Bruttosozialprodukt wächst, Ressourcenverbrauch und Klimabelastung durch Treibhausgasemissionen steigen. Die naheliegende Lösung könnte daher darin liegen, entweder
1. die Wirtschaftsleistung und deren Umweltimpact zu entkoppeln oder
2. die Wirtschaftsleistungen gezielt und auf breiter Front langsam zu reduzieren, um damit den Rohstoffverbrauch und die Auswirkungen auf das Klima zu verringern.

Eine nahe liegende Vermutung ist, dass es prinzipiell möglich ist, das Wirtschaftswachstum von der Nutzung natürlicher Ressourcen und den Treibhausgasen so zu entkoppeln, dass entweder das Verhältnis von Wirtschaftsleistung zu Verringerung der Nutzung natürlicher Ressourcen und der Treibhausgasemissionen verändert wird oder eine gänzliche Entkopplung stattfindet (siehe Abbildung 1.2 unten). Diese Vermutung wird unterstützt durch die Feststellung, dass auch Maßnahmen zum Umweltschutz oder für soziale Dienste zur Wirtschaftsleistung beitragen. Dem steht gegenüber, dass auch diese Leistungen Energie verbrauchen, so dass ein Nettoeffekt nicht einfach vorhersehbar ist.

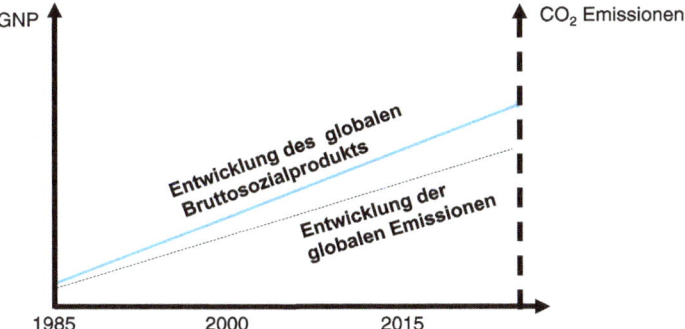

Abb. 1.2: Qualitative Entwicklung der globalen Wirtschaftsleistung im Vergleich zu den globalen Emissionen an Treibhausgasen. Der globale Energieverbrauch ist eng gekoppelt an die weltweitn Wirtschaftsleistung (das weltweite Äquivalent des Bruttosozialprodukts). Diese Kopplung ist lokal nicht überall gegeben. Im globalen Norden steigen die Emissionen etwas langsamer als im globalen Süden, und dies trotz des höheren Bruttosozialproduktes [12].

Heute wird davon ausgegangen, dass (wenn es überhaupt möglich ist) es sehr unwahrscheinlich ist, eine absolute Entkopplung schnell genug zu erreichen, um das Ziel einer globalen Erwärmung von über 2 °C zu verhindern. Nur eine sinkende Nachfrage scheint in der Lage zu sein, zu weniger Emissionen und Ressourcenverbrauch zu führen (siehe die Diskussion in Kapitel 6). Dabei darf nicht vergessen werden, dass auch bei Nutzung erneuerbarer Ressourcen Nachfrage und Produktion auf ein Niveau gesenkt werden müssen, das eine Erschöpfung der Vorräte an Ressourcen verhindert und das umweltfreundlich ist. Dies wird angesichts der unvermeidbaren Effizienzgrenzen von Recycling nur teilweise und nicht langfristig möglich sein.

Reduktion von Wirtschaftsleistungen
Wenn es zutrifft, dass durch Recycling grundsätzlich nicht alle, sondern nur ein Teil aller Ressourcen zurückgewonnen werden können, muss nahezu der gesamte auf dinglichem Wohlstand basierende Fortschritt mittel- oder langfristig mit einem Ressourcennotstand einhergehen (Kapitel 6). Damit wird aus Sicht der heutigen Nationalökonomien und gemessen an einem Bruttosozialprodukt heutiger Berechnung die wirtschaftliche Entwicklung langfristig wahrscheinlich rückläufig sein. Um diese Entwicklung zu verzögern und abzufedern, liegt es nahe, Wirtschaftsleistungen gesteuert zu reduzieren. Dies bedeutet in der Konsequenz auch, das Konsumniveau zu begrenzen, was auch bedeuten kann, oberhalb einer bestimmten Einkommenshöhe individuelles Einkommen zu reduzieren oder eine Reduktion in Kauf zu nehmen. Dies sollte oberhalb eines bestimmten Einkommensniveaus vertretbar sein, denn das Einkommen hat ab einem bestimmten Sättigungspunkt keinen langfristigen Einfluss auf das Glücksniveau.

Dennoch verlangt der Schritt zu einer Beschränkung in aller Konsequenz politischen Mut, der angesichts der absehbaren Klimaprobleme und der Ressourcenknappheit gerechtfertigt wäre, jedoch kaum zu positiven Einschätzungen in Wahlen und zu Verteilungskonflikten führen wird.

Die im Folgenden diskutierten Konzepte sollen auf dem Weg zu einem Wirtschaften auf niedrigerem Niveau unterstützen, können Konsequenzen jedoch nur in Grenzen und für einen limitierten Zeitraum abfedern.

2 Fußabdrücke und Key Performance Indicators

Überblick: Das folgende Kapitel beginnt mit einer Gegenüberstellung der sozialen Frage als der zentralen Triebfeder gesellschaftlicher Entwicklung der vergangenen 300 Jahre und der sich abzeichnen Frage der Zerstörung der Lebensgrundlagen, die der Planet Erde anbietet. Die beiden Fragen bestimmen den gesellschaftlichen Diskurs heute gleichermaßen. Um die Zerstörung der Lebensgrundlagen zu beschreiben, aber auch, um einen Rahmen für veränderte Verhaltensweisen zu haben, wurden in den vergangenen Jahrzenten Begrifflichkeiten entwickelt. Diesen Begriffen, die Fußabdrücke oder auch Key Performance Indicators (KPIs) genannt werden, wurden Größen zugeordnet, die entweder zu quantifizieren oder zumindest so zu verbalisieren sind, dass sie einer Kommunikation und Bewertung zugänglich werden. Der Hintergrund dieses Prozesses liegt nicht nur in dem Bedürfnis, Umwelt, Zusammenleben und Wirtschaften zu stabilisieren, sondern auch, was Unternehmen betrifft, in der Notwendigkeit, Risiken zu identifizieren, zu quantifizieren und durch Maßnahmen zielgerichtet zu reduzieren. Die Listen der Größen, die von Seiten der Wissenschaft, der Normung und des Gesetzgebers in diesem Zusammenhang als Fußabdruck oder KPI diskutiert werden, unterscheiden sich. Hier wird eine Auswahl von Größen besprochen um zu skizzieren, wie der entsprechende Bewertungsprozess aussehen könnte. Offenbar müssen die entsprechenden Bewertungsgrößen erfasst und berichtet werden. Daher wurde den Erfassungs- und Berichtsprozessen ein Abschnitt gewidmet.

Stichwörter: Wirtschaften, Rohstoffe, Energie, verschiedene Fußabdrücke, nachhaltigkeitsbezogene KPIs, Metriken, Grenzwerte, nachhaltiges Agieren in Unternehmen und Privathaushalten

2.1 Der nachhaltigkeitsbezogene Handlungsrahmen der Menschheit

Die große gesellschaftliche Fragestellung galt vor allem in der jüngeren Vergangenheit dem Ausgleich der Interessen zwischen den gesellschaftlichen Kräften, insbesondere zwischen den Reichen und denen, die weniger besitzen. Die Stärke der demokratischen Gesellschaften war und ist es, Foren zu schaffen, in denen die gesellschaftlichen Kräfte diskutieren und Versuche zum Interessenausgleich unternehmen können, also *Empowerment* zu erlauben. Diese „soziale Frage" (wie dieser grundsätzliche Konflikt in den letzten 200 Jahren genannt wurde) ist nicht verschwunden; soziale Teilhabe ist zumindest in einigen Regionen der Welt prinzipiell möglich. Totalitäre Gesellschaften jedweder Couleur haben an genau dieser Stelle versagt und versagen noch immer.

Auf der anderen Seite steht, dass ungeachtet dessen, ob totalitär geführt oder nicht, die großen Industrienationen erfolgreich Rohstoffe importieren und ihren physischen

Abfall wie auch Konflikte in die Richtung verlagern, aus der die Rohstoffe kommen. Sie zeigen damit, dass der Konflikt zwischen den Besitzenden und den nicht-Besitzenden keinesfalls der Vergangenheit angehört, sondern sich allenfalls verschoben hat.

Es zeichnet sich seit einigen Jahrzehnten ab, dass die gesellschaftliche Frage der sozialen Gerechtigkeit zumindest ergänzt wird von der Frage nach dem Umgang mit der Endlichkeit von Ressourcen. Auch wenn die Art und Weise, wie die Industrienationen und die Länder des globalen Südens mit dieser Situation umgehen, sich gänzlich unterscheidet, eint sie doch ihre Unfähigkeit, die Situation so zu adressieren, dass das Ziel vorsichtigen Umgangs mit dem, was der Planet langfristig liefern kann, bedient wird.

Das hat strukturelle Gründe:

> Während Interessenausgleich mit dem Werkzeugkasten des Gesprächs bedient werden konnte, sind das Vorhandensein oder die Abwesenheit von Ressourcen und die Schäden an der Natur bei deren Abbau ebenso wie Naturgesetze Themen, die nicht durch Gespräch bedienbar sind. Gespräche eignen sich hier lediglich zum Verständnis, nicht zur Verhandlung.

Die Natur verhandelt nicht, und, die Formulierung darf gestattet sein: Die Natur hat einen harten rechten Haken.

Budgets und Overshoot

Gelegentlich wird auch von einem Budget gesprochen, das der Wirtschaft an Rohstoffen zur Verfügung steht. Von einem Budget für diese oder jene natürliche Ressource zu sprechen ist missverständlich. Ein Budget beschreibt einen festgelegten Rahmen für eine bestimmte Periode, es gibt Budgetvereinbarungen, -planung, -zuteilung und -überwachung.

Für natürliche Ressourcen gibt es Prozesse, die meist im Erdinneren zur Anreicherung von Rohstoffen führen. Diese Prozesse unterstützen die Anreicherung bis zu einem Grad, an dem diese Rohstoffe effektiv industriell anzureichern sind. Auch nachwachsende Rohstoffe benötigen bis zu einem gewissen Grad natürlich vorkommende, nicht nachwachsende Rohstoffe und nutzen diese als Nahrung zusammen mit der Energie der Sonne, um Umsetzungsprozesse zu betreiben. Wenn der Abbau von natürlichen Rohstoffen schneller verläuft als deren Anreicherung, wird langfristig die Verfügbarkeit dieser Rohstoffe, ob nachwachsend oder nicht, jenseits der absolut vorkommenden Menge begrenzt.

Rohstoffe werden erst mit großen Vorkommen in genügend hoher Konzentration als abbaubare Ressourcen interessant. Bei nachwachsenden Rohstoffen lässt sich die Konzentration und die Größe in Grenzen beeinflussen. Nicht nachwachsende Rohstoffe zeichnen sich dadurch aus, dass die Prozesse in der unbelebten Natur häufig Jahrmillionen benötigten, um sie zu hohen Konzentrationen zum Beispiel als Erz anzureichern. Während der Abbau häufig auf die Gewinnung von Reinsubstanzen abzielt, werden in der industriellen Fertigung nicht nachwachsende Rohstoffe in der Regel nicht als Reinsubstanzen genutzt: Um bestimmte Systemeigenschaften zu erzeugen, werden Materialeigenschaften in Werkstoffen gemischt und Einzelteile aus verschiedenen Materialien kombiniert. Nach Ende der Produktlebensdauer liegen die Rohstoffe daher zum Teil in Konzentrationen vor, die sie für eine weitere Nutzung ungeeignet machen. Materialtrennung wird erforderlich, wobei bei der Trennung der Materialien oft Substanzen mit niedrigen Konzentrationen aus Effizienzgründen nicht aus dem resultierenden Materialgemisch entfernt werden. Auf diese Weise werden Rohstoffe für Recycling unzugänglich. Durchschnittlich verbleiben Materialien weniger als ein halbes Jahr in der Nutzungsphase der Produkte und werden danach verworfen. In einer endlichen Welt sind Engpässe damit absehbar. Dies gilt sowohl für nachwachsende als auch für nicht nachwachsende Rohstoffe. Recycling löst den resultierenden Materialnotstand nur für einen begrenzten Zeitraum.

Verschiedene Konzepte wurden entwickelt, um der breiten Öffentlichkeit das Problem knapper werdender Ressourcen deutlich zu machen: Für nachwachsende Rohstoffe bietet der Earth Overshoot Day eine intuitiv verständliche Begrifflichkeit an: er referenziert auf die jährliche Erzeugung und markiert den Tag, an dem bezogen auf ein gegebenes Jahr alle Ressourcen genutzt wurden, die natürlich in diesem Jahr nachwachsen. Ab dem Tag danach wird der entsprechende Bedarf für das entsprechende Jahr von nicht nachwachsenden Rohstoffen gedeckt. Der Earth Overshoot Day liegt derzeit im Juli. Anfang der 2000er Jahre lag der Earth Overshoot Day noch im August. Die Metapher eines Lebens auf zu großem Fuße liegt nahe.

Bereits in der Einführung wurde die gängige Definition von Nachhaltigkeit um den Aspekt der Zeit erweitert: *In dem Sinne nachhaltig zu leben bedeutet, dass nur das genutzt wird, was innerhalb der eigenen Lebensspanne von der Natur produziert wird, sowohl in Termini von Energie als auch von Ressourcen.* Weil sich Ressourcen nicht unbedingt lokal befinden, müssen Transporte und Kosten für Infrastruktur ebenfalls berücksichtigt werden. Dazu kommt der Aufwand, für den Handel und die Verarbeitung entsprechende Netzwerke zu schaffen und zu erhalten, ohne die ein entsprechender Austausch nicht möglich wäre. Ein Spiel mit Formeln würde etwa zu dem Schluss kommen, dass der mögliche Verbrauch V von Ressourcen und Energie R_L pro Lebenszeit L eine lokale, das heißt, vom Ressourcenpotenzial der Region, der Bevölkerungsdichte und dem lokalen Konsumniveau abhängige, Größe sein sollte,

$$R_L = \sum R_{\text{local}} + R_{\text{remote}} - R_{\text{Transport}} - R_{\text{Infrastructure}} - R_{\text{Network}} + R_{\text{Recyling}} - R_{\text{Process of Recycling}},$$

$\sum$ bezieht sich auf die gesamte Lebensdauer,

$$V = R_L/L = (R_L)/L < (R_{\text{Sun}} + R_{\text{Earth}})/\text{year}.$$

Die lokale Beschaffungssituation für Ressourcen ergibt sich aus dem, was Sonne und Erde am Ort liefern.

Die Situation ist sehr komplex, denn der Faktor Zeit beinhaltet Aspekte wie Anlieferung, Aufbau und Rückbau der Infrastruktur und Ressourcenaufbereitung. Recycling kommt als eine Option hinzu, die ebenso Zeit kostet und Energie als Ressource benötigt. Die Kosten für das Erschaffen und den Erhalt der nötigen Flexibilität der Netzwerke (Kapitel 6) sind schwierig realistisch einzuschätzen.

In wirtschaftlichen Begriffen gesprochen und auf nachwachsende Rohstoffe bezogen, liefert die belebte Natur durch die Sonne, vergleichbar einem Stammkapital, Zinsen, von denen gelebt werden kann. Mit fossilen Rohstoffen lassen sich Anleihen aus der Vergangenheit machen, die nicht zurückgezahlt werden müssen, die aber nachfolgenden Generationen nicht mehr zur Verfügung stehen. Stoffe zu erzeugen, für deren Entsorgung nachfolgende Generationen zuständig sind, bedeutet auch, Anleihen an die Zukunft und für die zukünftigen Generationen mit der dann zur Verfügung stehenden Bilanz an Rohstoffen und Energie zu machen. Ein „overshoot" bedeutet in dem Sinne schlicht, dass obwohl die Zinsen absehbar nicht ausreichen und damit Sparen die zu bevorzugende Strategie wäre, bewusst entschieden wird, vom Kapital zu leben. Eine Entscheidung, die auch zur Folge hat, dass im nachfolgenden Zeitraum noch weniger Kapital zur Verfügung steht, der Zinsertrag damit niedriger ausfallen wird und der overshoot möglicherweise noch früher auftritt. Begrenzung ist erforderlich und Einschränkungen sind angesagt, die mit Kosten einhergehen.

Mit der Wirtschaftsleistung gehen Belastungen für Natur und Gemeinschaft einher. Vor diesem Hintergrund wurden Orientierungsgrößen gefunden und verpflichtende Grenzwerte identifiziert. Diese Größen wurden kategorisiert und gruppiert und werden als Fußabdrücke/KPIs bezeichnet. Die dem zugrunde liegende Annahme ist sehr einfach: Wenn die Belastungen reduziert werden, steht dem Wachstum nicht mehr das Risiko einer Behinderung gegenüber. Daher liegt nahe, die Bewertungsgrenzen für Fußabdrücke an der Schmerzgrenze zu halten. Dabei ist unausgesprochene Voraussetzung, dass Fußabdrücke/KPIs sich gegenseitig nicht beeinflussen, insbesondere an ihren Grenzen, zum Beispiel in der falschen Annahme, dass Gesundheit als eine Kenngröße nicht mit einem CO_2-Fußabdruck oder dem Verlust an Biodiversität wechselwirkt. Dies kann gegebenenfalls Ursache für einen Kollaps des Systems darstellen.

Im weitesten Sinne stellen Fußabdrücke eine Übersetzung der SDGs in greif- und umsetzbare Ziele für ein persönliches und unternehmerisches Handeln dar. Oben wurde bereits angesprochen, dass die SDGs miteinander in einer engen Beziehung stehen und dass diese Beziehungen berücksichtigt werden müssen, wenn lokale Ziele entwickelt werden [1]. Das gilt für Fußabdrücke damit ebenfalls. Dies ist nur dann kein Problem, wenn alle Fußabdrücke weit von ihren Grenzen entfernt sind.

Sollte unklar sein, ob das Gesamtsystem so reagiert, wäre es zunächst vernünftig, Grenzwerte (in der Abbildung *Fußabdrücke und Grenzwerte* unten als schwarzer umfassender Ring angedeutet) deutlich niedriger anzusetzen, um zu vermeiden, dass das Gesamtsystem außer Kontrolle gerät. Die Grenzwerte von Fußabdrücken/KPIs (siehe Abbildung 2.1 unten) sollten also keinesfalls scharf limitiert, sondern dynamische Größen sein, die lokal verschieden und vom Zustand der anderen KPIs abhängig definiert sind (siehe Kapitel 6.1).

Die Konnotation ist, dass es bedeutet, nicht nachhaltig zu leben wenn man *einen zu großen Fußabdruck* hat. Dies wiederum impliziert, nicht mehr nur von Zinsen, sondern auch vom Kapital der Natur zu leben. Mit zu großem Fußabdruck zu leben bedeutet also, über seine Verhältnisse zu leben, das ernährende System zu überfordern. Dies ist kein Gegenstand von Verhandlungen, sondern etwas, worauf es sich einzurichten gilt. Der harte Haken der Natur wurde bereits angesprochen.

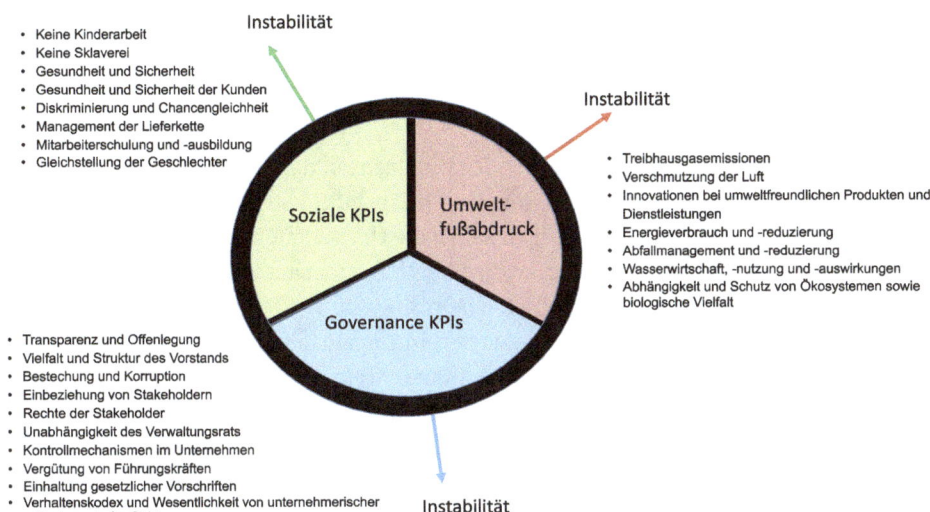

Abb. 2.1: Die Grenzwerte von Fußabdrücken sind, obwohl standardisiert nur zum Teil interpretationssicher definiert. Sie sollen lediglich andeuten, dass nach heutigem Verständnis spätestens nach dem Überschreiten dieser Grenze keine Erfahrungen mit der möglichen Reaktion des SES vorhanden sind. Es kann jedoch davon ausgegangen werden, dass, wenn beispielsweise mehrere Grenzwerte gleichzeitig überschritten werden, das Gesamtsystem bereits früher instabil wird als wenn nur ein Grenzwert überschritten wird (siehe Kapitel 6.4).

Der Begriff *Fußabdruck* wurde zunächst für Umweltfußabdrücke entwickelt. Später wurden zur Charakterisierung des gesamten sozialökologischen Systems (SES) weitere Indikatoren für soziale Parameter und für die Beschreibung von Unternehmen noch weitere Größen hinzugezogen. Diese anderen Indikatoren sozialer oder unternehmensbezogener Art werden im Folgenden summarisch als KPIs bezeichnet.

Es wurde bereits angedeutet, dass soziale und unternehmerische Größen anthropogen sind und sich innerhalb der ökologisch-sozialen Grenzen der ökologischen Nische der Spezies Mensch befinden. Dem steht gegenüber, dass ökologische Grenzwerte für alle Spezies gelten, egal, ob sie mit der Spezies Mensch verknüpft sind oder nicht. Die Tragweite eines Überschreitens der ökologischen Grenzwerte ist daher ungleich größer als die der anderen KPIs. Diese Tragweite wird unter anderem dadurch definiert, wie starr die Vernetzung der Akteure innerhalb des sozialökologischen Systems (SES) sowie das Vorhandensein zugänglicher Ressourcen ist. Eine unbegrenzte Steigerung der Ressourcennutzung in einem geschlossenen System mit endlichen Ressourcen funktioniert nicht, und zu starre Verbindungen zwischen den Systemteilnehmern machen das gesamte SES unflexibel und stehen dynamischen Reaktionen im Weg.

Die Definition dieser Kenngrößen ist nach wie vor nicht abgeschlossen: Immer wieder werden neue Fußabdrücke/KPIs diskutiert. Ein Beispiel ist der Gedanke, die Menge an Mikroplastik, das in die Umwelt eingetragen wird, als Fußabdruck zu nutzen. Daher ist die untenstehende Liste von Fußabdrücken auch nicht vollständig. Es wurden lediglich die subjektiv wichtigsten der Fußabdrücke/KPIs angesprochen.

Planetare Grenzen
Planetare Grenzen bilden einen Rahmen für die Grenzen der Auswirkungen menschlicher Aktivitäten auf das SES. Diese wissenschaftlich ermittelten ökologischen Grenzwerte sind so gewählt, dass jenseits dieser Grenzen die Umwelt möglicherweise nicht mehr in der Lage ist, sich selbst zu regulieren, das heißt, flexibel auf Störungen zu reagieren und stabil zu bleiben. „Stabil bleiben" ist in dem Sinne zu verstehen, dass die Stabilitätsperiode des Holozäns als Referenz genutzt wird, um den Erfahrungshorizont der Spezies Mensch mit einem bestimmten Phänomen zu beschreiben. Das Holozän ist der gegenwärtige Zeitabschnitt der Erdgeschichte, in der sich die menschliche Gesellschaft entwickelt hat. Wie in Kapitel 6 beschrieben, wird bei einem solchen Überschreiten die Gefahr in Kauf genommen, dass nicht prognostizierbare, abrupte und chaotisch verlaufende Umweltveränderungen lokaler oder auch planetarer Größe verursacht werden. [2].

Das Konzept beruht in gewisser Weise auf der Annahme, dass die menschliche Zivilisation unter vergleichsweise stabilen klimatischen und ökologischen Bedingungen gedeihen konnte. Solche Bedingungen würden beim Überschreiten von Grenzwerten nicht mehr gelten und damit die Welt verlassen, mit der menschliches Leben Erfahrung gewonnen hat, also die „sichere Zone" für menschliche Gesellschaften auf dem Planeten [3].

Aktuell spannen die planetaren Grenzen einen Rahmen von neun globalen Veränderungsprozessen. Im Jahr 2009 waren laut Rockström und anderen drei Grenzen bereits überschritten [4].

Im Jahr 2015 veröffentlichte ein Team von Wissenschaftlern aus der ursprünglichen Gruppe eine Aktualisierung, die neue Mitautoren und neue modellgestützte Analysen einbezog. Nach dieser Aktualisierung wurden vier der Grenzen überschritten: Klimawandel, Verlust der Integrität der Biosphäre, Veränderung des Landsystems, und veränderte biogeochemische Zyklen (Phosphor und Stickstoff) [5]. Die Wissenschaftler änderten auch den Namen der Grenze „Verlust der biologischen Vielfalt" in „Veränderung der Integrität der Biosphäre", um zu betonen, dass nicht nur die Anzahl der Arten, sondern auch das Funktionieren der Biosphäre als Ganzes für die Stabilität des Erdsystems wichtig ist. In ähnlicher Weise wurde die Grenze „Chemische Verschmutzung" in „Einführung neuartiger Stoffe" umbenannt, um den Anwendungsbereich zu erweitern und verschiedene Arten von durch den Menschen erzeugten Stoffen zu berücksichtigen, die die Prozesse des Erdsystems stören.

Im Jahr 2022 wurde auf der Grundlage der verfügbaren Literatur festgestellt, dass die Einführung neuartiger Stoffe die fünfte überschrittene planetare Grenze darstellt (6). Die Veränderung des Süßwassers wurde im Jahr 2023 als sechste überschrittene planetare Grenze eingestuft [5].

Der Grundgedanke des Konzepts der planetaren Grenzen ist, dass die Aufrechterhaltung der beobachteten Widerstandsfähigkeit des Erdsystems im Holozän eine Voraussetzung für das Streben der Menschheit nach langfristiger sozialer und wirtschaftlicher Entwicklung ist [7]. Der Rahmen der planetaren Grenzen trägt zum Verständnis der globalen Nachhaltigkeit bei, weil er einen planetaren Maßstab und einen langen Zeitrahmen in den Mittelpunkt stellt.

Der Rahmen beschreibt neun planetare Lebenserhaltungssysteme, die für die Aufrechterhaltung eines gewünschten holozänen Zustands unerlässlich sind, und er versucht zu quantifizieren, wie weit sieben dieser Systeme bereits belastet sind [6]. Die Grenzen wurden definiert, um einen sicheren Raum für die menschliche Entwicklung festzulegen, was eine Verbesserung gegenüber Ansätzen darstellt, die darauf abzielen, die menschlichen Auswirkungen auf den Planeten zu minimieren [7].

Zum Ende des Jahres 2023 benennt das Rahmenwerk neun globale Veränderungsprozesse, von denen im Jahr 2009 bereits zwei hinsichtlich ihrer Grenzwerte überschritten waren beziehungsweise an der Grenze dazu waren, überschritten zu werden [4]. Die Quantifizierung der einzelnen planetaren Grenzen basiert auf beobachteten Messwerten und deren Dynamik.

Wenn oben von stabilen Bedingungen gesprochen wurde, sind im physikalischen Sinne lokale Gleichgewichte gemeint. Ein solches Gleichgewicht ist dadurch gekennzeichnet, dass das betrachtete System nach einer Störung wieder in die Ausgangslage zurückkehrt, wobei die Dauer für diesen Rückkehrprozess variieren kann. Es ist wichtig sich zu verdeutlichen, dass ein solches Gleichgewicht lokal ist, das heißt, es kann auch andere Gleichgewichtssituationen geben, in denen das SES stabil ist. Für die menschliche Zivilisation kann dies bedeuten, dass das Gesamtsystem nur noch Raum für deutlich weniger Menschen als heute einräumt oder keinen Raum für Menschen ermöglicht.

Bei den Grenzen handelt es sich laut den Autoren um „grobe, erste Schätzungen, die mit großen Unsicherheiten und Wissenslücken behaftet sind". Die Grenzen wirken in einer komplexer Weise zusammen, die noch nicht abschließend verstanden ist [7].

Die neun betrachteten Parameter sind
1. der Klimawandel
2. die Versauerung der Ozeane
3. der stratosphärischer Ozonabbau
4. biogeochemische Ströme im Stickstoff (N)-Zyklus und Phosphor (P)-Zyklus
5. die globale Süßwassernutzung
6. die Veränderung des Bodensystems
7. die Erosion der Integrität der Biosphäre

8. die chemische Verschmutzung
9. die atmosphärische Aerosolbelastung.

Beim Verständnis des SES geht es auch darum, die Wechselwirkungen zwischen den Prozessen zu verstehen. Es gibt Wechselwirkungen zwischen den Prozessen im Rahmen der planetaren Grenzen [3]. Während diese Wechselwirkungen sowohl stabilisierende als auch destabilisierende Rückkopplungen hervorrufen können, schlagen die Autoren vor, dass eine Überschreitung der planetaren Grenze den sicheren Betriebsraum für andere Prozesse im Rahmen wahrscheinlicher verringert als ihn über die vorgeschlagenen Grenzwerte hinaus zu erweitern [3]. Die Grenzen werden mit Bezug auf die dynamischen Bedingungen des Systems definiert, aber die Diskussionen darüber, wie sich die verschiedenen planetaren Grenzen zueinander verhalten, sind komplex.

Die Arbeiten von Holling (siehe Kapitel 6) legen nahe, dass das gesamte System chaotisch reagieren kann, wenn Grenzwerte überschritten werden. Ein gleichzeitiges Überschreiten von mehreren Grenzen verstärkt diesen Effekt wahrscheinlich. Auch wenn der Vergleich etwas gewagt ist, liegt es nahe, die Analysen zu den Ursachen des Kollapses großer Zivilisationen von Tainter [8] als Beispiel dafür zu nehmen, dass es zu einem solchem gleichzeitigen Überschreiten von Grenzwerten in der Geschichte der Menschheit bereits gekommen ist.

Es ist daher nicht von der Hand zu weisen, wenn die Autoren schreiben, dass „bei der Annäherung an oder Überschreitung einzelner planetarer Grenzen äußerste Vorsicht geboten ist" [3].

Der oben vorgestellte Ansatz bezieht sich auf quantifizierbare und der Umwelt entnommene Größen. Bereits seit spätestens 1990 ist klar, dass ein nachhaltiges Überleben auch soziale Bezugsgrößen und deren Einhaltung voraussetzt. Diese Größen (sie wurden im Kapitel 2 als KPIs bezeichnet) sind in der Regel schwieriger zu quantifizieren als die oben angesprochenen Fußabdrücke. Kate Raworth versuchte diese KPIs in die obige Darstellung der planetaren Grenzen einzuarbeiten und nutzte den Begriff der Doughnut Ökonomie, um diese Darstellung zu beschreiben [9].

Ihre Idee war es, die große Anzahl von Fußabdrücken/KPIs zu visualisieren, deren gleichzeitige Beachtung nötig ist, um nachhaltig zu sein, wobei sich Beachtung auf die absolute Entwicklung und auf die beobachtete Dynamik bezieht, mit der das System auf äußere Stimulanz und Störung reagiert [9, 10].

Im globalen Maßstab zeigt sich heute bereits, dass „der sichere Handlungsrahmen der Menschheit" bereits für sechs der neun Grenzen überschritten ist [11]. Zudem ist die Identifikation von wichtigen Fußabdrücken/KPIs nicht statisch. Immer wieder werden weitere Parameter identifiziert, die als Fußabdruck zu bewerten sind [12]. Das Risiko wird damit also nicht kleiner, sondern größer.

2.1.1 Berichterstattung und Gesamtbewertung

Bereits seit Anfang der 1990er Jahre gab es Versuche, Unternehmen hinsichtlich der Nachhaltigkeit ihres Wirtschaftens zu charakterisieren. Dabei traten verschiedene Probleme auf. Insbesondere gab es zu dem Zeitpunkt noch keine allgemeine Einigkeit darüber, welche Größen erfasst werden müssen. Dies stellt ein Punkt dar, zu dem auch die heute vorherrschende Meinung sicher keine abschließende Wahrheit darstellt. Selbst zu den Parametern, zu denen Fachleute eine einigermaßen abschließende Meinung hatten, lagen teilweise keine allgemein akzeptierten Messverfahren vor. Es gab die Einsicht, dass die Zukunft von Unternehmen auch durch nichtfinanzielle Einflussgrößen geprägt werden, nicht aber eine gesetzliche oder unternehmerische (Selbst-) Verpflichtung zur Ermittlung von entsprechenden Kenngrößen und der Umsetzung von Maßnahmen, um sie im Laufe der Zeit zu ändern.

Die von Unternehmen genutzten Berechnungsmethoden für Fußabdrücke sind prinzipiell relativ einfach: Jede Aktivität und jedes/jeder Rohmaterial, Transport, Arbeitsgang oder Zuliefer- oder Zwischenprodukt wird so genau wie möglich mit den relevanten Fußabdrücken/KPIs, zum Beispiel mit dem CO_2-Fußabdruck (Carbon Footprint), charakterisiert. Um diesen Fußabdruck zu berechnen, wird jedem dieser Produkte oder Aktivitäten eine Metrik zugeordnet.

Obwohl die Berechnungsmethoden für Fußabdrücke zum Großteil einfach sind, ist die Erfassung der Berechnungsgrundlagen zeitaufwändig und komplex. Dies gilt sowohl für die Ermittlung von Fußabdrücken von Privatpersonen wie auch für diejenigen von Firmen. Vor diesem Hintergrund bestellen Firmen häufig Experten als Berater, um sie bei den entsprechenden Aufgaben zu unterstützen. Mittlerweile werden internetbasierte Fußabdrucksrechner zur Verfügung gestellt, die bei der Erledigung entsprechender Aufgaben Hilfestellung bieten sollen. Besonders wenn intransparente Berechnungsmethoden und Angebote für Kompensationen vom gleichen oder wirtschaftlich verbundenen Anbietern zur Verfügung gestellt werden, ist eine gewisse Skepsis angesichts der Interessenkonflikte mehr als angebracht.

Weitere Fußabdrücke

Wie erwähnt, existieren neben dem CO_2-Fußandruck noch weitere Fußabdrücke oder vergleichbare Kenngrößen für Nachhaltigkeit und verdienen Beachtung:

Grundsätzlich existieren Parameter, die sich ebenso wie Fußabdrücke als KPIs oder charakterisierende Größen für verschiedene Aspekte nachhaltigen Wirtschaftens verstehen lassen. Aus dem Blickwinkel der Berichterstattung eines Unternehmens lässt sich die Auswahl solcher Größen einfach begründen, wenn von der Frage ausgegangen wird, von welchen KPIs Risiken für das Fortbestehen, die Grundideen und Vorstellungen der Firma oder die Stabilität eines Unternehmens ausgehen. Dies ist der Blickwinkel von Investoren auf deren Investment, die Perspektive, die eine Bank hat, die sich um die Sicherheit eines Kredits sorgt und auch die Perspektive der Gemeinschaft auf ihr

Zusammenleben sowie die soziale oder auch die wirtschaftliche Stabilität des Gemeinwesens. Vor diesem Hintergrund ist es klar, dass nicht ein Fußabdruck, sondern mehr eine Reihe von Fußabdrücken, die als KPIs in den Bereichen wirtschaftlicher, sozialer und ökologischer Auswirkungen auf die Gesellschaft verwendet werden können, die Nachhaltigkeitsbemühungen eines Unternehmens beschreibe. KPIs oder Footprints (in diesem Kapitel werden beide Begriffe synonym verwendet) dienen zur Bewertung und bieten so weit wie möglich Quantifizierungsvorgaben an. Das Konzept der Fußabdrücke entwickelt sich noch. Der Schwerpunkt liegt derzeit darauf, die Notwendigkeit von Unternehmen nachhaltiger zu agieren zu verbinden mit der Suche nach Möglichkeiten, um das etablierte Wirtschaftssystem so weit wie möglich unverändert zu lassen.

ISO 26 000
Im Umfeld der Normung ist die ISO 26 000 [13] erwähnenswert. Sie wurde in Deutschland als DINISO 26 000 veröffentlicht und ist ein freiwillig anzuwendender Leitfaden, der Organisationen dabei unterstützt, gesellschaftliche Verantwortung wahrzunehmen. Das sechste Kapitel dieser Norm umfasst alle zum Zeitpunkt der Veröffentlichung als relevant angesehenen Aspekte und Handlungsfelder gesellschaftlicher Verantwortung. Anders als im weiter unten besprochene European Sustainability Reporting Standard (ESRS) wird nicht nach den Aspekten Umwelt, Soziales und Unternehmensführung referenziert, sondern nach sieben Kernthemen gesellschaftlicher Verantwortung von Unternehmen, denen wiederum 37 Handlungsfelder zugeordnet sind (siehe Tabelle 2.1).

Fußabdrücke und European Sustainability Reporting Standard
Institutionelle Investoren (wie Banken oder Versicherungen) betrachten in den letzten Jahrzehnten intensiver die Entwicklung der entsprechenden Kenngrößen von Unternehmen. Die entsprechende Berichterstattung seitens der Unternehmen wird von der Europäischen Union (EU) als gleichwertig mit der finanziellen Berichterstattung angesehen und entsprechend gesetzlich eingefordert. Zudem betrifft die nötige Berichterstattung entsprechend der ESRS [14] nicht nur das betrachtete Unternehmen, sondern sowohl die zuführenden als auch die vom Unternehmen ausgehenden Lieferketten.

Wie bereits erläutert, werden KPIs oder Footprints genutzt, die Nachhaltigkeitsperformance zu bewerten und möglichst Quantifizierungen anzubieten. Wie weiter unten erörtert wird, definierte das ESRS diese Größen als Standards (Tabelle unten), und das in der Taxonomierichtlinie [15] geforderte Berichtsschema bezieht sich auch auf Umwelt- und Sozialstandards. Es wird davon ausgegangen, dass sie mit den im ESRS genannten Sozialstandards übereinstimmen. Die Zusammenfassung dieser KPIs/Footprints führt zu Tabelle 2.2.

Tab. 2.1: Die Handlungsfelder zu den Kernthemen gemäß ISO 26 000/ DIN ISO 26000 [13].

Kernthema	Handlungsfelder
Organisations-führung	– Integration der sieben Grundprinzipien in die Prozesse der Entscheidungsfindung (formal wie informell), insbesondere – Gesetzestreue – Transparenz – Umgang mit Anspruchsgruppen
Menschen-rechte	– Gebührende Sorgfalt – Menschenrechte in kritischen Situationen – Vermeiden von Mittäterschaft – Missstände beseitigen – Diskriminierung und schutzbedürftige Gruppen – Bürgerliche und politische Rechte – Wirtschaftliche, soziale und kulturelle Rechte – Grundlegende Prinzipien und Rechte bei der Arbeit
Arbeits-praktiken	– Beschäftigung und Beschäftigungsverhältnisse – Arbeitsbedingungen und Sozialschutz – Sozialer Dialog – Gesundheit und Sicherheit am Arbeitsplatz – Menschliche Entwicklung und Schulung am Arbeitsplatz
Umwelt	– Vermeidung der Umweltbelastung – Nachhaltige Nutzung von Ressourcen – Abschwächung des Klimawandels und Anpassung – Umweltschutz, Artenvielfalt und Wiederherstellung natürlicher Lebensräume
Faire Betriebs- und Geschäfts-praktiken	– Korruptionsbekämpfung – Verantwortungsbewusste, politische Mitwirkung – Fairer Wettbewerb – Gesellschaftliche Verantwortung in der Wertschöpfungskette fördern – Eigentumsrechte achten
Konsumenten-anliegen	– Faire Werbe-, Vertriebs- und Vertragspraktiken sowie sachliche und unverzerrte Informationen – Schutz von Gesundheit und Sicherheit der Konsumenten – Nachhaltiger Konsum – Kundendienst, Beschwerdemanagement und Schlichtungsverfahren – Schutz und Vertraulichkeit von Kundendaten – Sicherung der Grundversorgung – Verbraucherbildung und Sensibilisierung
Einbindung und Entwicklung der Gemeinschaft	– Einbindung der Gemeinschaft – Bildung und Kultur – Schaffen von Arbeitsplätzen und berufliche Qualifizierung – Technologien entwickeln und Zugang dazu ermöglichen – Schaffung von Wohlstand und Einkommen – Gesundheit – Investition zugunsten des Gemeinwohls

Tab. 2.2: Mit der ESRS [14] und der Taxonomierichtlinie [15] zur Nachhaltigkeitsbewertung definierte Fußabdrücke und KPIs.

Umwelt- Fußabdrücke/KPIs(ESRS und Taxonomie)	Soziale KPIs (ESRS und Taxonomie)	KPIs zur Unternehmensführung (ESRS)
Treibhausgasemissionen Verschmutzung der Luft Innovationen bei umweltfreundlichen Produkten und Dienstleistungen Energieverbrauch und -reduzierung Abfallmanagement und -reduzierung Wasserwirtschaft, -nutzung und -auswirkungen Abhängigkeit und Schutz von Ökosystemen sowie biologische Vielfalt	Keine Kinderarbeit Keine Sklaverei Gesundheit und Sicherheit Gesundheit und Sicherheit der Kunden Diskriminierung und Chancengleichheit Management der Lieferkette Mitarbeiterschulung und -ausbildung Gleichstellung der Geschlechter	Verhaltenskodex und Wesentlichkeit von unternehmerischer Rechenschaftspflicht Transparenz und Offenlegung Vielfalt und Struktur des Vorstands Bestechung und Korruption Einbeziehung von Stakeholdern Rechte der Stakeholder Unabhängigkeit des Verwaltungsrats Kontrollmechanismen im Unternehmen Vergütung von Führungskräften Einhaltung gesetzlicher Vorschriften
(Taxonomie-Directive) Abschwächung des Klimawandels; Anpassung an den Klimawandel; Wasser- und Meeresressourcen; Ressourcennutzung und Kreislaufwirtschaft; Umweltverschmutzung; Biologische Vielfalt und Ökosysteme;		

2.1.2 Life Cycle Assessment und Economic Input Output Approach

Lebenszyklen von Produkten sind definiert (siehe etwa das Greenhouse Gas Protocol [16] oder ISO 14041 [17] oder -62 als eine *Sequenz von Phasen im Leben eines Produkts*. Diese Lebenszyklen beinhalten neben der Nutzungsphase auch andere Phasen zwischen Beschaffung von Rohstoffen und dem Recycling oder der Entsorgung.

Der Lebenszyklus eines Produktes lässt sich entsprechend zumindest in die folgenden Phasen untergliedern:
1. Gewinnung, Verarbeitung und/oder Lieferung von Rohstoffen;
2. Herstellung/ Produktion;
3. Inverkehrbringen – Transport, Vertrieb und Vermarktung;
4. Nutzung, Wiederverwendung und Instandhaltung der Produkte; (die Zeit, bis „man die alten Kleider verwirft" im Ansatz von von Karlowitz)
5. Management am Ende des Lebenszyklus (Recycling und Entsorgung).

Der Prozess der Beschreibung der Phasen und deren Auswirkung auf die Nachhaltigkeit des Produkts in diesem Sinne wird als Life Cycle Assessment (LCA) bezeichnet. Gemäß ISO 14040 [17] und ISO 14044 [18] sind die vier Phasen einer LCA-Studie folgende:

a) Definition des Ziels und des Umfangs,
b) Analyse der Bestandsaufnahme,
Bestandsaufnahme der Input-/Outputdaten des untersuchten Systems – umfasst die Sammlung der Daten, die erforderlich sind, um die Ziele der definierten Studie zu erreichen.
c) Folgenabschätzung
zielt auf die Beschreibung der Folgen der in der jeweiligen Analyse quantifizierten Umweltbelastungen ab.
d) Auswertung
Zusammenfassung und Diskussion für Schlussfolgerungen, Empfehlungen und Entscheidungsfindung in Übereinstimmung mit dem Ziel und dem definierten Umfang.

Das Ziel einer LCA ist die Ermittlung aller Fußabdrücke abhängig vom angestrebten Reportingstandard, mindestebs aber die Ermittlung von Kenngrößen von
– Materialbilanz (Menge der über den gesamten Produktionsweg genutzten Materialien und der erzeugten Abfälle und giftigen Stoffe) sowie
– Energiebilanz (Menge der während des gesamten Produktionswegs genutzten Energie).

Für alle Phasen sind alle relevanten Fußabdrücke beziehungsweise KPIs zu betrachten. Die Kenntnis dieser Parameter ist kein Selbstzweck, sondern dient dazu, zielgerichtete Designmaßnahmen zur Reduktion der Fußabdrücke zum Beispiel in Material und Energiebilanz vorzuschlagen (Ecodesign). Life Cycle Assessments und Ecodesign werden mittlerweile für größere Unternehmen und für institutionelle Investoren gesetzlich gefordert. Der Grund für diese Maßnahmen sind neben Klimawandel auch die Knappheit von Ressourcen.

Der Literatur ist neben der Methodik der LCA nach ISO die nicht direkt vergleichbare Herangehensweise des Economic Input-Output Life cycle Assessment (EIOLCA, [19]) über den gesamten Lebenszyklus zu entnehmen.

Diese Methode ist nicht standardisiert. In der EIOLCA-Dokumentation wird eingeräumt, dass die Schätzungen der durch das genutzte Modell beschriebenen Energiebedarfe mit einem unbekannten Maß an Unsicherheit behaftet sind [19]. Die Methodik basiert im Wesentlichen auf Analogieschlüssen zwischen vergleichbaren Prozessen, wobei in der Literatur vorhandene Datenbanken mit charakterisierenden Werten als Referenz hinzugezogen werden.

> Um ein Beispiel zu geben: Wenn Früchte in zwei Regionen der Welt produziert werden, unterscheiden sie sich wahrscheinlich hinsichtlich des Einsatzes von künstlicher Bewässerung oder Dünger, manueller Arbeit und Maschineneinsatz und anderen Faktoren. Wenn aber aus der einen Region CO_2-Fußabdrücke bekannt sind und aus der anderen nicht, ist es naheliegend, dass zur ersten Annäherung die Werte aus der anderen Region angesetzt werden mit der Einschränkung, dass ein Fehler von 30–50 % angekommen wird.

Das EIOLCA ist eine praktische Rechentechnik, um aus bekannten Daten auf unbekannte Werte aus ähnlichen Prozesse zu schließen, etwa vergleichbar mit einem Analogieschluss, ist aber deutlich komplizierter. Bei der Anwendung eines solchen Verfahrens wird von verschiedenen Annahmen ausgegangen, die statistisch richtig sind, für Einzelfälle aber mit großen Abweichungen zeigen können: Für die Einsparung des Aufwands einer genauen Berechnung wird mit einem mehr oder weniger großen Fehler im Ergebnis „gezahlt".

Der EIO-Ansatz wird unter anderem auch genutzt, um Fußabdrücke zu berechnen, wenn das von der ISO standardisierte Verfahren nicht anwendbar ist oder Ausgangsdaten fehlen. Wiewohl dieser Ansatz verfahrensbedingt ungenauere Ergebnisse liefert als die von der ISO vorgegebene Methode, sind beide Methoden gesetzlich erlaubt.

2.1.3 Vorgehensweise zur Ermittlung von Fußabdrücken

Im Vorfeld der eigentlichen LCA findet in der Regel eine sorgfältige Literaturrecherche statt. Sie soll sicherstellen, dass die richtigen Prioritäten gesetzt werden. Das heißt, insbesondere in den ersten Jahresberichten soll der Focus der Analyse auf den großen Beiträgen (> ~5 % der quantitativen oder risikobezogenen Beiträge) und Maßnahmen zu deren Reduktion liegen. Vernachlässigbare Größen müssen natürlich ebenso erfasst und bearbeitet werden, aufgrund von deren vergleichbar kleinem Umfang rechtfertigt sich jedoch eine zeitlich verzögerte Aufmerksamkeit. Für jedes Produkt werden dann in einem normierten LCA-Prozess die Fußabdrücke (Liste unten) und KPIs zusammengetragen.

Aus der obigen Liste von Fußabdrücken ergibt sich die folgende Tabelle 2.3, aus der sich die unwichtigen Beiträge entsprechend der Prioritäten ausschließen lassen, ohne dass diese vorher im Detail ermittelt wurden.

Die Vorgehensweise bei der dann folgenden quantitativen Ermittlung von einzelnen Fußabdrücken oder KPIs ähnelt sich häufig, wobei sich auch bei nicht quantitativen Größen der folgende Arbeitsfluss als hilfreich herausgestellt hat (siehe Abbildung 2.2 unten).

Abb. 2.2: Arbeitsfluss bei der Ermittlung von Fußabdrücken/KPIs.

Tab. 2.3: Liste von Fußabdrücken.

	Lieferkette	Produktion von Teilen und Produkten	Nutzung der Produkte	Refurbishment Recycling	Abfall
Emissionen von Treibhausgasen					
Luftverschmutzung					
Energieverbrauch und dessen Reduktion					
Abfallerzeugung und dessen Reduktion					
Materialverbrauch & Recycling					
Wasserverbrauch und Wasseraufbereitung					
Schutz der Biodiversität					
Innovationen in umweltfreundliche Produkte und Dienstleistungen					
Weitere zutreffende Fußabdrücke aus der Liste der planetary boundary conditions					
Risiken					

In der Regel ist es sinnvoll, vor der eigentlichen Ermittlung eines Fußabdrucks ein Modell des zu beschreibenden Verfahrens oder der in der Produktion genutzten Prozesse zu erarbeiten. Mit dem Modell gehen häufig bereits Entscheidungen bezüglich der berücksichtigten Aspekte einher. Vor diesem Schritt empfiehlt sich eine gute Recherche, denn häufig sind der Literatur bereits vergleichbare Studien zu entnehmen, aus denen auch die Größenordnungen der Beiträge zu einzelnen Prozessschritte resultieren. Mit dieser Analyse wird bereits frühzeitig klar, wo in der eigentlichen Ermittlung der Bilanz Prioritäten zu setzen sind (bei einem kleinen Beitrag sind größere Fehler gestattet als bei großen).

Die eigentliche Bilanz ist Gegenstand eines dedizierten LCAs für den einzelnen Fußabdruck und den betrachteten Prozess.

Die Prioritäten für die Aktionen ergeben sich aus den Risiken und der grundsätzlich verfolgten Strategie. Risiken werden häufig primär unter dem Gesichtspunkt der Auswirkung auf den Unternehmenswert gesehen. Strategien können sich auf bestimmte Fußabdrücke/KPIs beziehen oder auch auf die Auswahl der Lieferanten, den Ersatz von Prozessen, die möglichen Prämissen bei der Rohstoffauswahl, die Lebensdauer der Produkte, die Ersatzteilpolitik und vieles mehr.

Interne und externe Kommunikation ist ein integraler Bestandteil des Prozesses.

2.1.4 Vorgehensweise bei der Berichterstattung

Aufgrund der gesetzlichen Notwendigkeit stellt sich die Frage danach, wie die ersten Schritte hin zu einer Berichterstattung der Öffentlichkeit, oder auch, in anderer Form, Kunden gegenüber, zu organisieren sind. Für größere Unternehmen ist diese Phase heute bereits abgeschlossen, denn
- zum einen sind sie bereits berichtspflichtig, müssen also bereits eine Organisationsauswahl getroffen haben,
- zum anderen sind diese Unternehmen personalstark genug, um interdisziplinär ad hoc Projekte aufzusetzen und daraus später die probate Organisation abzuleiten,

und sie verfügen darüber hinaus über die finanziellen Ressourcen, spezialisierte Berater ins Haus zu holen, die im Detail Wege weisen können.

Für kleine und mittelständische Unternehmen (KMUs) mit einem häufig begrenzten Produktportfolio, wenigen MitarbeiterInnen, sowie begrenzten finanziellen Ressourcen beginnt diese Phase derzeit erst. Sie wird spätestens mit der Implementierung der Corporate Sustainability Due Dilligence Directive der EU (CSDDD, [20]) 2026 absehbar große Forderungen erheben, weil im Vergleich zu größeren Unternehmen in der Regel in dem Bereich die Qualifikation nicht vorhanden ist.

In der Regel beginnt in KMUs die Berichtsdiskussion nicht proaktiv, sondern mit Anfragen aus der Lieferkette von Unternehmen, die ihrerseits berichten müssen. Diese Art von Anfragen kommt häufig unerwartet und natürlich, insbesondere weil die Personaldecken ohnedies knapp sind, ungelegen. In der Regel wird zunächst nach dem CO_2-Fußabdruck gefragt. Die weiteren Kriterien, die im Kriterienkatalog des ESRS enthalten sind, werden seltener von Kunden erfragt, was sich wahrscheinlich in den kommenden Jahren mit der Implementation der CSDDD ändern wird. Es ist daher gut, einerseits zu verstehen, welchen Zwängen größere Unternehmen in der Berichterstattung ausgesetzt sind und andererseits mit diesem Wissen proaktiv und frühzeitig die eigene Lieferkette um entsprechende Informationen zu bitten. Darüber hinaus fordert der Gesetzgeber massive Schritte zur Reduktion insbesondere des CO_2-Fußabdrucks. Da im eigenen Betrieb (bei der Produktion dinglicher Produkte) in der Regel nur 20–25 % dieses Fußabdrucks anfallen, ist es sinnvoll, mit der ersten Anfrage neben allen bekannten nachhaltigkeitsbezogenen KPIs unmittelbar auch die entsprechenden Maßnahmen und Ziele der Unternehmen aus der eingehenden sowie der ausgehenden Lieferkette zu erfragen und die Antworten zu dokumentieren. Was die ausgehende Lieferkette betrifft, ist das für Kleinbetriebe schwierig, aber dennoch sinnvoll, denn auch sie werden gefragt werden, was sie und ihre Lieferkette entsprechend beitragen (zu den einzelnen Handlungsoptionen siehe oben).

Projektanlaufphase
Wie bei allen Projekten, die sich mit neuen Aufgaben befassen, gelten die üblichen Voraussetzungen für Wissensaustausch und Zusammenarbeit.

Das erste Ziel ist es in der Regel, wie oben beschrieben zu allen Berichtskriterien Informationen zu beschaffen. Hierzu sind einige Details erwähnenswert:

> Erfahrungsgemäß benötigen Zulieferbetriebe mehrere Wochen bis Monate, um eine sinnvolle Antwort auf die Frage nach nachhaltigkeitsbezogenen KPIs (Kapitel 2) zu geben. Es zeigt sich auch, dass häufig Literaturwerte und nicht die eigentlich erforderlichen eigenen Informationen weitergegeben werden. Solche Werte können zutreffen oder sehr weit von der lokalen Realität entfernte Werte darstellen. Die Gründe hierfür können im Alter der Literaturwerte, anderen zu Grunde liegenden Technologien und weiteren Einflussfaktoren ihre Ursache haben. Daher ist eine Rückfrage nach Quellenangaben, lokaler Relevanz und Aktualität einschließlich der auf dem Wert anzunehmenden Fehler empfehlenswert.
>
> Firmen nutzen verschiedentlich softwarebasierte Fußabdrucksrechner (Kapitel 4.3.1). Auch bei der Anwendung dieser Werkzeuge ist eine gewisse Vorsicht geboten, insbesondere, wenn die Rechenalgorithmen intransparent sind und die Anbieter mit dem Fußabdrucksrechner gleichzeitig Kompensationsprojekte anbieten, was naturgemäß zu einem Interessenskonflikt führen kann. Darüber hinaus bindet sich ein Käufer häufig lange an entsprechende Softwareanbieter, obwohl ohne vorheriges eigenes Training intern kaum bekannt ist, was die eigenen Bedürfnisse und Vorgaben sind.

Die erste manuelle Erarbeitung eines Reports kann in größeren Unternehmen Monate dauern und aufgrund der nötigen Schätzungen eine Ungenauigkeit von +/−50 % erreichen. Natürlich ist das eine wenig befriedigende Situation sowohl was die Dauer als auch was die erreichte Genauigkeit betrifft. Auch deswegen empfiehlt sich ein entsprechend frühzeitiger Start eines Projekts.

Längerfristige Implementation
Sehr große Unternehmen halten bereits heute dediziertes Personal vor. Für sie ist es zu diesem Zeitpunkt naheliegend, sich zu fragen, wie die entsprechenden Verantwortlichkeiten und Prozesse in einer zukünftigen Organisation abzubilden sind, denn diese Ergebnisse müssen zu einem späteren Zeitpunkt zu geänderten Prozessen (und Produktänderungen) innerhalb des Unternehmens und seiner Partner in den Lieferketten und in den beteiligten Lebenszyklen führen.

Hierbei zeigt sich in der Praxis häufig, dass
- der Teamaufwand jährlich zur Erfüllung der Berichtspflicht wiederholt wird, wobei im Zweifelsfall mit einem mehrmonatigen Teilzeitaufwand gerechnet werden kann.
- längerfristig eine Reihe der Aufgaben bei den Stabsabteilungen verbleibt (Verknüpfung von allgemeiner Unternehmensstrategie und Umweltstrategie, Risikomanagement und Bewertung von Umweltrisiken, Nachverfolgung der veränderten Rechtslandschaft).
- in Unternehmen das Qualitätsmanagement „Process Owner" der entsprechenden Aufgabe sein kann.

Das Qualitätsmanagement hat traditionell die Aufgabe, interne Prozesse und Produktionsprozesse auf reproduzierbarem Niveau zu definieren. Dazu gehören im Zweifelsfall auch die Wareneingangskontrolle sowie Audits beim Zulieferer und die Sicherstellung, dass alle diesbezüglich relevanten Parameter in Zulieferverträgen enthalten sind. Bei dinglichen Produkten werden häufig deutlich mehr als 2/3 der Emissionen bereits in der Zulieferkette erzeugt. Vor diesem Hintergrund ist es sinnvoll, die gleiche Abteilung, die mit Wareneingangskontrollen, Audits und entsprechenden Vereinbarungen betraut ist, auch in führender Stellung in das Berichtswesen zu Emissionen einzubinden. Die Übergabe an diese Abteilung von einer Stabsstelle aus ist erst sinnvoll, nachdem die betriebsinterne Erfahrung über einen Zeitraum von mehr als einer Berichtsperiode gewachsen ist.

Für KMUs bietet sich eine solche Zuweisung manchmal nicht an. Hier ist es auch sinnvoll, die Wareneingangskontrolle und das ERP System um einige Kriterien zu erweitern und, in Absprache mit einem Berater oder Anwalt, von den eigenen Zulieferern Informationen über Emissionen, Materialverbrauchen und Gifte zu ermitteln.

2.1.5 Genauigkeit der Angaben/Fehler

Das ESRS gibt vor, über welche Größen mit einem Narrativ und über welche Größen quantitativ zu berichten sind.

Wie oben gezeigt wurde, gehen sowohl die Maßnahmen für die Reduzierung von Fußabdrücken als auch die Maßnahmen für die Leistung von Kompensationen mit Kosten einher. Umso wichtiger ist es, Fußabdrücke genau zu bestimmen, zumindest so genau, dass Ausgaben für Maßnahmen oder Kompensationen nicht deutlich zu hoch ausfallen oder die ausgewiesenen Fußabdrücke/KPIs sich nicht als wettbewerblicher Nachteil herausstellen. Ein Betrieb, der seine Maßnahmen auf seine Bedürfnisse abstimmt, muss daher eine einigermaßen gute Datenbasis für Aussagen haben. Dabei ist es egal, ob das Unternehmen bereits verpflichtet ist zu berichten oder ob Kunden oder Kreditgeber nach Fußabdrücken oder Risiken sowie den entsprechenden Strategien sowie verbindlichen Planungen zur Reduktion fragen. Zur Bestimmung von quantifizierbaren Fußabdrücken gibt es zahlreiche Softwarepakete, unter denen auch Rechner im Internet zur Verfügung stehen. Unternehmen, manche davon aus einer gewissen Überforderung heraus, nutzen derartige Tools und zum Beispiel für die CO_2-Fußabdrücke die darin hinterlegten Emissionsdatenbanken als Basis für ihre Analyse. Die Qualität der Datenbanken lässt häufig zu wünschen übrig:

- die Software verwendet sehr oft Umrechnungsfaktoren, die der unerfahrene Benutzer in Bezug auf Herkunft (wo sie erzeugt wurden), Methode (wie sie erzeugt wurden), Genauigkeit und Alter (wann wurden diese Faktoren erzeugt) nicht transparent sehen oder vergleichen kann. Die mit diesen Kenngrößen erzeugten Werte können im zweistelligen Prozentbereich falsch bezogen auf einen konkreten Kunden und Produkt sein, ohne dass das dem Kunden bewusst ist.

- Anwender, die, ohne sich in die Welt der Bilanzierung von Fußabdrücken und KPIs einzuarbeiten, einfach Software kaufen oder internetbasierte Tools mit schlechter Dokumentation der Quellen und unterliegenden Algorithmen nutzen, verstehen die Grundlagen der Rechnung und die Stärke/Schwächen ihrer eigenen Daten notwendigerweise nicht. Ein solches Verständnis benötigt Zeit.
- zudem bieten manche Unternehmen neben Rechnern auch Kompensationspakete an, deren Preis sich nach der Höhe der kompensierten Effekte berechnet. Entsprechend können Zielkonflikte zwischen Genauigkeit und möglichem zusätzlichem Geschäft auftreten.
- wie erwähnt, ist der Bereich juristisch noch sehr dynamisch. Eine veraltete oder nicht auf die lokalen Bedingungen abgestimmte Software kann daher von nicht oder nicht mehr gültigen Rahmenbedingungen ausgehen.

Die Empfänger der Daten können diese nutzen, um Kreditkonditionen oder die Risikobewertung anzupassen, um den Wert eines Unternehmens zu taxieren, oder auch, um die eigenen Maßnahmen auf die des Zulieferers abzustimmen. Sind die Angaben falsch, stimmen auch die Schlussfolgerungen nicht, die auf den Angaben basierend gezogen werden. Am Ende könnte zumindest der Vorwurf einer fahrlässigen Berichterstattung mit haftungsrechtlichen Konsequenzen im Raum stehen und zu Schadenersatzforderungen führen. Derart schmerzhafte Erfahrungen sollten vermieden werden, auch wenn sie helfen, Genauigkeit und internes Bewusstsein zu gewinnen.

Mit sorgfältiger Wiederholung steigt die Genauigkeit von anfänglich etwa 25–35 % (bei Anwendung von generalisierten Literaturdaten) auf wohl bestenfalls 5–7 % für die individuellen Fußabdrücke in der Ökobilanz des letzten Jahres. Aufgrund von Messungenauigkeiten und veralteten Umrechnungsfaktoren wird man, der praktischen Erfahrung nach, in Jahresberichten, die sich auf das vorhergehende Jahr beziehen, kaum genauer berichten können als mit einem Fehler von 5–7 %.

> Ein Beispiel dazu:
> Wer Erdgas nutzt, will Wärmeerzeugung. Intuitiv wird in der Regel angenommen, dass verschiedenes Erdgas den gleichen Heizwert hat, denn bezahlt wird das gelieferte Volumen. Intuition führt aber manchmal in die falsche Richtung:
> Der Website der Bayernwerk AG [21] ist zu entnehmen, wie sehr sich die Brennwerte der allein durch diesen Betreiber in Bayern eingespeisten Erdgase unterscheiden, beispielsweise um knapp 9 % für den Juli 2022. Zudem haben auch die Gaszähler eine Unsicherheit in der Angabe; der Website des Bunds der Energieverbraucher ist zu entnehmen, dass „Stichproben mit aus dem Netz genommenen Zählern (haben) ergeben, dass ein hoher Anteil schon vor Ablauf der Eichfrist die zulässige Abweichung von 4 % (die sog. Verkehrsfehlergrenze) überschritten hat. So zeigten nach 10 bis 12 Jahren 36 % der Zähler einen Messfehler, der über der zulässigen Verkehrsfehlergrenze von 4 % lag." [22]. Diese Fehler multiplizieren sich in der Weise, dass der Gesamtfehler allein bei dieser Größe bei knapp 12 % liegen kann. Entsprechend sind die CO_2-Fußabdrücke, aber auch die Heizkostenabrechnungen, häufig nur innerhalb eines größeren Ungenauigkeit richtig.
> Das ist beachtlich, einmal weil eine Gasrechnung offenbar falsch sein kann, aber auch, weil die jährlichen Einsparungen von Emissionen derzeit bei 4 % liegen sollen, ein Unternehmen aber man-

che Faktoren wahrscheinlich nicht in dieser Genauigkeit bestimmen und den eigenen Fortschritt damit nicht sicher bewerten kann.

Es lohnt also, genau hinzusehen und entsprechende Fragen stellen zu können, sowohl beim Zulieferer, als auch beim Softwareanbieter, der die Höhe des Fußabdrucks aus Literaturdaten belegen will. Die Berichterstattung fußt also auf einem Zahlenwerk, das im obigem Rahmen inhärent ungenau ist.

Die Berichterstattung beschreibt rückwärtsgewandt, was getan wurde und ist prospektiv insoweit sie Planungen und vorgesehenen Vorgehensweisen offenlegt, an denen Unternehmen gegenüber der Öffentlichkeit wie auch gegenüber Kunden und Kreditgebern später natürlich gemessen werden kann. Unter anderem aus dem Zahlenwerk und der guten Kenntnis des Betriebs, dessen Arbeitsweise und Zuliefer-/Kundenstruktur folgen die Maßnahmen des Ecodesigns (Kapitel 4.2.1). Ecodesign stellt den Versuch dar, alle Möglichkeiten zu finden, um mit bestehenden und neu zu definierenden Produkten niedrigere Fußabdrücke zu erzielen. Das resultiert in Planungen und Aktionen. Unternehmen müssen jedenfalls damit rechnen gefragt zu werden, wie sie sich hinsichtlich der Fußabdrücke selber verorten und was sie für Maßnahmen planen. Berichte sind standardisierte Antworten, entsprechender Standard ist insbesondere der erwähnte ESRS.

Um Fehler zu minimieren, ist Erfahrung nötig. Generell ergibt sich erst mit den subjektiv erfahrenen Beobachtungen und beim Einsatz eines eigenen Teams, wo die eigenen Schwächen zu lokalisieren sind, beziehungsweise, wie Prozesse und Zulieferer einzuschätzen sind.

Zudem gibt es noch eine Team-Dimension: Die beschriebene Bilanz wird zunächst nicht aus einem vagen Nachhaltigkeitsgewissen, sondern als Managementinstrument erstellt und genutzt, das Hinweise darauf gibt, um Fußandrücke und KPIs und mit den jeweiligen Bewertungen einhergehende Risiken zu reduzieren. Das Team, das berechnet, muss ebenso interdisziplinär und repräsentativ wie praxisnah zusammengesetzt sein, damit es nach einer Zeit am sichersten einschätzen kann, wo die bedeutenden Potenziale oder auch die großen Ungenauigkeiten zu finden sind. Nur ein solches Team kann derartige Prozesse langfristig begleiten und ist daher in der Lage, die auf der Grundlage des LCA und der Risikoanalysen zu entwickelnde Strategie umzusetzen.

Im Folgenden soll auf einige dieser Fußabdrücke/KPIs im Hinblick auf ihre Definition und Bewertung genauer eingegangen werden. In dieser Darstellung wird im Wesentlichen der Berichterstattung entsprechend dem ESRS gefolgt. Der ESRS beschreibt die Inhalte, die von berichterstattungspflichtigen Unternehmen dargelegt werden müssen, wobei die Unternehmen lediglich eine Auswahl der Themen darlegen müssen. Innerhalb der kommenden Jahre werden Unternehmen rechtlich gezwungen (Kapitel 3), ihre Nachhaltigkeitsberichterstattung entsprechend des ESRS aufzubereiten. Die EU-Gesetzgebung sieht vor, diese öffentlich zugänglichen Berichte zu nutzen, um Behörden und interessierte Parteien (Stakeholder) darüber zu informieren, wie sich die Unterneh-

men hinsichtlich ihrer Nachhaltigkeitsauswirkungen darstellen. Entsprechend können auch interessierte und sorgfältige Verbraucher sich
- über das Reporting informieren, wie sich ihre Lieferunternehmen aufstellen sollten und verstehen, was für Inhalte eigentlich Gegenstand der Berichterstattung sind.
- in Grenzen auch Kriterien zur Analyse ihres eigenen Verhaltens und der entsprechenden Handlungsoptionen identifizieren.

Im Sinne eines Meinungsbildungsprozesses empfiehlt es sich auch, den signifikanten staatlichen Subventionen für anerkannt umweltschädliche Aktivitäten Aufmerksamkeit zu schenken. Der entsprechende Bericht der deutschen Bundesregierung „Umweltschädliche Subventionen in Deutschland" wird jährlich vom Umweltbundesamt publiziert, ist lesbar und ist im Internet frei verfügbar.

2.2 Umweltfußabdrücke

Der Umweltfußabdruck bezieht sich allgemein auf eine Reihe von Fußabdrücken und misst den Einfluss von Menschen oder Organisationen auf die Umwelt. Da die zu berücksichtigenden Auswirkungen auf die Natur mehrdimensional sind, wird dieser Fußabdruck als Maß für die gesamten Auswirkungen einer Tätigkeit auf die Umwelt bei der Bereitstellung von Gütern oder Dienstleistungen unter Berücksichtigung des gesamten Lebenszyklus definiert.

Messung eines Umweltfußabdrucks

Wie bereits erwähnt, besteht der Umweltfußabdruck aus mehreren Indikatoren. Entsprechend dem deutschen Umweltbundesamt [23] sind die in der folgenden Tabelle 2.4 zusammengestellten Parameter.

Tab. 2.4: Indikatoren zum Umweltfußabdruck nach [23].

Klimawandel – gesamt und biogen,
Landnutzung und Transformation,
stratosphärischer Ozonabbau,
Humantoxizität – krebserregend und nicht-krebserregend,
Ökotoxizität,
Feinstaub,
ionisierende Strahlung,
Bildung von fotochemischem Ozon,
Versauerung – terrestrisch und marin,
Eutrophierung – terrestrisch und marin,
Frischwasser,
Wasserverbrauch,
Ressourcennutzung, das heißt, Nutzung von Mineralien (Metalle und Fossil).

In der Bewertung werden die einzelnen Indikatoren mit Hilfe von Wirkungskategorien beziehungsweise deren Normalisierung und Gewichtung priorisiert. Die Gewichtung ist sehr vom Anwendungsfall (Industriesektor) abhängig und auch von dem Ort, an dem die betrachteten Prozesse stattfinden. Deswegen wird dieser Fußabdruck hier nicht weiter diskutiert. Es muss hervorgehoben werden, dass die als relevant erachteten Kriterien sich von den im ESRS enthaltenen und von den Angaben der ISO 26 000 unterscheiden. Die obige Liste ist in der Umsetzung deutlich anspruchsvoller als die entsprechenden Anforderungen der anderen Vorgaben.

2.2.1 Der ökologische Fußabdruck

Gelegentlich wird in der Literatur auch vom *ökologischen Fußabdruck* gesprochen. Der ökologische Fußabdruck ist nicht zu verwechseln mit dem Umweltfußabdruck.

Der ökologische Fußabdruck wird berechnet, indem ermittelt wird, welche biologisch produktive Fläche benötigt wird, um alle konkurrierenden Anforderungen der Menschen zu erfüllen. Zu diesen Anforderungen gehören beispielsweise die Menge an bioproduktiven Land- und Meeresflächen für den Anbau von Nahrungsmitteln, die Faserproduktion, die Regeneration von Holz, die Absorption von Kohlendioxidemissionen aus der Verbrennung fossiler Brennstoffe und die Unterbringung gebauter Infrastruktur. Der ökologische Fußabdruck verwendet zu diesem Zweck insbesondere die Erträge von Primärprodukten (aus Ackerland, Wäldern, Weideland und Fischerei), um die Fläche zu berechnen, die zur Unterstützung einer bestimmten Aktivität notwendig ist. Diese Größe lässt sich auch zu einer nationalen Kenngröße entwickeln, indem die ökologischen Fußabdrücke der Importe zur nationalen Produktion addiert und entsprechend die ökologischen Fußabdrücke der Exporte davon abgezogen werden. Internationale Handelsströme können in diesem Sinn als Ströme eingebetteter ökologischer Fußabdrücke betrachtet werden.

Aus dem ökologischen Fußabdruck lässt sich die *Biokapazität* ermitteln. Sie wird bestimmt, indem die Menge an biologisch produktiver Land- und Meeresfläche berechnet wird, die zur Verfügung steht, um die Ressourcen, die eine Bevölkerung verbraucht, bereitzustellen und ihre Abfälle zu absorbieren, und das unter Berücksichtigung der aktuellen Technologie. Um die Biokapazität über Raum und Zeit hinweg vergleichbar zu machen, werden die Flächen proportional zu ihrer biologischen Produktivität angepasst. Diese angepassten Flächen werden in globalen Hektar ausgedrückt. Die Länder unterscheiden sich in der Produktivität ihrer Ökosysteme, was sich auch in den Konten widerspiegelt.

Die Ergebnisse dieser Analyse geben Aufschluss über einen Aspekt der ökologischen Situation einer Nation: Ein Land verfügt über eine ökologische Reserve, wenn sein ökologischer Fußabdruck kleiner ist als seine Biokapazität; andernfalls hat es ein ökologisches Defizit.

2.2.2 CO$_2$-Fußabdruck

Der CO$_2$-Fußabdruck, oder im englischen Sprachraum, der Carbon Footprint, ist wohl derzeit einer der meistdiskutierten Fußabdrücke:

Das Konzept des Kohlenstoff-Fußabdrucks wurde 2003 populär, als das Öl- und Gasunternehmen British Petrol (BP) eine Werbekampagne startete, in der die Menschen auf der Straße nach ihrem Kohlenstoff-Fußabdruck gefragt wurden. Mit dem Slogan „It's a start" (Es ist ein Anfang) ermutigte die Werbung die Menschen, ihren persönlichen Kohlenstoff-Fußabdruck mithilfe des von BP zur Verfügung gestellten Rechners zu ermitteln. Ziel dabei war es natürlich, den Fußabdruck der Privatpersonen ins Zentrum der Aufmerksamkeit zu stellen, nicht den des Unternehmens.

Den Fußabdruck weitgehend auf Einzelpersonen konzentriert darzustellen war zumindest insofern irreführend, weil Unternehmen (und insbesondere ein öl- und gasförderndes Unternehmen wie BP) für wesentlich umfangreichere Emissionen verantwortlich sind. Dem steht gegenüber, dass auch Großunternehmen von der Konsumfreudigkeit privater Kunden leben, deren Aufmerksamkeit entscheidenden Druck auch auf Großunternehmen ausüben kann.

Beschreibung

Treibhausgase sind eine ganze Klasse von Gasen, die alle den Effekt haben, die Abstrahlung von Infrarotstrahlung von der Erdoberfläche zu behindern, die Erdoberfläche damit etwas thermisch zu isolieren und damit zur Erwärmung der Erdatmosphäre beizutragen. Das Kohlendioxid, chemisch CO$_2$, ist wohl das bekannteste dieser Gase und das, woran als erstes der Effekt festgestellt wurde, dass es im Bereich der Infrarotstrahlung zum Teil undurchsichtig ist. Mittlerweile ist bekannt, dass neben CO$_2$ eine Reihe von Gasen diese Isolationseigenschaft haben. Diese Gase werden entsprechend als „Treibhausgase" bezeichnet.

Zu Beginn des 20. Jahrhunderts waren die schwedischen Wissenschaftler Arvid Högbom und Svante Arrhenius die ersten, die die weltweit die durch Verbrennung von Kohle freigesetzte Menge an CO$_2$ abschätzten, und vor der erwärmenden Wirkung des emittierten CO$_2$ auf die Atmosphäre warnten. Ihre Überlegungen wurden jedoch bis in die 1950er Jahre nicht oder nur mit Zurückhaltung betrachtet. Zudem wurden verschiedene Effekte, unter anderem die absorbierende Wirkung der Ozeane für CO$_2$, entdeckt, was zunächst beruhigend wirkte. Wissenschaftler entdeckten in der Folge, dass die Mechanismen, die die globale Erwärmung verhindern sollten, nicht wirksam genug waren, um die Effekte auszugleichen. Zudem fand man, dass Treibhausgasemissionen bereits schneller fortgeschritten waren, als bis dato angenommen. Dennoch wurden, auch bedingt durch den Bedarf nach Wirtschaftsleistung nach dem zweiten Weilkrieg, Warnungen ignoriert, als die Industrialisierung weiter an Fahrt aufnahm. Erst in den 1990er Jahren begannen Verbraucher und NGOs, den Aussagen der Wissenschaftler über das Klima mehr Vertrauen beizumessen und ihre Regierungen zum Handeln aufzufordern.

Grundsätzlich zielen zahlreiche Maßnahmen in der Industrie auf eine Dekarbonisierung, das bedeutet, auf eine Reduktion der CO_2-Emissionen, ab. Das unterliegende Ziel ist es, die Erwärmung der Erdatmosphäre zu begrenzen.

Im Detail hat Dekarbonisieren drei Ziele:
1. Nicht mehr Energie zu verbrauchen, als von der Sonne zur Verfügung gestellt wird.
2. Statt fossiler Energiequellen Energieformen zu verwenden, die nicht zu einer Umweltverschmutzung und nicht zu Ressourcenverbrauch führen.
3. Insbesondere fossile Ressourcen als Rohstoffe zu verstehen, nicht als Brennstoffe.

Ein völliges Dekarbonisieren des Zusammenlebens und Wirtschaftens, so, wie es heute bekannt ist, wird nicht möglich sein – genauso wenig wie das Leben ohne einen Verbrauch von Ressourcen. Diese Einsicht kommt möglicherweise einem der begrenzenden Faktoren der Lebensdauer einiger Spezies und einer langfristigen Veränderung von belebter und unbelebter Natur gleich. Deshalb darf auch im Eigeninteresse das Ziel einer Reduktion der CO_2-Emissionen nicht aus den Augen verloren werden.

Wenn die gesamte pro Jahr produzierte Menge an Produkten bekannt ist, kann der entsprechende Anteil der Gemeinemissionen anteilig umgelegt und auf das einzelne Produkt aufgeschlagen werden, was dann den produktbezogenen CO_2-Fußabdruck ergibt.

Ansatz zur Bestimmung des CO_2-Fußabdrucks
Der genaueste Ansatz zur Bestimmung von CO_2-Fußabdrücken ist in den erwähnten Normen beschrieben und standardisiert. Dieser nutzt neben einer vorgegebenen Herangehensweise (ISO 14040) einen definierten Fragenkatalog (ISO 14044), um strukturiert alle Treibhausgasemissionen in der eigenen Produktionsstätte, den Zulieferketten und bei den erwarteten Nutzern abzufragen. Das hört sich einfach an, ist aber im Detail sehr komplex, weil es voraussetzt, dass alle in den Lieferketten Beteiligten ihre charakterisierenden Werte auch kennen. Das ist häufig nicht der Fall.

Um dies mit einem Beispiel zu illustrieren:

> Während der chemische Prozess der Verbrennung leicht in einem CO_2-Fußabdruck abzubilden ist, wird in demselben Fußabdruck der Energieverbrauch für Transport oder Aufbereitung des Benzins nicht mit berechnet. Dazu kommt, dass wer Benzin zum Betreiben eines Fahrzeugs nutzt und dessen Fußabdruck berechnen will, in der Regel nicht die Effizienz der Umsetzung seines eigenen Fahrzeugs misst, sondern auf Datenbanken zurückgreift. Tatsächlich unterscheiden sich Fahrzeuge je nach Alter, Einstellungen, Wartung, und so weiter. Die Datenbankwerte, die Konversionsfaktoren, sind also nah an der Realität, können das einzelne Fahrzeug aber nicht exakt abbilden. Ein Vergleich zwischen unterschiedlichen Fahrzeugen greift daher zu kurz.

Wenn im nächsten Vereinfachungsschritt ausschließlich Durchschnittswerte herangezogen werden, würde der Fehler noch deutlich größer, die Berechnung aber einfacher.

Der Preis, der für diese Vereinfachung gezahlt wird, ist, dass alles, was das spezielle Unternehmen charakterisiert, nicht berücksichtigt wird und die Einsparungsmaßnahmen, um die es eigentlich geht, weniger zielgenau werden. Auf der anderen Seite schärft diese Sichtweise den Blick dafür, wo Prioritäten zu setzen sind.

Berichterstattung/Metriken
Nach einer Entwicklungszeit von knapp 10 Jahren wurde das oben bereits angesprochene Greenhouse Gas Protocol (GHP) 2001 publiziert. Mit dem GHP stand erstmals ein Regelwerk in Form eines Standards für die Berechnung von CO_2-Fußabdrücken zur Verfügung. Das dort festgelegte Verfahren gibt vor, wie die Emissionen erfasst, berechnet, und gelistet werden, differenziert nach
- direkten Emissionen (Scope 1),
- Emissionen aus Nutzung und Erzeugung von Energie, zum Beispiel Heizung mit fossilen Brennstoffen (Scope 2) und
- indirekte Emissionen (Scope 3),

die für einen vorgegebenen Berichtszeitraum addiert werden. Bis heute stellt das GHP das zentrale Werkzeug für die Ermittlung von CO_2-Fußabdrücken dar.

In seiner heutigen Definition beschreibt ein solcher Fußabdruck die Gesamtmenge an THG-Emissionen über alle Vorstufen eines Produktes, die Produktions- und alle Nutzungsphasen bis hin zur Entsorgung. In der praktischen Bewertung der verschiedenen Gase dieser Substanzklasse ist die Bezugsgröße der Effekt, den das CO_2 in dieser Hinsicht verursachen würde. Entsprechend wird die Menge an Treibhausgasen mit der Maßeinheit t eq. CO_2 (eq. für äquivalent) angegeben.

2.2.3 Der Wasserfußabdruck – Schutz von Wasser und Meeresressourcen

Beschreibung
Der Wasserfußabdruck verknüpft ein materielles oder immaterielles Produkt mit der Menge an Frischwasser, die während seines Produktlebens, das heißt, einschließlich des Konsumenten, verbraucht wird. Dieser Fußabdruck bezieht sich auf Informationen zum (Gesamt-) Wasserverbrauch. Es kann sich also um Frischwasser, Regenwasser oder Wasser handeln, das durch mit Herstellung, Nutzung oder Entsorgung verbundene Aktivitäten verschmutzt ist.

Der tägliche Wasserfußabdruck einer Person in Österreich liegt bei rund 4.700 Liter Wasser. Dies ist gegebenenfalls ein Vielfaches des direkten Wasserbedarfs von 130 Liter Wasser pro Person und Tag. Die einzelnen Beiträge sind in der folgenden Tabelle 2.5 zusammengetragen.

Für eine Bewertung des direkten und indirekten Wasserverbrauchs ist die lokale Verfügbarkeit von Wasser entscheidend. Daher können Aussagen zur lokalen ökologi-

Tab. 2.5: Wasserverbrauch eines Durchschnittsösterreichers [24].

Ernährung – tierische Produkte	40 %
Ernährung – pflanzliche Produkte	34 %
Gewerbe und sonstige Industrieprodukte	13 %
Nicht essbare Landwirtschaftsprodukte	8 %
Haushalt	3 %
Sonstige	2 %

schen Bedrohung durch diesen Fußabdruck ohne zusätzliche Informationen wie zum Beispiel zur lokalen Anzahl der Menschen mit Zugang zu sauberem Trinkwasser allein mit Hilfe des Wasserfußabdrucks nicht getroffen werden. Der Wasserfußabdruck gilt nur für Süßwasser, die Verschmutzung der Ozeane wird nicht betrachtet.

Der Wasserfußabdruck wird von der Taskforce on Nature-related Financial Disclosures (TNFD, [25]) in deren Offenlegungsrahmen für die Bewertung naturbezogener Fragen hervorgehoben. Die TNFD berücksichtigt die folgenden drei Parameter für Wasser- und Meeresressourcen (Tabelle 2.6):

Tab. 2.6: Offenlegungsparameter für Wasser- und Meeresressourcen gemäß dem Vorschlag der TNFD. Sofern nicht anders angegeben, wird davon ausgegangen, dass das Wasser mit Standardverfahren wiedergewonnen werden kann.

Kriterium	Unterkriterium	Beinhaltet
Volumen des in die Umgebung abgelassenen Wassers in m^3	Süßwasser	– Konzentrationen von Schadstoffen im eingeleiteten Abwasser, aufgeschlüsselt nach Schadstoffart, unter Bezugnahme auf sektorspezifische Leitlinien für Schadstoffarten; – Temperatur des abgelassenen Wassers, sofern relevant
Ausmaß der Nutzungsänderung von Land-/Süßwasser-/Meerökosystemen (km^2)	Art des Ökosystems; Art der Geschäftstätigkeit. Ausmaß des Land-/Süßwasser-/Meeres-Ökosystems, das erhalten oder wiederhergestellt wurde (km^2)	Freiwillig oder durch Gesetze oder Vorschriften erforderlich: Ausmaß des Land-/Süßwasser-/Meerökosystems, das nachhaltig bewirtschaftet wird (km^2) von – Art des Ökosystems und – Art der Geschäftstätigkeit.
Gesamter räumlicher Fußabdruck (km^2)	Gesamtfläche, die von der Organisation kontrolliert/verwaltet wird und über die die Organisation die Kontrolle hat (km^2); Gesamte gestörte Fläche (km^2) Gesamte sanierte/restaurierte Fläche (km^2).	

In der Berichterstattung wird auf die im Zusammenhang mit der Wasserrückgewinnung entstehenden Energie- und Dauerverschwendungen hingewiesen. Im Zusammenhang mit der Bewertung dieses Fußabdrucks müssen zudem weitere Parameter berücksichtigt werden, wie zum Beispiel
- die Ökotoxizität von Wasser. Diese Maßzahl bezieht sich auf die toxischen Auswirkungen von Chemikalien auf ein Ökosystem, die zum Verlust der biologischen Vielfalt und/oder auch zum Aussterben von Arten führen.
- die Eutrophierung von Wasser, die durch die Freisetzung von Nährstoffen in den Boden oder in Wasserkörper erfolgt und den anschließenden Anstieg des Nährstoffgehalts (insbesondere von Phosphor und Stickstoff). Umweltauswirkungen im Zusammenhang mit der Eutrophierung von Wasser können schädliche Algenblüten, tote Zonen und Fischsterben sein.

Eutrophierung ist definiert als die Reaktion eines Ökosystems auf die übermäßige Verfügbarkeit eines unter normalen Umständen limitierenden Nährstoffs. Eutrophierung ist damit ein Maß für den Rückgang der Artenvielfalt und des Artenreichtums, wie er durch den Eintrag eines bestimmten Nährstoffs ins Wasser verursacht wird. Für Deutschland beschreiben die sogenannten grünen und blauen Wasserfußabdrücke die quantitative Nutzung des Wassers, und der graue Wasserfußabdruck beschreibt den Einfluss der Nutzungen auf die Wasserqualität.

Berichterstattung
Die Richtlinie ESRS E 3 für Wasser- und Meeresressourcen [26] beschreibt Kennzahlen und allgemeine Ziele im Zusammenhang mit Wasser und Meeresressourcen:

Zunächst werden natürlich Startpunkte benötigt, unterhalb derer nach dem derzeitigen Kenntnisstand keine Probleme zu erwarten sind. Hierzu gibt es Leitlinien, etwa die der erwähnten TNFD. Methodisch wurden Beschreibungen der Science-Based Targets Initiative for Nature (SBTN, [27]) vorgestellt. Der Gesetzgeber ist vorsichtig damit, sich auf nur einen Standard zu stützen und weist daher ausdrücklich darauf hin, dass jede andere Anleitung mit einer wissenschaftlich anerkannten Methodik auch erlaubt ist, falls diese die Festlegung wissenschaftlich fundierter Ziele durch die Ermittlung ökologischer Schwellenwerte und gegebenenfalls organisationsspezifischer Zuteilungen erlaubt.

Erst, wenn Schwellwerte und Methodik bekannt sind, ist eine Angabe von Zielen sinnvoll, die sich auf die Reduzierung der Wasserentnahmen und -einleitungen beziehen können. Im Detail kann hier viel Negatives verursacht, aber auch viel Positives initiiert werden – daher sind gegebenenfalls Hinweise auf verschmutzte Böden und Grundwasserleitern sowie die Entnahme und Aufbereitung von Wasser zu Sanierungszwecken sinnvoll. Offenbar ist es dagegen nicht zielgerecht, die Aufmerksamkeit lediglich auf das eigene Unternehmen zu beschränken, denn auch eine Berücksichtigung der ein- und ausgehenden Lieferkette sowie der in der Umgegend angesiedelten Industrie ist nötig.

Wenn vor diesem Hintergrund der Wasserverbrauch beschrieben wird, müssen Mess- und Berechnungsmethoden sowie Abschätzungen transparent vorgenommen werden.

Während in einem rein volumetrischen Wasserfußabdruck die Auswirkungen von Wassermangel und Verschmutzung verborgen bleiben, gewichten neuere Methoden diese Folgen stärker. Die Quelle [28] bietet einen Überblick über die zum Teil komplexen Zusammenhänge.

Metriken

Wie bei allen Fußabdrücken ist zu beachten, dass sich die gemeldeten Fußabdrücke auf Randbedingungen beziehen – zumindest auf Daten, die vom Tier-1-Lieferanten geliefert wurden – und auch auf die angenommenen Nutzung durch den Verbraucher, einschließlich verursachter Abfälle. Es ist davon auszugehen, dass es früher oder später eine gesetzliche Verpflichtung geben wird, bei Hinweisen auf Probleme in den Lieferketten die gesamte Lieferkette zu berücksichtigen (wie in der CSDDD der EU vorgeschlagen).

Im Forschungsvorhaben „Konzeptionelle Weiterentwicklung des Wasserfußabdrucks" hat die Technische Universität Berlin im Auftrag des Umweltbundesamtes die Wassernutzung Deutschlands im In- und Ausland im der Weise betrachtet, dass die globalen Folgen und lokalen Konsequenzen deutlich werden [29]: Während jede Person in Deutschland zum Trinken, Waschen, Putzen und Kochen etwa 130 Liter Wasser am Tag verwendet, beträgt der konsuminduzierte Wasserverbrauch täglich rund 7 200 Liter pro Kopf oder für ganz Deutschland 219 Milliarden Kubikmeter pro Jahr. Davon stammen nur 14 % des Wassers aus Deutschland selbst und 86 % aus dem Ausland. Je nach Berechnungsweise und Datengrundlage können solche Angaben stark schwanken, aber die grundlegende Aussagen behalten in der Tendenz ihre Gültigkeit.

2.2.4 Biodiversität als Kenngröße für biologische Vielfalt

In der Literatur werden Biodiversität oder biologische Vielfalt vielfach nicht als Fußabdruck etikettiert. Da Menschen als Teil der Natur auf biologische Vielfalt und deren Erhalt angewiesen sind um zu überleben, liegt es im Interesse der menschlichen Gemeinschaft, dass die biologische Vielfalt erhalten bleibt. Was die Anwendung des Parameters betrifft, verhält sich Biodiversität wie andere Fußabdrücke: Aktivitäten in der belebten und unbelebten Natur können unabsichtlich messbare Folgen für die biologische Vielfalt haben, aber Maßnahmen können dem entgegenwirken. Dies gilt nicht nur im Zusammenhang mit menschlichen Aktivitäten, sondern auch für andere Geschehnisse in der belebten oder unbelebten Natur.

Die Artenvielfalt verändert sich im Laufe der Zeit: Es kommt zum Aussterben von Arten, und neue Arten entstehen. Biologische Vielfalt lässt sich durch drei interagierende und koexistierende Ebenen beschreiben:
- Artenvielfalt,
- genetische Vielfalt und
- Ökosystemvielfalt.

Derzeit gibt es keine etablierte und allgemeingültige Methodik zur Messung der Auswirkungen der Wirtschaftstätigkeit auf diese Ebenen oder zur Messung der Wechselwirkungen zwischen den Ebenen. Methodische Modelle bieten aber Scores [30], um Ökosysteme zu erfassen, zu berücksichtigen und die Auswirkungen wirtschaftlicher Aktivitäten auf biologische Vielfalt zumindest abzuschätzen.

Berichterstattung nach ESRS-Standard
Wie erwähnt, ist das Ziel aller Fußabdruckberechnungen neben der Kennzahl an sich vor allem die Reduktion des Fußabdrucks unterhalb eines als schädlich erachteten relevanten lokalen, nationalen und globalen ökologischen Schwellwertes. Öffentliche politische Ziele in Bezug auf Biodiversität und Ökosysteme spielen in diese Berichtsgröße hinein. Hinsichtlich der Biodiversität ist das besonders schwierig, weil zwar unstritig ist, dass einerseits Biodiversität lebenswichtig für alle Spezies ist, es andererseits aber noch keine allgemein akzeptierten allumfassende Grenzwerte und zugehörige Messvorschiften gibt. Die Gründe hierfür liegen auch in der Schwierigkeit,
- die richtigen Spezies (Mikroorganismen, Zugtiere, Pflanzenarten und so weiter) mit einzubeziehen,
- die passende Messmethode dafür zu finden,
- den richtigen Zeitpunkt (Sommer, Winter, Wetterbedingungen und so weiter) zu wählen,
- die richtigen Schwellenwerte zu identifizieren,
- zu entscheiden, was eigentlich als besser oder schlechter anzusehen ist (es könnte zum Beispiel nach einer Baumfällung sein, dass mehr Vogelarten an einem Ort leben als vorher, wenn auch andere Arten als vorher.

Die Offenlegungsanforderung E4 des ESRS betont daher für die Beschreibung der unternehmerischen Aktivitäten in deren Wechselwirkung mit der Biodiversität in der Unternehmensberichterstattung „die Beziehung des Unternehmens zu Land-, Süßwasser- und Meereslebensräumen, Ökosystemen und Populationen verwandter Tier- und Pflanzenarten, einschließlich der Vielfalt innerhalb der Arten, zwischen Arten und von Ökosystemen und deren Wechselbeziehung mit einheimischen Arten." Das Ziel der Berichterstattung ist letztlich ein Verständnis der Auswirkungen eines berichtenden Unternehmens auf die Artenvielfalt und Ökosysteme zu ermöglichen. Dazu gehören tatsächliche und potenzielle Effekte, sofern diese wesentlich sind, sei es nun in einem positiven oder negativen Sinn. Es ist notwendig, über die Maßnahmen zu sprechen, die ergriffen wurden, um negative Auswirkungen zu verhindern und positive zu fördern, und das Ergebnis solcher Maßnahmen mit dem Ziel, die Artenvielfalt und Ökosysteme zu schützen und wiederherzustellen. Risiken, Strategien und die Auswirkungen der damit verbundenen Aktivitäten auf das Geschäftsmodell und die jeweiligen Ziele müssen einschließlich möglicher finanzieller Auswirkungen gemeldet werden.

Das alles zeugt von einem planvollen Vorgehen, das nötig ist, um sicherzustellen, dass das unternehmerische Geschäftsmodell und seine Strategie mit der Achtung der planetaren Grenzen der Integrität der Biosphäre und des Wandels des Landsystems vereinbar sind.

Metriken
Im Wesentlichen verknüpft ein Biodiversitäts-Fußabdruck die biologische Vielfalt der Lebensumwelt mit einer lokalen wirtschaftlichen Aktivität eines bestimmten lokal ansässigen oder agierenden Unternehmens. Damit wird versucht, den Druck darzustellen, den der Verantwortliche für die Aktivität auf Ökosysteme oder Arten in einem bestimmten Gebiet ausübt. Die Schwierigkeit bei diesem Ansatz besteht darin, dass die genannte Organisation leicht identifiziert werden kann, der festgestellte Diversitätsdruck (auf Gene, Arten oder ganze Ökosysteme) aber erst nach einer sorgfältigen Analyse einer bestimmten Organisation zugeordnet werden kann. Folglich müssen gegebenenfalls viele Kriterien bewertet werden:
- Die Entwicklung eines ökologischen Inventars, also einer quantitativen Analyse der Biodiversität im Feld im Zeitverlauf an einem bestimmten Standort.
- Der quantifizierte Beitrag eines Unternehmens zu den Umweltbelastungen an diesem Standort im Laufe der Zeit.
- Eine sorgfältige Analyse anderer Faktoren, die möglicherweise die beobachteten Auswirkungen beeinflussen, und wenn möglich, eine Referenzmessung eines ungestörten Bereichs in der Nähe des betrachteten Standortes.

Insbesondere der erste Parameter, die Entwicklung eines ökologischen Inventars, ist schwer zu beurteilen, da alle biologischen Aktivitäten zur Vielfalt beitragen.

Derzeit stehen drei Methoden zur Verfügung, um den Zugriff auf Aspekte dieses Parameters zu ermöglichen:

Umwelt-DNA (eDNA)

Das Ergebnis der Umwelt-DNA (eDNA) basiert auf dem Effekt, dass Tiere, Pflanzen und Bakterien ständig DNA-Spuren in der Umwelt hinterlassen. Wenn diese Spuren, Umwelt-DNA (eDNA) genannt, aus Umweltproben wie Wasser, Luft, Boden und so weiter gewonnen werden können, kann dies dazu beitragen, die Arten zu identifizieren und zu überwachen, die in der beprobten Umwelt vorhanden sind oder waren.

Bioakustik
: Bioakustik zielt auf die Aufzeichnung von Geräuschen von Tieren, die auf dem Gelände gefunden werden. Die genutzten Mikrofone zeichnen in der Regel Signale in unterschiedlichen Frequenzbereichen auf. Experten (und KI) können anhand dieser Aufzeichnungen Arten oder Gruppen identifizieren.

Fernerkundung
: Unter Fernerkundung wird remittiertes sichtbares Licht, Infrarot- und Mikrowellenstrahlung verstanden, das aus der Ferne von einem Objekt wie Bäumen oder Pflanzen erfasst wird. Entsprechende Daten können mit Satelliten, Drohnen oder Flugzeugen erfasst werden.

Im Wesentlichen versuchen alle drei Methoden, Spuren von Bioaktivitäten im betrachteten Standort zu identifizieren, nicht jedoch, das gesamte Ökosystem abschließend zu charakterisieren. Es ist von entscheidender Bedeutung, die beobachteten Auswirkungen einer bestimmten Wirkungsquelle zuordnen zu können und im Zeitverlauf zu überwachen, um sicherzustellen, dass auf saisonale Effekte Bezug genommen wird.

Da die betrachteten Methoden den Einsatz von Know-how, Ausrüstung und finanziellen Ressourcen erfordern, erscheint es sinnvoll, sich auf Bereiche mit besonderen Eigenschaften zu konzentrieren. Ein weiterer Aspekt ist, dass das Verständnis der Artenzahl allein möglicherweise nicht die richtige Grundlage für eine Beurteilung liefert. Denn es kann sein, dass zum Beispiel der Anbau von Bäumen auf einer Fläche, die zuvor als Feld für den Anbau von Nutzpflanzen genutzt wurde, zwar mehr Arten hervorbringen wird, diese neuen Arten aber dazu führen können, dass eine andere Art gefährdet wird.

2.2.5 Landverbrauch

Beschreibung
Der Land-Fußabdruck misst die Fläche an Land, die zur Herstellung eines Produkts (einer Ware oder die Erbringung einer Dienstleistung) benötigt oder von einer Organisation oder einer Nation genutzt wird (siehe Tabelle 2.7 unten).

Berichterstattung
Derzeit ist die Berichterstattung über den Land-Fußabdruck nicht verpflichtend, es wird aber verlangt, dass die Beziehung des Unternehmens zu Land-, Süßwasser- und Meereslebensräumen sowie Ökosystemen beschrieben wird.

Metriken
Die Bewertung fußt auf der Erfassung und Bewertung der messbaren Landnutzung, wie sie mit den Aktivitäten innerhalb der Lieferkette (d.h., einschließlich aller Zwi-

Tab. 2.7: Konsum an Lebensmitteln weltweit pro Kopf und Jahr in kg mit Footprint in m^2 [31].

	Gesamtverbrauch pro Kopf in kg	Footprint in m^2/kg
Brot	35,7	6,0
Kartoffeln, roh	22,3	4,3
Gemüse, roh	18,1	4,3
Rindfleisch	6,6	209,1
Lamm	3,4	100,6
Schweinefleisch	8,2	25,4
Geflügel	9,9	20,8
Eier	7,6	15,5
Käse	6,0	148,8
Vollmilch	37,3	18,0
Bier	46,7	6,1
Wein	17,5	29,0
Softdrinks	30,3	2,2
Schokolade	5,7	61,1

schenaktivitäten und -produkte) einhergeht. Es ist dabei nötig festzustellen, ob diese Landnutzung zu einem kurz- oder langfristigen Schaden oder gar zur Verhinderung einer weiteren Nutzung es Landes führt.

Wenn zum Beispiel die Aufzucht eines Tieres zu Ernährungszwecken den Anbau von Nahrungsmitteln erfordert, entspricht die Aktivität einer Fläche, die für das Pflanzenwachstum (für die Nahrung) plus das eigentliche Tierwachstum erforderlich ist. Dieser Fußabdruck ist häufig verknüpft mit anderen Fußabdrücken, oft auch mit Wasser- oder Energieverbrauch. Wenn für diese Nahrungsmittel wiederum Düngemittel verwendet werden müssen, können auch die dafür erforderlichen Energie- und Materialmengen berücksichtigt werden.

2.2.6 Der Verbrauch von Ressourcen – Abfall

Beschreibung
Mit dem Wachstum einer Volkswirtschaft steigt auch der Bedarf an Ressourcen, es sei denn, die Effizienz oder die Nachfrage nach verschiedenen Produkten ändert sich aufgrund von Preisänderungen. Es gibt einen festen Vorrat an nicht in menschlichen Zeiträumen erneuerbaren Ressourcen, wie zum Beispiel Erdöl, und diese Ressourcen können erschöpft werden. Auch erneuerbare Ressourcen können erschöpft werden, wenn sie über längere Zeiträume in nicht nachhaltigem Maße abgebaut werden.

Auch bei den erneuerbaren Ressourcen müssen Nachfrage und Produktion auf ein Niveau gesenkt werden, das eine Erschöpfung verhindert und umweltverträglich ist. Die Entwicklung hin zu einer Gesellschaft, die nicht von fossilen Rohstoffen abhängig ist, ist von entscheidender Bedeutung, um einen gesellschaftlichen Zusammenbruch zu vermeiden.

Tab. 2.8: Abfallaufkommen in Deutschland je Einwohner [32].

Abfallaufkommen in Deutschland je Einwohner		
1	Hausmüll	160 kg
2	Sperrmüll	30 kg
3	Abfälle aus der Biotonne	60 kg
4	Biologisch abbaubare Abfälle	60 kg
5	Glas	30 kg
6	Verpackungen	40 kg
7	Papier und Pappe	60 kg
8	Metalle	10 kg
9	Holz	20 kg
10	Plastik	5 kg
11	Textilien	10 kg
12	Sonstige Abfälle	10 kg

Der Material-Fußabdruck zeigt den Verbrauch materieller Ressourcen bei der Herstellung von Produkten oder Dienstleistungen an (siehe Tabelle 2.8 unten). Er bezieht sich auf die Gesamtmenge an Materialien, die in der gesamten Produktions- und Lieferkette einschließlich der Entsorgung benötigt werden [33]. Der Material-Fußabdruck kann durch eine deutliche Steigerung der Wiederverwendung zum Beispiel durch Recycling reduziert werden, was letztlich auf eine Kreislaufwirtschaft abzielt (siehe Tabelle 2.9 unten).

Berichterstattung/Metriken
In der EU verweist das ESRS auf die entsprechend zu berichtenden Informationen in Abschnitt E 5 (und teilweise auch E 1) mit mehr als 75 Fragen oder Angaben zu gewünschten Informationen zu Abfall und Kreislaufwirtschaft, teilweise in quantitativer Form, und teilweise als schriftliche Ausführung.

Die obige Tabelle (Tabelle 2.9) basiert laut Statista [35] auf Daten der International Energy Agency (IEA) und zeigt, dass bei der Herstellung eines batterieelektrischen Autos (BEV) oder Plug-in-Hybrid (PHEV) eine andere Auswahl von kritischen Mineralressourcen verbraucht wird als bei der Produktion eines mit fossilen Brennstoffen betriebenen Kraftfahrzeugs. Verantwortlich für diesen Bedarf sind laut dieser Quelle insbesondere die Batterien der Stromer sowie das damit verbundene Antriebssystem mit dessen besonderen Eigenheiten. Höhere Performance, Langlebigkeit und Energiedichte der Akkus bedeutet einen gleichzeitigen Anstieg der benötigten Minerale. Wird dieser Zusammenhang extrapoliert, bedingt die Umstellung auf saubere Energiesysteme einen Anstieg des Bedarfs an ohnehin raren Mineralen, was zu neuen und ausgeprägten

Tab. 2.9: Durchschnittlicher Rohstoffverbrauch ausgewählter Materialien bei der Pkw-Produktion 2020 in kG [34]. Etwa 75 % der traditionell in Fahrzeugen, die mit fossilen Brennstoffen betrieben werden, beziehungsweise in Elektrofahrzeugen verbauten, seltenen oder rar werdenden Metalle werden zurückgewonnen.

	Fossil getriebenes Fahrzeug	Batteriegetriebenes Fahrzeug
Kupfer	22	53
Mangan	11	25
Graphit		66
Nickel		40
Kobalt		13
Lithium		9
Sonstige (außer Stahl und Aluminium)		1

wirtschaftlichen Abhängigkeiten von deren Ursprungsstaaten führen kann und gegebenenfalls zu politischen Konsequenzen führt.

Die verschiedenen Berichtsinhalte diskutieren
- Abfallerzeugung und erhebliche abfallbedingte Auswirkungen
- Management erheblicher abfallbedingter Auswirkungen
- erzeugte Abfallmenge
- nicht mehr entsorgte Abfälle
- die Entsorgung zugeführte Abfälle
- die erzeugten Gifte.

Die mit dem Ressourcenverbrauch einhergehende Erzeugung von Giften wird oft mit dem Human Toxicity Potential (HTP) verknüpft, das die toxischen Auswirkungen von Chemikalien auf den Menschen berücksichtigt. Es spiegelt die potenziellen Auswirkungen einer in die Umwelt freigesetzten Chemikalieneinheit wider.

2.3 Soziale KPIs

Bereits der Brundtland-Report stellt fest, dass eine nachhaltig stabile Wirtschaftsordnung nicht existieren wird, wenn die fundamentalen Rechte von Menschen nicht gewährleistet werden. Der Bericht hebt hier insbesondere die Gesundheit, Freiheit von Zwang, Rechte von Frauen, Kindern und Minderheiten, aber auch Sklaverei und die Rechte von Arbeitnehmern hervor. Die Diskussion dieser Ziele birgt auch Untiefen, denn das, was sozial akzeptabel ist, ist nicht naturgesetzlich, sondern Ergebnis eines komplexen sozialen Prozesses innerhalb von historischen Kontexten. Welche der sozialen KPIs relevant sind, kann Gegenstand eines gewissen Kulturkolonialismus sein. Um ein Beispiel zum KPI Kinderarbeit zu geben:

Aus Sicht eines traditionell lebenden Sami ist es das erste Ziel eines Bildungssystems, gute Rentierzüchter zu erzeugen, die die Lebensbedingungen und die Erfordernisse von Tier, Landschaft und Mensch einschätzen und nutzen können. Das entsprechende Leben und Wirtschaften bedeutet, gegebenenfalls zu Nomadisieren. Traditionen und Bräuche sind integriert in das Leben dieser Wirtschaftsweise, und dies schließt das Rollenverständnis und das Verständnis von Bildungszielen mit ein. Fast notwendigerweise ergibt sich in dieser Lebensweise ein anderes Verständnis von Kinderarbeit als in Industriekulturen üblich.

Diese Sichtweise ist keinesfalls exotisch: 1971 wurde für Deutschland im „Hamburger Abkommen" geregelt, dass die deutschen Bundesländer mit ihren Sommerferien-Terminen rotieren. Diese Regelung nahm Baden-Württemberg und Bayern aus. Diese Länder beharrten auf fixen Ferienterminen insbesondere für den Spätsommer. Diese Länder begründeten die Forderung damit, dass Kinder aus landwirtschaftlichen Betrieben bei der Ernte benötigt würden. Diese Sichtweise widerspricht den Nachhaltigkeits-KPIs wie sie unten diskutiert werden deutlich, ist aber sozial akzeptiert [35].

2.3.1 Einführung

Ein „sozialer Fußabdruck" ist, wie andere Fußabdrücke auch, als Ergebnis einer vollständigen und zielgerichteten Erfassung und Bewertung von sozialen Aspekten innerhalb eines Produktlebenszyklus von der Erzeugung der ersten Produktvorstufen bis zur Entsorgung des Produkts zu verstehen, das sogenannte LCA [36]. Was soziale Aspekte betrifft, zielt das LCA darauf ab, zu verstehen, wie einzelne Phänomene oder Parameter wie etwa
– Menschenrechte,
– Gerechtigkeit, beispielsweise in der Bewertung von Leistungen,
– Geschlechterverteilung im Unternehmen und einzelnen Rollen (mit Einkommensanteilen),
– Gesundheit und Vorkehrungsmaßnahmen gegen Gesundheitsschäden,
– Vielfalt (zum Beispiel gemessen mit Referenz zur statistischen Verteilung im lokalen Umfeld) und
– Wohlbefinden

durch die Aktivitäten einer Organisation/die Entwicklung eines Produkts beachtet, gefördert, beeinflusst oder behindert werden. Häufig wird diese Betrachtung, wie beispielsweise im ESRS, in Aspekte unterteilt, die sich auf die eigene Belegschaft und die lokalen Gemeinschaften, die der Lieferkette vorgelagerten Arbeitskräfte und die Kunden beziehen. Soziale Nachhaltigkeit zielt als größeres Ideal auf die Bewahrung der *sozialen Kohäsion* ab. Um sozialen Zusammenhalt zu erzeugen, müssen individuelle Bedürfnisse wie Gesundheit und Wohlbefinden, Ernährung, Unterkunft, Bildung und kultureller Ausdruck anerkannt und berücksichtigt werden. Das Erreichen sozialer Nachhaltigkeit beinhaltet und ist bis zu einem gewissen Grad auch ein Prozess zur Schaffung und Erhaltung von Orten, die das Wohlbefinden fördern, indem angenommen wird, was die Menschen von den Orten brauchen, an denen sie leben und arbeiten. Diese Aussage gilt unabhängig von Alter, Geschlecht, Rasse, Ethnienzugehörigkeit und religiöser Überzeugung oder dem Ort des Lebensmittelpunkts.

Oft ist „soziale Nachhaltigkeit" nicht mit dem Begriff „Fußabdruck" verknüpft. Dennoch folgt sie der gleichen Logik wie das, was oben für umweltbezogene Fußabdrücke diskutiert wurde:

> Um die soziale Nachhaltigkeit zu bewerten, müssen die Lieferkette, die Produktionsaktivitäten, die Verwendung und der Abfall von Produkten anhand eines bestimmten Satzes von Kriterien geprüft und bewertet werden und dies mithilfe eines designierten Prozesses. Entsprechend der CSDDD müssen Unternehmen die gesamten sozialen Implikationen und die Auswirkungen der von ihnen hergestellten und verkauften Produkte über ihren gesamten Lebenszyklus hinweg verstehen. Praktisch alle Beteiligten oder Betroffenen werden damit zu Stakeholdern.

Die zu verwendenden Metriken sind häufig unklar, da es schwierig ist, die Wesentlichkeit der Auswirkungen zu charakterisieren. Oft mangelt es an einem Verständnis der Hauptwirkungspfade, was dazu führt, dass die Art der Daten nicht klar ist, die zur Beschreibung des genauen Zusammenhangs zwischen sozialen Netzwerken erforderlich sind. Um die Ergebnisse sozialer Nachhaltigkeitsbemühungen nachzuverfolgen, müssen Unternehmen die von ihnen als anwendbar definierten Kennzahlen zur sozialen Nachhaltigkeit sorgfältig und längerfristig nutzen und sich auf die Bewertung der Auswirkungen konzentrieren. Mehrere Standards bieten Definitionen sozialer Nachhaltigkeitskennzahlen an, darunter ESRS, die GRI-Leitlinien zur Nachhaltigkeitsberichterstattung [37], die zehn Prinzipien des UN Global Compact [38] und ISO 26 000 [13].

2.3.2 Menschenrechte

Beschreibung
Wenn es um Menschenrechte geht, wird gern auf die Allgemeine Erklärung der Menschenrechte verwiesen, wie sie am 10. Dezember 1948 in der Generalversammlung der Vereinten Nationen vereinbart wurde. Die Erklärung wurde als gemeinsamer Standard für alle Völker und Nationen entworfen und legte erstmals weltweit grundlegende bürgerliche, politische, wirtschaftliche, soziale und kulturelle Rechte fest, die alle Menschen überall genießen sollten. Die Liste der Rechte ist nicht statisch, sie entwickelt sich permanent weiter.

Die Themen der Menschenrechte sind die folgenden (siehe Tabelle 2.10).

Für die Beschreibung, wie Menschenrechte in Unternehmen umgesetzt werden können, bieten die Leitprinzipien für Wirtschaft und Menschenrechte zur Umsetzung der Vereinten Nationen „Protect, Respect and Remedy" den Grundrahmen:

Diese Leitprinzipien basieren auf der Anerkennung von

(a) bestehenden Verpflichtungen der Staaten zur Achtung, zum Schutz und zur Erfüllung der Menschenrechte und Grundfreiheiten;

Tab. 2.10: Themen der Menschrechte [39].

	Themen der Menschenrechte
Artikel 1	Freiheit, Gleichheit, Solidarität
Artikel 2	Verbot der Diskriminierung
Artikel 3	Recht auf Leben und Freiheit
Artikel 4	Verbot der Sklaverei und des Sklavenhandels
Artikel 5	Verbot der Folter
Artikel 6	Anerkennung als Rechtsperson
Artikel 7	Gleichheit vor dem Gesetz
Artikel 8	Anspruch auf Rechtsschutz
Artikel 9	Schutz vor Verhaftung und Ausweisung
Artikel 10	Anspruch auf faires Gerichtsverfahren
Artikel 11	Unschuldsvermutung
Artikel 12	Freiheitssphäre des Einzelnen
Artikel 13	Freizügigkeit und Auswanderungsfreiheit
Artikel 14	Asylrecht
Artikel 15	Recht auf Staatsangehörigkeit
Artikel 16	Eheschließung, Familie
Artikel 17	Recht auf Eigentum
Artikel 18	Gedanken-, Gewissens-, Religionsfreiheit
Artikel 19	Meinungs- und Informationsfreiheit
Artikel 20	Versammlungs- und Vereinigungsfreiheit
Artikel 21	Allgemeines und gleiches Wahlrecht
Artikel 22	Recht auf soziale Sicherheit
Artikel 23	Recht auf Arbeit, gleichen Lohn
Artikel 24	Recht auf Erholung und Freizeit
Artikel 25	Recht auf Wohlfahrt
Artikel 26	Recht auf Bildung
Artikel 27	Freiheit des Kulturlebens
Artikel 28	Soziale und internationale Ordnung
Artikel 29	Grundpflichten
Artikel 30	Auslegungsregel

(b) der Rolle von Wirtschaftsunternehmen als spezialisierter Organe der Gesellschaft, die spezielle Funktionen wahrnehmen und verpflichtet sind, alle geltenden Gesetze einzuhalten und die Menschenrechte zu achten;

(c) der Notwendigkeit, dass Rechte und Pflichten bei Verstößen mit angemessenen und wirksamen Abhilfemaßnahmen in Einklang gebracht werden.

Diese Leitprinzipien gelten weltweit für alle Wirtschaftsunternehmen, unabhängig von ihrer Größe, der Branche, dem Standort, der Eigentümerschaft und der Struktur. Nationale Gesetze nutzen dieses Rahmenwerk der Menschrechte, um national konkretere Bestimmungen zu beschreiben. Das deutsche Lieferketten-Sorgfaltspflichtengesetz spricht in § 2 Abs. 1 [40] von einem menschenrechtlichen Risiko, wenn aufgrund der tatsächlichen Umstände eine hinreichende Wahrscheinlichkeit für einen Verstoß gegen Verbote besteht. Das ist unter anderem das Verbot von

1. Kinderarbeit, Kinderhandel, Einsatz von Kindern für verbotene Aktivitäten
2. alle Formen der Sklaverei
3. der Verkauf von Kindern und Kinderhandel, Schuldknechtschaft und Leibeigenschaft sowie Zwangs- oder Pflichtarbeit, einschließlich der Zwangs- oder Zwangsrekrutierung von Kindern für den Einsatz in bewaffneten Konflikten;
4. Kinder für Prostitution, gefährliche oder gesundheitsschädliche Arbeit engagieren, vermitteln oder anbieten
5. Missachtung von Arbeitsschutz und Gesundheitsschutz
6. freie Gründung von oder Beitritt zu Gewerkschaften
7. Ungleichbehandlung im Beschäftigungsverhältnis, beispielsweise aufgrund der nationalen und ethnischen Herkunft, der sozialen Herkunft, des Gesundheitszustands, einer Behinderung, der sexuellen Orientierung, des Alters, des Geschlechts, der politischen Meinung, der Religion oder Weltanschauung
8. Ungleicher Lohn für gleichwertige Arbeit
9. schädlichen Bodenveränderungen, Wasserverschmutzung, Luftverschmutzung, schädlicher Lärmemissionen oder übermäßigem Wasserverbrauch verursachen
10. einer Person den Zugang zu sauberem Trinkwasser oder sanitären Einrichtungen zu verweigern
11. rechtswidriger Räumung und rechtswidrigem Entzug von Land, Wäldern und Gewässern.

Das im April 2024 verabschiedete Europäische Lieferkettengesetz (CSDDD, [20]) der EU limitiert diese Art von Vorgabe nicht mehr nur auf den unmittelbaren Zulieferer oder Kunden, sondern geht von einer Verantwortung des berichterstattenden Unternehmens über die gesamte Lieferkette aus.

Bei den zu ergreifenden Maßnahmen muss berücksichtigt werden, dass es schwierig ist, geeignete Parameter zu entwickeln, um Menschenrechte von rein rechtlichen Instrumenten in wirksame Richtlinien, Praktiken und praktische Realitäten umzuwandeln. Ein menschenrechtsbasierter Ansatz bedeutet, dass alle Formen der Diskriminierung insbesondere auch bei der Durchsetzung von Rechten verboten, verhindert und beseitigt werden müssen. Hinzu kommt, dass innerhalb einer Organisation Verantwortung auch für nachgeordnete oder vorgelagerte Prozesse übernommen werden muss. Das bedeutet auch, dass den Menschen Vorrang eingeräumt werden sollte, die sich in den am stärksten ausgegrenzten oder gefährdeten Situationen befinden und bei der Verwirklichung ihrer Rechte mit den größten Hindernissen konfrontiert sind.

Rechenschaftspflicht bedingt eine wirksame Überwachung der Einhaltung von Menschenrechtsstandards und der Erreichung von Menschenrechtszielen sowie wirksame Abhilfemaßnahmen bei Menschenrechtsverletzungen. Damit die Rechenschaftspflicht wirksam ist, müssen geeignete Gesetze, Richtlinien, Institutionen, Verwaltungsverfahren und Rechtsbehelfsmechanismen vorhanden sein.

Metriken
Eine wirksame Überwachung der Einhaltung und Erreichung sozialer Nachhaltigkeitsziele erfordert auch die Entwicklung und Verwendung geeigneter Indikatoren: Diese sollen einen Rahmen für die Berichterstattung aller Unternehmen bieten. Die Berichterstattung eines Unternehmens erfordert eine quantitative oder narrative Beschreibung der Berichtenden in Bezug auf
– die eigene Belegschaft,
– die Arbeitnehmern in ihren Wertschöpfungsketten,
– die von Aktivitäten der Unternehmen betroffenen Gemeinschaften,
– schutzbedürftigen Gruppen sowie
– die Verbraucher und Endnutzer ihrer Produkte oder Dienstleistungen.

Der Grad der erfolgreichen Berücksichtigung von Menschenrechten, zu denen Informationen gesammelt werden, kann im täglichen Betrieb entweder positiv (zum Beispiel 50 % aller Führungspositionen werden von Frauen/Männern besetzt) oder auch negativ (für das geschlechtsspezifische Lohngefälle; zum Beispiel erhalten in 70 % aller Positionen gleich qualifizierte Frauen eine geringere Vergütung als ihre männlichen Kollegen).

Es ist zu berücksichtigen, dass eine Berichterstattung über die Einhaltung von Gesetzen für ein bestimmtes Unternehmen (und für jeden KPI/Fußabdruck) nicht als ausreichend angesehen werden kann. Es muss eine (vertraglich festgelegte) Infrastruktur zur (anonymen) Meldung von Vorfällen (stichprobenartig, geplant und bei Hinweisen), durchzuführenden Audits, Risikobewertungen, Ressourcenzuweisungen und Verantwortlichkeiten vorhanden sein – ein Whistleblower System.

2.3.3 Faire Arbeitspraktiken

Beschreibung
Im Allgemeinen legen auf Fairness ausgelegte Arbeitsnormen Mindestlöhne, Überstundenvergütung, Buchhaltung, Jugendbeschäftigungsstandards und so weiter fest. Diese Normen wirken sich auf Arbeitnehmer im privaten und öffentlichen Sektor aus. Arbeitsnormen sind keinesfalls monolithisch. Häufig gelten Ausnahmen, die sich sowohl auf Arbeitgeber als auch auf Arbeitnehmer beziehen können. So gelten in Deutschland Ausnahmen vom Mindestlohngebot für Hilfskräfte in Haushalten oder auch in der Gastronomie.

Berichterstattung
Während die Berichterstattung über die internen Arbeitsbedingungen oft weniger kompliziert ist, gilt das nicht für Arbeitsbedingungen in der Lieferkette. Um zu recherchieren, wie es um die Arbeitsbedingungen in einem anderen Unternehmen bestellt ist,

müssen juristisch (auch in anderen Rechtssystemen) und de facto existierende Strukturen (auch in anderen Kulturkreisen) verstanden und praktisch durchdrungen werden. Das ist keinesfalls einfach, selbst wenn in dem zu untersuchenden Lieferbetrieb formal die gleichen Grundsätze fairer Arbeit oder darüber hinaus gehende, bessere Systeme gelten. Oft werden Arbeitsprozesse und -plätze in Wirtschaftszonen ausgelagert, in denen weniger strenge Regeln gelten als im Land des Firmenstammsitzes. In dem Fall werden in Berichterstattungen häufig Formulierungen gefunden, mit denen andeutet werden soll, dass die Gesetze des lokalen Produktionslandes Geltung finden, was impliziert, dass strengere interne Reglungen nicht vorliegen bzw. keine Anwendung finden.

Eine Vielzahl von Aspekten zum Thema Arbeitsbedingungen sind bekannt, zu denen Angaben in der Berichterstattung erforderlich oder zweckdienlich sind. Im Folgenden eine kleine Auswahl von Verpflichtungen:

- Verantwortlichkeit und Transparenz durch etablierte Arbeitsplatzstandards.
- Planungs- und Einkaufspraktiken an Arbeitsplatzstandards anzupassen.
- Spezifische Mitarbeiter zu identifizieren und zu schulen, die für die Umsetzung von Arbeitsplatzstandards und verantwortungsvolle Einkaufspraktiken verantwortlich sind, sowie Schulungen für alle Mitarbeiter in der Zentrale und in der Region anzubieten.
- Das relevante Lieferantenmanagement in Bezug auf Arbeitsplatzstandards schulen und die Wirksamkeit der Schulung der Lieferantenmitarbeiter verfolgen.
- Die Verpflichtung zur Überwachung der Einhaltung von Arbeitsplatzstandards.
- Es muss sichergestellt werden, dass Arbeitnehmer Zugang zu funktionierenden Beschwerdemechanismen haben, die mehrere Meldekanäle umfassen, von denen mindestens einer vertraulich ist.
- Informationen zur Einhaltung von Arbeitsplatzstandards zu sammeln, zu verwalten und zu analysieren.
- Die Verpflichtung, mit Lieferanten zusammenzuarbeiten, um rechtzeitig und vorbeugend mögliche Probleme zu vermeiden.
- Es müssen relevante arbeitsrechtliche Nichtregierungsorganisationen, Gewerkschaften und andere zivilgesellschaftliche Institutionen identifiziert werden, es muss recherchiert werden und es muss mit ihnen in Kontakt getreten werden. Selbstverständlich sind Verifizierung und Auditierung Teil der jeweiligen Begutachtung.
- Die ILO-Konvention 169 [41] zum Schutz der Rechte indigener Bevölkerungsgruppen ist zu berücksichtigen.

Mit der erwähnten CSDDD ist damit zu rechnen, dass alle Unternehmen, die in industriellen Lieferketten involviert sind, zu den oben genannten Themen zumindest von ihren Kunden (und institutionellen Investoren) befragt werden.

2.3 Soziale KPIs — 51

Metriken
Siehe Menschenrechte oben.

2.3.4 Lebensbedingungen

Beschreibung
Unter Lebensbedingungen werden die Umstände verstanden, die die Art und Weise beeinflussen, wie Menschen leben, insbesondere im Hinblick auf ihr Wohlbefinden. Grundvoraussetzungen für angemessene Lebensbedingungen sind gegeben, wenn ein sicherer Zugang zu Nahrungsmitteln, sauberem Wasser, Unterkünften, sanitären Einrichtungen, Wärme und Versorgungseinrichtungen besteht.

Berichterstattung/Metriken
Nicht alle der potenziell relevanten Dimensionen und beteiligten Parameter müssen berichtet werden. Zu berichten sind die Ursachen von Risiken und Größen, die von eigenen und vom Gesetzgeber vorgegebenen Zielen abweichen. Darüber hinaus hat eine Berichterstattung zu erfolgen zu Maßnahmen zur Verbesserung der Lebensbedingungen im Eigeninteresse der berichterstattenden Unternehmen (siehe „Menschenrechte" oben).

2.3.5 Gesundheit und Sicherheit

Beschreibung
Ein Unternehmen hat die Gesundheit, Sicherheit und das Wohlergehen von Personen am Arbeitsplatz zu gewährleisten und darüber hinaus Personen, die nicht am Arbeitsplatz arbeiten, vor Gesundheits- oder Sicherheitsrisiken zu schützen, die sich aus oder im Zusammenhang mit der Tätigkeit ergeben. Die entsprechende EU Richtlinie bezieht sich auf die nachstehenden Parameter. Diese Größen sind dann zu berücksichtigen/anzuwenden, wenn die Merkmale des Arbeitsplatzes, die Tätigkeit, die Umstände der Arbeit oder eine Gefahr dies erfordern (siehe Tabelle 2.11 unten).

Berichterstattung/Metriken
Siehe Menschenrechte oben.
    Wie bereits erwähnt, steht eine Vielzahl von situativ anzuwendenden Parametern zur Charakterisierung von Gesundheit und Sicherheit zur Verfügung. So, wie gesundheitsbezogene Auswirkungen strukturiert werden können, kann auch die Sicherheit am Arbeitsplatz differenziert betrachtet werden.
    Indikatoren messen und bewerten bei Vorlage von Zielen:
– Die Ergebnisse nach einem Vorfall (zum Beispiel Unfallrate, Arbeitsunfälle mit Arbeitsausfall). Indikatoren sind effektiv ein Maß für vergangene Ergebnisse.

Tab. 2.11: Parameter, die berücksichtigt werden müssen, um ein minimiertes Risiko von Gesundheits-/Sicherheitsauswirkungen in beruflichen Umgebungen zu gewährleisten.

Stabilität und Festigkeit von Gebäuden	Natürliche und künstliche Raumbeleuchtung	Besondere Bestimmungen für Arbeitsplätze im Freien
Verfügbarkeit von Sanitäreinrichtungen und Ruheräumen	Sicherheit von Böden, Wänden, Decken und Dächern von Räumen	Besondere Einrichtungen für Schwangere und stillende Mütter
Besondere Maßnahmen für Rolltreppen und Fahrstühle	Verkehrswege – Gefahrenbereiche	Belüftung von geschlossenen Arbeitsräumen
Branderkennung und Brandbekämpfung	Sicherheit von Türen und Toren	Ausreichende Raumtemperatur
Laderampen und -plätze	Sicherheit elektrischer Anlagen	Berücksichtigung der Bedürfnisse von behinderten Arbeitnehmern
Fenster und Oberlichter	Fluchtwege und Ausgänge	Erste-Hilfe-Räume

– Die Aktivitäten zur Verhinderung oder Verringerung der Schwere eines Vorfalls in der Gegenwart oder Zukunft (zum Beispiel Sicherheitsschulungen, Sicherheitsaudits).

Die Division der beiden Parameter führt zu einem quantifizierten Merkmal, wie das Maß (Lead) den beobachteten Effekt (Lad) beeinflusst.

Eine Unterweisung und Überwachung ist im Bereich der Gesundheit und Sicherheit gesetzlich vorgeschrieben (§ 12 Arbeitsschutzgesetz). Sie bewegt sich häufig im Schnittbereich von Themen, die Technik, Organisation und agierende Personen betreffen und sind, von gesetzlichen Rahmenbedingungen abgesehen, vielfach auch Resultat einer MOT Analyse [42]. Themen einer Unterweisung können laut dieser Quelle neben gesetzlichen Vorschriften folgende sein: beinhaltete Arbeitsmittel, Überstunden, Tätigkeitsspielraum, Qualifikation, Arbeitsanforderungen, Identifikation mit der Arbeit, Wertschätzung, unterstützende Mitarbeiterführung, Unternehmensführung, Teamarbeit, Anpassungsfähigkeit, Arbeitsschutzmaßnahmen, und mehr.

2.3.6 Vielfalt am Arbeitsplatz oder im gesellschaftlichen Leben

Beschreibung
Im Kontext des Arbeitsplatzes und des gesellschaftlichen Lebens beschreibt der Begriff *Diversität* sowohl die Unterschiedlichkeit (gemessen an sozialem und ethnischem Hintergrund sowie unterschiedlichem Geschlecht, sexueller Orientierung und so weiter) als auch den Prozess oder die Praxis, Menschen mit unterschiedliche Hintergründen in einen oder mehrere dieser Parameter mit einzubeziehen.

Um Vielfalt zum Beispiel am Arbeitsplatz zu gewährleisten, sollte ein Unternehmen Menschen mit unterschiedlichem ethnischen und kulturellen Hintergrund, Geschlecht, Alter, Bildungshintergrund, Menschen mit Behinderungen und so weiter zumindest in der gleichen Verteilung wie in der statistischen lokalen Verteilung gegeben beschäftigen. Dies bedeutet, dass das Unternehmen in der Lage ist, einen Weg zu finden, die Statistiken auf allen Hierarchieebenen und in allen Arbeitsumgebungen zu bedienen beziehungsweise abzugleichen. Implizit erfordert dies ein Unternehmen, das groß genug ist, um eine ausreichend große Anzahl an Mitarbeitern zu beschäftigen, um Statistiken widerzuspiegeln, was oft unmöglich ist. Notwendig sind daher zumindest Prozesse, die eine Priorisierung verhindern, oder umgekehrt, den Ausschluss basierend auf einem der oben genannten Kriterien.

Berichterstattung/Metriken
Für die Berichterstattung kann auf die oben genannten Menschenrechte verwiesen werden. Der ESRS verwendet allgemein die folgenden Parameter:
- absolute und relative Zahlen,
- Bewertungs- und Messmethoden,
- Anzahl der Beschwerden,
- Diskrepanz zwischen Zielen und tatsächlich Erreichtem und
- entsprechend geplante Maßnahmen.

Die gängige Methode zur Charakterisierung oder Quantifizierung von Diversität und Inklusion ist die Verwendung eines zweidimensionalen Parameters hinsichtlich der zu identifizierenden Merkmale wie Geschlecht, Nationalität/ethnischer Hintergrund und so weiter im Vergleich zur Gesamtzahl wie der Anzahl der Personen, zum Beispiel in vergleichbaren Positionen/Gehaltsstufen und so weiter. Oft wird pragmatisch nicht eine ideale Gleichverteilung, sondern ein Mindestanteil angestrebt.

2.3.7 Empowerment

Beschreibung
Empowerment bezieht sich darauf, dass an-der-Macht-Befindliche anderen die Möglichkeit geben, sich an der Macht zu beteiligen – wenn auch in unterschiedlichem Ausmaß. Empowerment ist in gewissem Sinne spiegelbildlich zu dem, was Marx als Entfremdung am Arbeitsplatz beschreibt. Empowerment impliziert, dass ein Dialog und eine Vereinbarung zwischen diesen Parteien angestrebt wird. Praktisch sind wahrnehmbare Schritte nötig, um die Motivation beider Parteien aufrechtzuerhalten, um echten Einfluss zu erleben und zeitnahe Ergebnisse als Ausdruck gegenseitigen Erfolgs auch sichtbar zu machen, der auf mehreren Ebenen positiv ist (zwischen dem Ergebnis als solchem und

der Motivation dazu). Dieser Fußabdruck ist eng mit der Freiheit verbunden, Interessengruppen, Parteien, Gewerkschaften und gesellschaftliches Engagement zu bilden und sich daran zu beteiligen.

Berichterstattung/Metriken
Die quantitative Charakterisierung von Empowerment erfordert vielschichtige Überlegungen. Es verknüpft das wahrgenommene Verhältnis von Wert und Wirkung des Aufwands, der in die Beteiligung investiert wird. Das eine ohne das andere ist nicht hilfreich. Diese Art der Quantifizierung impliziert, dass den verschiedenen Beteiligten Fragen gestellt werden müssen, um die wahrgenommene Zufriedenheit mit dem vorhergehenden Prozess und seinem Ergebnis zu beurteilen. Dabei spielt das Erwartungsmanagement eine Rolle. Im Vorfeld müssen die richtigen Erwartungen geweckt und in der Folge auch befriedigt werden. Diese Logik führt merkmalabhängig zu verschiedenen Zielen für unterschiedliche Gruppen: Während die wirtschaftlich Verantwortlichen die umsatz- oder wertbezogene Wirkung von Empowerment als am wünschenswertesten betrachten, können SoziologInnen und PsychologInnen den emotionaleren Moment wie die Identifikation oder das wahrgenommene Ergebnis der Beteiligung als am wünschenswertesten ansehen. Es kann davon ausgegangen werden, dass diese sinnvoll anzuwendenden Metriken und numerischen Ergebnisse zielabhängig sind.

Maßnahmen
Es liegt in der Natur der Sache, dass es nicht eine, sondern eine Vielzahl von Maßnahmen gibt, die ergriffen werden müssen, um die betrachtete Organisation in ihren Aktivitäten hinsichtlich des Empowerments nachhaltiger zu gestalten. Allerdings kann die Analyse von Amartya Sen einen Leitfaden liefern.

In Amartya Sens Analyse hat soziale Nachhaltigkeit fünf Dimensionen, also Faktoren, die bei der Bestimmung, ob ein Unternehmen oder ein Projekt sozial nachhaltig ist, berücksichtigt werden müssen. Die Betrachtung der von A. Sen individuell an Beteiligte gestellten Fragen kann als Leitfaden dafür dienen, eine Organisation oder ein Projekt sozial nachhaltiger zu gestalten (siehe Tabelle 2.12).

Wie häufig bei solchen Fragen, gilt auch hier in der Praxis nur eine Auswahl der angesprochenen Themen. Dennoch kann die implizit skizzierte Denkweise als Orientierung dienen.

2.4 Gute Unternehmensführung – Governance

Einführung
Governance kann als die Handlung oder Art der Führung eines Staates oder einer Organisation verstanden werden; das heißt, der Prozess der Entscheidungsfindung und

Tab. 2.12: Amartya Sens fünf Dimensionen der sozialen Nachhaltigkeit und Leitfragen, die bei der Bestimmung, ob ein Unternehmen oder ein Projekt sozial nachhaltig ist, zu berücksichtigen sind [43].

Dimensionen	Leitfragen an ein Projekt
Gerechtigkeit	Wird das Projekt die Benachteiligung der Zielgruppe verringern?
	Hilft es der Zielgruppe, ihr Leben in sozialer und wirtschaftlicher Hinsicht besser in den Griff zu bekommen?
	Wird es die Ursachen von Benachteiligung und Ungleichheit ermitteln und nach Möglichkeiten suchen, diese zu verringern?
	Werden die Bedürfnisse von besonders benachteiligten und ausgegrenzten Personen innerhalb der Zielgruppe ermittelt und berücksichtigt?
	Wird das Vorhaben unvoreingenommen durchgeführt und fördert es Fairness?
Vielfalt	Werden im Rahmen des Projekts verschiedene Gruppen innerhalb der Zielgruppe identifiziert und Möglichkeiten zur Erfüllung ihrer besonderen Bedürfnisse untersucht?
	Wird es die Vielfalt innerhalb kultureller, ethnischer und rassischer Gruppen anerkennen?
	Ermöglicht es die Berücksichtigung unterschiedlicher Standpunkte, Überzeugungen und Werte?
	Fördert es das Verständnis und die Akzeptanz für unterschiedliche Hintergründe, Kulturen und Lebensumstände innerhalb der breiteren Gemeinschaft?
Sozialer Zusammenhalt	Trägt das Projekt dazu bei, dass die Zielgruppe ein Gefühl der Zugehörigkeit zur breiteren Gemeinschaft entwickelt?
	Erhöht es die Beteiligung von Einzelpersonen aus der Zielgruppe an sozialen Aktivitäten?
	Verbessert es das Verständnis der Zielgruppe für und den Zugang zu öffentlichen und zivilgesellschaftlichen Einrichtungen?
	Werden durch das Projekt Verbindungen zwischen der Zielgruppe und anderen Gruppen in der breiteren Gemeinschaft hergestellt?
	Wird das Projekt zu einer verstärkten Unterstützung der Zielgruppe durch die breitere Gemeinschaft führen?
	Wird es die Zielgruppe dazu ermutigen, einen Beitrag zur Gemeinschaft zu leisten oder andere zu unterstützen?

der Prozess, durch den Entscheidungen umgesetzt (oder nicht umgesetzt) und ausgeführt werden. Der Begriff Governance wird in verschiedenen Kontexten verwendet, beispielsweise in Corporate Governance, internationaler Governance, nationaler Governance und lokaler Governance. Gute Unternehmens- bzw. Regierungsführung weist acht Hauptmerkmale auf. Sie ist
– partizipativ,

Tab. 2.12 (Fortsetzung)

Dimensionen	Leitfragen an ein Projekt
Lebensqualität	Wird das Projekt erschwingliche und angemessene Wohnmöglichkeiten für die Zielgruppe verbessern?
	Wird es die körperliche Gesundheit der Zielgruppe verbessern?
	Wird es die psychische Gesundheit der Zielgruppe verbessern?
	Verbessert es die Bildungs-, Ausbildungs- und Qualifizierungsmöglichkeiten für die Zielgruppe?
	Wird es die Beschäftigungsmöglichkeiten für die Zielgruppe verbessern?
	Wird das Projekt den Zugang zu Verkehrsmitteln für die Zielgruppe verbessern?
	Wird es die Fähigkeit der Zielgruppe verbessern, ihre Grundbedürfnisse zu befriedigen?
	Wird es die Sicherheit der Zielgruppe verbessern?
	Wird das Projekt den Zugang der Zielgruppe zu kommunalen Einrichtungen und Anlagen verbessern?
Demokratie und Regierungsführung	Ermöglicht das Projekt einer Vielzahl von Menschen (insbesondere der Zielgruppe), sich an den Entscheidungsprozessen zu beteiligen und vertreten zu sein?
	Sind die Entscheidungsfindungsprozesse für das Projekt klar und für das Personal und die Beteiligten leicht verständlich?
	Ist das Projekt mit einem ausreichenden Budget ausgestattet, um eine angemessene Durchführung durch qualifiziertes und geschultes Personal zu gewährleisten?
	Wird es sicherstellen, dass der Einsatz von Freiwilligen angemessen ist und ordnungsgemäß geregelt wird?
	Wird die Dauer des Projekts ausreichen, um die gewünschten Ergebnisse zu erzielen?
	Haben Sie überlegt, was nach Beendigung des Projekts geschehen soll?

- konsensorientiert,
- rechenschaftspflichtig,
- transparent,
- reaktionsschnell,
- effektiv und effizient,
- gerecht und inklusiv, und
- befolgt die Rechtsstaatlichkeit.

Gute Regierungsführung im Sinne der obigen Beschreibung (siehe Tabelle 2.12) stellt sicher, dass zum Beispiel Korruption vermieden, die Bedürfnisse von Minderheiten berücksichtigt und die Stimmen aller, auch der Schwächsten in der Gesellschaft, bei der

Entscheidungsfindung gehört werden. Sie geht auch auf die gegenwärtigen und zukünftigen Bedürfnisse der Gesellschaft ein.

Das ESRS Reporting verfolgt in diesem Zusammenhang einen etwas anderen Ansatz:

Es untersucht unterschiedliche Parameter, um Berichtsthemen für die einzelnen Aspekte zu identifizieren und zu strukturieren/zuordnen.

Die entsprechend des ESRS zu berichtenden Inhalte zum Thema Governance sind in der nachfolgenden Tabelle 2.13 aufgeführt.

Der ESRS strukturiert die anzuwendenden Kriterien nach den folgenden Aspekte:
- Bewältigung der wesentlichen Auswirkungen und der ohne Maßnahmen bestehenden Risiken
- Bericht der nach Implementierung verbleibenden Risiken und Chancen im Zusammenhang mit der Eindämmung und Anpassung (insbesondere an den Klimawandel)
- Offenlegungen, die gemeldet werden müssen, falls das Unternehmen keine Richtlinien verabschiedet hat
- Aktionspläne und Ressourcen zur Bewältigung der wesentlichen Auswirkungen
- Risiken und Chancen im Zusammenhang mit Verbrauchern und Endnutzern
- Offenlegungen, die gemeldet werden müssen, wenn das Unternehmen keine Maßnahmen ergriffen hat.

Im Vergleich mit der Liste für gute Governance von Regierungen gibt es große Überschneidungen, was teils in der Natur der Sache liegt, teils jedoch auch erstaunlich ist. In der detaillierten Liste der Berichtspunkte werden auch die Aspekte der
- Rechenschaftspflicht,
- transparenten Struktur,
- Reaktionsfähigkeit,
- Gerechtigkeit und Inklusivität

sowie zwingender Einhaltung der Rechtsstaatlichkeit angesprochen.

Metriken
Der Großteil der zu erstellenden Berichterstattung hat narrativen oder halbnarrativen Charakter. Lediglich, wenn es sich um Zahlen oder Finanzdaten handelt, sind quantitative Daten meldepflichtig.

2.5 Zusammenfassung

Die Wirtschaftsleistung ist ein Ausdruck der zugänglichen Ressourcen in der Lieferkette. Die Grenzen des Wachstums ergeben sich unter finanziellen Gesichtspunkten aus den

Tab. 2.13: Entsprechend des ESRS zu berichtende Inhalte zum Thema Governance [14].

KPI	Berichterstattung/Metriken
1 Korruption und Bestechung	Anzahl der Verurteilungen wegen Verstößen gegen Antikorruptions- und Antibestechungsgesetze. Höhe der Bußgelder bei Verstößen gegen Antikorruptions- und Antibestechungsgesetze. Anzahl bestätigter Vorfälle von Korruption oder Bestechung Informationen über die Art bestätigter Vorfälle von Korruption oder Bestechung. Informationen über Einzelheiten öffentlicher Gerichtsverfahren wegen Korruption oder Bestechung, die gegen Unternehmen und eigene Arbeitnehmer eingeleitet wurden, sowie über die Ergebnisse solcher Verfahren. Anzahl der bestätigten Vorfälle, bei denen eigene Mitarbeiter wegen Korruptions- oder Bestechungsvorfällen entlassen oder bestraft wurden. Anzahl bestätigter Vorfälle im Zusammenhang mit Verträgen mit Geschäftspartnern, die aufgrund von Verstößen im Zusammenhang mit Korruption oder Bestechung gekündigt oder nicht verlängert wurden. Informationen über Art, Umfang und Tiefe der angebotenen oder erforderlichen Schulungsprogramme zur Bekämpfung von Korruption oder Bestechung.
2 Ungesetzliches Verhalten	Beschreibung der Mechanismen zur Identifizierung, Meldung und Untersuchung von Bedenken hinsichtlich rechtswidrigen Verhaltens oder Verhaltens, das im Widerspruch zum Verhaltenskodex oder ähnlichen internen Regeln steht. Anzahl der Verurteilungen wegen Verstößen gegen Antikorruptions- und Antibestechungsgesetze. Höhe der Bußgelder bei Verstößen gegen Antikorruptions- und Antibestechungsgesetze. Anzahl bestätigter Vorfälle von Korruption oder Bestechung; Informationen über die Art bestätigter Vorfälle von Korruption oder Bestechung. Informationen über Einzelheiten öffentlicher Gerichtsverfahren wegen Korruption oder Bestechung, die gegen Unternehmen und eigene Arbeitnehmer eingeleitet wurden, sowie über die Ergebnisse solcher Verfahren. Anzahl der bestätigten Vorfälle, bei denen eigene Mitarbeiter wegen Korruptions- oder Bestechungsvorfällen entlassen oder bestraft wurden. Anzahl bestätigter Vorfälle im Zusammenhang mit Verträgen mit Geschäftspartnern, die aufgrund von Verstößen im Zusammenhang mit Korruption oder Bestechung gekündigt oder nicht verlängert wurden. Informationen über Art, Umfang und Tiefe der angebotenen oder erforderlichen Schulungsprogramme zur Bekämpfung von Korruption oder Bestechung. Beschreibung der Mechanismen zur Identifizierung, Meldung und Untersuchung von Bedenken hinsichtlich rechtswidrigen Verhaltens oder Verhaltens, das im Widerspruch zu seinem Verhaltenskodex oder ähnlichen internen Regeln steht.
3 Whistleblower	Offenlegung von Schutzmaßnahmen für die Meldung von Unregelmäßigkeiten, einschließlich Whistleblowing. Das Unternehmen verpflichtet sich, Vorfälle im Geschäftsgebaren zeitnah, unabhängig und objektiv zu untersuchen. Das Unternehmen unterliegt den gesetzlichen Anforderungen zum Schutz von Whistleblowern.

Tab. 2.13 (Fortsetzung)

KPI	Berichterstattung/Metriken
4 Zahlungsverzug	Beschreibung der Richtlinie zur Verhinderung von Zahlungsverzug, insbesondere an KMU. Durchschnittliche Anzahl der Tage, um die Rechnung ab dem Datum zu bezahlen, an dem mit der Berechnung der vertraglichen oder gesetzlichen Zahlungsfrist begonnen wird.
	Beschreibung der Standardzahlungsbedingungen des Unternehmens in Tagen nach Hauptkategorie der Lieferanten. Prozentsatz der Zahlungen, die den Standardzahlungsbedingungen entsprechen. Anzahl der ausstehenden Gerichtsverfahren wegen verspäteter Zahlungen. Offenlegung von Kontextinformationen zu Zahlungspraktiken.
5 Lobbying	Informationen über Vertreter, die in Verwaltungs-, Management- und Aufsichtsgremien für die Überwachung politischer Einflussnahme und Lobbying-Aktivitäten verantwortlich sind.
	Informationen über finanzielle oder Sachspenden an die Politik. Geleistete finanzielle politische Spenden. Höhe der internen und externen Lobbying-Ausgaben.
	Betrag, der für die Mitgliedschaft in Lobbyverbänden gezahlt wird. Geleistete politische Sachspenden. Offenlegung, wie der Geldwert von Sachleistungen geschätzt wird. Geleistete finanzielle und Sachspenden für die Politik.
	Informationen über die Ernennung von Mitgliedern von Verwaltungs-, Leitungs- und Aufsichtsorganen, die in den letzten zwei Jahren vor dieser Ernennung eine vergleichbare Position in der öffentlichen Verwaltung innehatten.
	Offenlegung der Hauptthemen der Lobbying-Aktivitäten und der wichtigsten Positionen der Unternehmen zu diesen Themen.
	Gesetzliche verpflichtende Mitgliedschaften müssen aufgeführt werden.
6 Business Conduct	Informationen über Richtlinien für Schulungen innerhalb der Organisation zum Geschäftsgebaren.
	Offenlegung der Rolle von Verwaltungs-, Management- und Aufsichtsorganen im Zusammenhang mit dem Geschäftsgebaren.
	Offenlegung des Fachwissens von Verwaltungs-, Management- und Aufsichtsorganen zu Fragen des Geschäftsgebarens.
7 Lieferkette	Beschreibung von Ansätzen in Bezug auf Beziehungen zu Lieferanten unter Berücksichtigung von Risiken im Zusammenhang mit der Lieferkette und Auswirkungen auf Nachhaltigkeitsthemen.
	Offenlegung, wie soziale und ökologische Kriterien bei der Auswahl der angebotsseitigen Vertragspartner berücksichtigt werden.
8 Training	Prozentsatz der gefährdeten Funktionen, die durch Schulungsprogramme abgedeckt werden. Offenlegung einer Analyse seiner Schulungsaktivitäten, beispielsweise nach Schulungsregion oder Kategorie.

Tab. 2.13 (Fortsetzung)

KPI	Berichterstattung/Metriken
9 Verschiedenes	Es gelten Richtlinien zum Tierschutz. Informationen zum Verfahren zur Berichterstattung über Ergebnisse an Verwaltungs-, Management- und Aufsichtsorgane.
	Einzelheiten zu öffentlichen Rechtsfällen. Das Unternehmen ist im EU-Transparenzregister oder einem gleichwertigen Transparenzregister im Mitgliedstaat eingetragen.

Grenzen der Verfügbarkeit von Rohstoffen und Energie und den gesellschaftlichen und umweltbezogenen Kosten, die für die Wirtschaftsleistung bezahlt werden. Sobald klar ist, dass diese Kosten langfristig die gesellschaftliche Wertschöpfung überwiegen, sind Begrenzungen nötig, die im Idealfall auch dazu genutzt werden können, ein Risiko für einzelne Wirtschaftsakteure zu bemessen.

Fußabdrücke sollen solche Bewertungs- und Beobachtungskriterien darstellen. Wie oben dargelegt, ist die Logik hinter Fußabdrücken unter wirtschaftlichen Gesichtspunkten etwas überzogen: „Mehr Fußabdruck bedeutet höheres Risiko und potenziell weniger allgemeines Wirtschaftswachstum." Ein solches Denken bedeutet, dass Grenzwerte geschaffen werden, die in der Betrachtungsweise von Risiken am besten bei Null sind, das heißt, „kein Fußabdruck, kein Risiko". Dem steht gegenüber, dass jedes Wirtschaften mit Verbrauch einhergeht und damit jeder Grenzwert langfristig eine Wirtschaftsbeschränkung darstellt.

Politische Grenzwerte werden daher gern so gelegt, dass sie knapp an der Obergrenze des möglicherweise gerade noch Vertretbaren liegen. Wie im Abschnitt *planetare Grenzen* dargelegt, wurden die wissenschaftlich begründbaren Parameter und deren Grenzen vorsichtig gewählt, mit dem Hinweis darauf, dass sich Risiken allgemein erhöhen, wenn neben dem einen betrachteten auch andere Fußabdrücke gleichzeitig die Höhe der Grenzwerte bewegen. Ein Überschreiten der Obergrenze eines Fußabdrucks/KPIs führt das System also an eine Grenze, in der Regel aber noch nicht in die Instabilität des Gesamtsystems. Innerhalb eines gewissen Limits gelten Belastungen daher als erträglich.

Für Systeme, die bereits an ihren Grenzen agieren, das heißt, wo auch kleine Veränderungen zu großen Änderungen in der Gesamtheit oder sogar zum Systemzusammenbruch führen können, können in dieser Weise gewählte Grenzwerte in der Kombination leicht zu hoch sein und damit nicht in der Lage sein, ihr Ziel zu erreichen. Grenzwerte sollten also vorzugsweise zu niedrig bemessen sein, um die mit gleichzeitigem Überschreiten vieler Grenzwerte wahrscheinlicher einhergehende Instabilität des Gesamtsystems zu vermeiden (siehe Kapitel 6), oder sie sollten so flexibel angelegt sein, dass sie sich reduzieren, wenn andere Grenzwerte erreicht oder überschritten wurden. Anders als politisch motivierte Grenzwerte, kennzeichnen wissenschaftlich belegte Grenzen kritische Schwellen für zunehmende Risiken für Lebewesen.

Grenzen sind miteinander verknüpft und sind damit ein zentraler Aspekt von Prozessen, die das Zusammenspiel aller Nischen im sozialökologischen System der Erde bestimmen.

Wie in Kapitel 6 gezeigt wird, wächst mit der Dauer der Wohlstandphasen auch der Ressourcenverbrauch, und je starrer Netzwerke sind, desto näher bewegt sich das Gesamtsystem in Richtung eines Kollapses, der eintreten kann. Einer der denkbaren Kipp- oder Triggerpunkte kann eng mit Energie- und Rohstoffzugang oder -versorgung verbunden sein, wie in Kapitel 6 diskutiert wird.

3 Gesetzliche Rahmenbedingungen

Überblick: Das Wirtschaftsleben entwickelt eine eigene Dynamik, deren Prioritäten nicht oder nur in Ausnahmefällen im Schutz von Umwelt oder der Grundlagen des sozialen Zusammenlebens liegen. Unternehmen werden betrieben, um Profit zu erwirtschaften, und die Entwicklung der vergangenen Jahre lieferte keine Hinweise auf freiwilligen, proaktiven, breitflächigen, effektiven und erfolgreichen Schutz der Lebensgrundlagen. Weltweit, und getrieben durch Wahlergebnisse, reagierten Regierungen daher mit Gesetzesinitiativen. Ohne die angestoßenen Initiativen zu bewerten, werden europäische und deutsche Gesetze aus der Perspektive eines Nicht-Juristen andiskutiert. Der gewählte Ausschnitt der andiskutierten Direktiven und Gesetze verdeutlicht, dass sowohl Privathaushalte als auch Unternehmen mit deren Lieferketten, seien sie innerhalb oder außerhalb der EU, Gegenstand der gesetzlichen Bestimmungen sind und somit mittelfristig von der Berichterstattungspflicht betroffen sein werden/können. Natürlich zielt eine umfassende Berichterstattung vordergründig darauf ab, Stakeholder über eventuelle nachhaltigkeitsbezogene Risiken zu informieren. Wichtig ist jedoch nicht die Berichterstattung über die identifizierten Risiken anhand des Rasters der Fußabdrücke/KPIs, sondern die innerhalb der Unternehmen und deren Lieferketten vereinbarten Maßnahmen sowie der resultierenden Einfluss auf die Auswirkungen auf die Nachhaltigkeit beziehungsweise die Risiken. Vorschläge dafür werden im nachfolgenden Kapitel dargelegt.

Stichwörter: Nachhaltiges Handeln – ab wann?, Rechtliche Vorgaben für ökologisch nachhaltiges Arbeiten in Unternehmen, Berichterstattung zu Nachhaltigkeitsfragen, Emission Trading System, Carbon Border Adjustment Mechanism, Risiken, Corporate Sustainability Due Diligence Directive

Die Frage danach, ab wann „man" denn „was in Hinsicht auf Nachhaltigkeit machen muss", kann mit gleichem Recht aus dem Blickwinkel eines Staates, eines Unternehmens, oder aus der Sicht eines einzelnen Privathaushaltes gestellt werden. Obwohl sich diese Fragestellung einfach anhört, ist ihre Beantwortung vielschichtig: Unternehmen sind in erster Linie dazu da, Gewinn zu erwirtschaften. Der Staat finanziert einerseits staatliche Aufgaben und stellt andererseits die Übersetzung gesellschaftlicher Werte auch im Alltag sicher. Haushalte bestehen aus Personen, die zusammenwohnen und gemeinsam wirtschaften. Sie finanzieren ihren Lebensunterhalt gemeinsam, teilen Ausgaben, und stellen Unternehmen die Produktionsfaktoren, insbesondere Arbeit, und manchmal auch Kapital zur Verfügung. Haushalte produzieren keine Güter und verbrauchen ihr Einkommen. Alle Teilnehmer an Wirtschaftskreisläufen sind von der Notwendigkeit betroffen, nachhaltiger zu agieren.

Nachdem freiwilliges Agieren keinen Erfolg zur Folge hatte, setzt staatliches Handeln heute an vielen Punkten an – der wirtschaftliche Aspekt fußt neben definierten Maßnahmen zur Risikoreduktion von Investoren auch auf Aspekte zum Schutz von Natur und Menschen als Individuen. Transparenz sowie wirtschaftlicher und gesellschaftlicher Druck soll durch Berichtswesen eine Grundlage gegeben werden. Der betrieblichen finanziellen Berichterstattung wird zu diesem Zweck die nicht-finanzielle Berichterstattung gegenübergestellt. Für Privathaushalte gilt der Berichtsansatz nicht.

Im Folgenden soll der Versuch unternommen werden, einerseits den betrieblichen, andererseits den privaten Blickwinkel einzunehmen. Der betriebliche Gesichtspunkt ist hierbei auch für Privatpersonen relevant, denn mit der öffentlich zugänglichen Berichterstattung wird in den kommenden Jahren ein Werkzeug auch für Privatpersonen und -haushalte zur Verfügung stehen, mit denen diese ihre eigenen Lieferketten durchleuchten und prüfen könnten. Ziel einer solchen Prüfung wäre es, herauszufinden, ob Lieferketten und Recycling beziehungsweise Abfallbehandlung in ihrem Sinne gestaltet sind und ihre Werte repräsentieren.

Ein kurzes Kapitel über rechtliche Vorgaben zum Thema nachhaltiges Arbeiten für Unternehmen ist schwierig, weil die entsprechende Rechtslage relativ komplex ist und sich zudem schnell wandelt. Hinzu kommt, dass rechtliche Betrachtungen geschrieben von einem Juristen häufig relativ weit von der Praxis entfernt sind, während entsprechende Überlegungen von Nicht-Juristen juristisch natürlich unverbindlich bleiben müssen. Hier also der in diesem Sinne unverbindliche Versuch, einige, bei weitem nicht alle, Vorgaben zum Thema ökologisch nachhaltiges Arbeiten für Unternehmen im Zusammenhang zu beschreiben (neben den Ausführungen in diesem Kapitel werden verschiedene rechtliche Aspekte auch in den anderen Kapiteln besprochen).

3.1 Nachhaltiges Handeln – ab wann?

Im Rahmen der EU wird das Thema des nachhaltigen Handelns von Firmen insbesondere in der Corporate Sustainability Richtlinie (CSRD, [3]) beschrieben, welche die Grundlage für die Berichtspflicht zur nachhaltigkeitsbezogenen Verantwortung von Unternehmen darstellt. Das Ziel der Richtlinie ist es, die europäische Nachhaltigkeitsberichterstattung (siehe auch Quelle [4]) zu erweitern und zu vereinheitlichen. Das Besondere ist, dass mit dieser Richtlinie Nachhaltigkeitsberichterstattung der finanziellen Berichterstattung gleichgestellt, das heißt, gleichbedeutend wird.

Als Liste der zu berichtenden Themen werden vereinheitlicht der European Sustainability Reporting Standard (ESRS, [1]) und die EU Taxonomierichtlinie [2] angesetzt, die das Thema in vier große Blöcke teilen (siehe Tabelle 3.1 unten). Diese sind die allgemeine Berichterstattung sowie die umwelt-, sozial- und governance-bezogene Berichterstattung. Es ist hervorzuheben, dass nur zu den relevanten Themen aus diesen Themenblöcken berichtet werden muss, wobei sich die Auswahl nach den Aktivitäten des

Tab. 3.1: Themenfelder des European Sustainability Reporting Standards [1].

Umwelt	Sozial	Governance Verantwortungsvolle Unternehmensführung
Treibhausgasemissionen	Kinderarbeit	Verhaltenskodizes und Unternehmensgrundsätze
Luftverschmutzung	Zwangsarbeit	Rechenschaftspflicht
Innovationen in umweltfreundliche materielle Produkte und Dienstleistungen	Gesundheit und Sicherheit am Arbeitsplatz	Transparenz und Offenlegung
Energieverbrauch und -reduktion	Gesundheit und Sicherheit der KundInnen	Vielfalt und Struktur des Vorstandes
Abfallmanagement und Reduktion	Diskriminierung und Chancengleichheit	Bestechung und Korruption
Wassermanagement und -Nutzung sowie Auswirkungen	Lieferkettenmanagement	Einbeziehung von Stakeholdern
Abhängigkeit und Schutz der Ökosysteme sowie der biologischen Vielfalt	Schulung und Ausbildung der Mitarbeitenden	Rechte der Stakeholder
	Gleichberechtigung zwischen den Geschlechtern	Unabhängigkeit des Verwaltungsrates
		Kontrollmechanismen im Unternehmen
		Vergütung von Führungskräften
		Einhaltung von gesetzlichen Richtlinien

Unternehmens, der Ergebnisse der Wesentlichkeitsanalyse und dem Code of Conduct ergibt. Allgemein gelten Nachhaltigkeitsthemen vor allem dann als berichtenswert, wenn aus ihnen entweder Risiken und Chancen für den Geschäftserfolg entstehen, oder wenn sie aufgrund der Auswirkungen des Unternehmens auf Umwelt und Menschen hervorzuheben sind.

Von der CSRD betroffen sind die Kapitalgesellschaften und Personenhandelsgesellschaften mit ausschließlich haftungsbeschränkten Gesellschaftern:
– im handelsrechtlichen Sinne große Unternehmen,
– im handelsrechtlichen Sinne kleine und mittlere Unternehmen (KMU), die kapitalmarktorientiert sind,

- Drittstaatenunternehmen mit 150 Millionen Euro Umsatz in der EU, deren Tochterunternehmen die vorstehenden Größenkriterien erfüllen oder deren Zweigniederlassungen mehr als 40 Millionen Euro Umsatz erreichen,
- Kleinstunternehmen sind vom Anwendungsbereich ausgenommen.

Die Berichtsanforderungen der CSRD [3] werden für Geschäftsjahre beginnend ab dem 1.1.2024 zunächst für einen eingeschränkten Kreis von Unternehmen gelten, der dann sukzessive erweitert wird:
- für Geschäftsjahre beginnend ab dem 1.1.2024 für Unternehmen von öffentlichem Interesse mit mehr als 500 Beschäftigten,
- für Geschäftsjahre beginnend ab dem 1.1.2025 für alle anderen bilanzrechtlich großen Unternehmen,
- für Geschäftsjahre beginnend ab dem 1.1.2026 für kapitalmarktorientierte KMU, sofern sie nicht von der Möglichkeit des Aufschubs bis 2028 Gebrauch machen.

Zu diesem kommt die Berichtspflicht nach dem Lieferkettensorgfaltspflichtengesetz (LKsG). Hier sind, anders als bei der CSRD, nicht lediglich kapitalmarktorientierte Unternehmen betroffen.

Seit 2023 müssen Unternehmen mit mehr als 3.000 Mitarbeitenden (900 Unternehmen deutschlandweit) berichten, und seit Anfang 2024 berichten Unternehmen mit mehr als 1.000 Mitarbeitenden (4.800 Unternehmen). Im Anschluss an diesen Zeitraum wird der Anwendungsbereich neu evaluiert, wobei die EU Kommission bereits angekündigt hat, auch KMUs mit in das Berichtswesen einzubeziehen. Das deutsche LKsG [5] definiert den Umfang der Verantwortung und entsprechend der Berichterstattung als den des eigenen Geschäftsbereiches und den der unmittelbaren Zulieferer (Tier 1) sowie der unmittelbaren Kunden. Mit der Berichterstattung gehen als Aufgaben zum Beispiel die Erstellung/Verabschiedung eines Code of Conduct (der etwa eine Grundsatzerklärung zur Achtung der Menschenrechte umfasst), eine Analyse der nichtfinanziellen Risiken und das entsprechende Risikomanagement (inklusive der Präventions- und Abhilfemaßnahmen), die Einrichtung eines internen Beschwerdemechanismus, oder auch die transparente öffentliche Berichterstattung einher.

Bei der Vermutung oder dem tatsächlichen Eintreten von Verletzungen im eigenen Geschäftsbereich im Inland muss unverzüglich Klärung und gegebenenfalls wirksame Abhilfe geschaffen werden. Desgleichen ist bei Hinweisen oder tatsächlich eingetretenen Verletzungen beim direkten Zulieferer ein konkreter Plan zur Minimierung und Vermeidung der Probleme zu implementieren.

Die Vermutung eines Problems bei mittelbaren Zulieferern gilt heute nur anlassbezogen als Zwang zum Agieren. Sie greift, wenn das Unternehmen Kenntnis von einem Verstoß erlangt. In diesem Fall ist das Unternehmen verpflichtet, umgehend eine Risikoanalyse durchzuführen, und sollte sich das Risiko als signifikant herausstellen, entsprechend ein Konzept zur Minimierung und Vermeidung umzusetzen, beziehungsweise, angemessene Präventionsmaßnahmen zu implementieren.

Aus Sicht eines Einzelbetriebes wird eine Berichterstattung nicht nur nötig, wenn der Gesetzgeber, sondern auch wenn der Markt (d. h., Kunden und Investoren) oder die Stakeholder (das sind vor allem Besitzer, aber nicht nur) es fordern. Es ist daher damit zu rechnen, dass berichtspflichtige Unternehmen in Zukunft ihren Code of Conduct als verpflichtenden Maßnahmen und Regelkatalog innerhalb ihrer gesamten Lieferkette und gegebenenfalls auch den direkten Kunden durchsetzen wollen, um sich selber abzusichern.

In Bezug auf das LKsG wurde oben eine Einschränkung vorgenommen: Es wurde gesagt, dass das deutsche LKsG den Umfang der Verantwortung „als den des eigenen Geschäftsbereiches und den der unmittelbaren Zulieferer (Tier 1) sowie der unmittelbaren Kunden" definiert. Im Dezember 2023 wurde von Seiten der EU die Corporate Due Diligence Directive (CSDDD, [6]) verabschiedet. Was den Verantwortungsbereich betrifft, geht diese Richtlinie deutlich über die Vorgaben des LKsG hinaus: Es gibt die Verantwortung über die *gesamte* Lieferkette. Absehbar wird es damit nötig, in die Geschäftsbedingungen einzupflegen, dass Zulieferer entsprechend ihrerseits die gleichen nachhaltigkeitsbezogenen Richtlinien einfordern, wie sie für den Auftraggeber selber gelten. Die CSDDD wurde im März 2024 verabschiedet, und es gilt die Maßgabe, dass Richtlinien innerhalb von 2 Jahren in den Nationalstaaten in der EU verabschiedet werden müssen. Es ist daher damit zu rechnen, dass die Richtlinie 2026/2027 auch für Deutschland Gültigkeit haben wird. Es bleibt also genügend Zeit zur nötig werdenden Umformulierung der entsprechenden allgemeinen Geschäftsbedingungen. Entsprechende Änderungen könnten auch Folgen für Kaufverträge gegenüber Privatpersonen haben.

Große bisher bereits berichtspflichtige Unternehmen oder auch Investoren/Banken können Berichterstattung fordern, wenn sie für ein Investment, eine Kreditvergabe, oder für die eigene Berichterstattung ihre Risiken abschätzen oder Maßnahmen von Seiten der Zulieferer abschätzen wollen. Stakeholder, zum Beispiel Besitzer, Mitarbeiter, oder auch Nachbarn wollen aus verschieden motivierten Eigeninteressen informiert sein. Was den Gesetzgeber betrifft, wurden oben bereits einige Rahmenbedingungen genannt.

Die notwendig werdende Berichterstattung muss sorgfältig erstellt werden. Durch sie werden betriebliche Prozesse transparent, was natürlich auch ein Risiko für die Bewertung des Unternehmens bedingen kann, insbesondere, wenn am Markt Maßnahmen als unzureichend wahrgenommen werden. Selbst wenn nur angekündigt wird, tut der sorgfältig handelnde Verantwortliche gut daran, die geforderten Maßnahmen oder denkbare Risiken für die betrieblichen Belange oder dessen Werthaltigkeit zu antizipieren. Denn die Geschäftsführung ist für die Risikovermeidung verantwortlich, auch wenn diese Forderung (noch) nicht explizit festgelegt ist. Gesetzlich ist diese Sorgfaltspflicht bei der Geschäftsführung und gegebenenfalls auch beim Aufsichtsrat verankert. In diesem Sinne kann keine Geschäftsführung über sich sagen, dass die nun gültige oder gültig werdende Gesetzeslage unerwartet kommt, denn bereits seit deutlich mehr als 15 Jahren existieren Richtlinien, die zum Teil bei Strafandrohung oder bei Androhung eines Ausschlusses vom Markt eine Beachtung von Nachhaltigkeitsthemen einfordern.

Die Eingangs gestellte Frage danach, ab wann „man denn was tun muss", können Verantwortliche also nicht damit abtun, dass „man das nicht gewusst hat oder wissen konnte". Zudem ist die Berichterstattung an sich nicht das Ziel. Im Vordergrund steht das Verstehen von Risiken und deren aktive Vermeidung (siehe auch Quelle [25]). Nicht-Agieren bedeutet einem bekannten Risiko für die Unternehmung und dessen Werthaltigkeit nicht proaktiv zu begegnen. Versicherungen antizipieren Risiken und ermitteln entsprechende Prämien, ebenso Banken, indem sie Zinsen bemessen oder auch Kreditvergaben ablehnen. Es ist daher nicht einzusehen, dass Stakeholder oder der Gesetzgeber dies in Bezug auf ein Unternehmen anders sehen sollten.

Anders und zusammenfassend formuliert: Auch wenn Gesetze (noch) nicht greifen, verlangt die Sorgfaltspflicht vorausschauendes Agieren und Risikovermeidung. Risiken beziehen sich insbesondere auf das Agieren und die Werthaltigkeit der Unternehmen. In diesem Sinne begründet beispielsweise bereits die Absehbarkeit von gesetzlichen Vorgaben ein Einleiten von Maßnahmen zur Risikovermeidung auch hinsichtlich der nachhaltigen Wirtschaftsweise eines Unternehmens.

Vor diesem Hintergrund sollen im Folgenden die rechtlichen Vorgaben für nachhaltiges, insbesondere ökologisches Arbeiten, Berichterstattung zu Nachhaltigkeitsfragen, Fußabdrücke, Risiken, Maßnahmen und Ecodesign beschrieben werden. Sie stellen einen Handlungsrahmen für nachhaltigkeitsfördernde Aktivitäten in Unternehmen, für die ersten Schritte in der Decarbonisierung und für Emissionsgutschriften dar.

3.2 Rechtliche Vorgaben für ökologisch nachhaltiges Arbeiten

Auf europäischer und deutscher Ebene wurden auf dem Gebiet der Nachhaltigkeit bereits seit den 1990er Jahren verschiedenste Richtlinien beziehungsweise Gesetze erlassen. Die von den Vereinten Nationen verabschiedeten Sustainability Development Goals (SDGs, [7]) werden in der EU insbesondere durch den Green Deal implementiert beziehungsweise werden Implikationen der „Initiative für nachhaltige Produkte" diskutiert. Es ist mit weiteren Gesetzgebungsinitiativen jenseits der Emissionsreduktion auch hin zur Zirkularwirtschaft zu rechnen. Aus dem hier diskutierten Blickwinkel sollen als Beispiel ohne Anspruch auf Vollständigkeit die
- Corporate Sustainability Directive [3]
- EU Taxonomy Directive [2]
- Emission Trading System [9]/Carbon Border Adjustment Mechanism [10]
- sowie kurz der Product Environmental Footprint Guide [11] und der Organizational Environmental Footprint Guide [12]
- das deutsche Lieferkettensorgfaltspflichtengesetz [5]

andiskutiert werden.

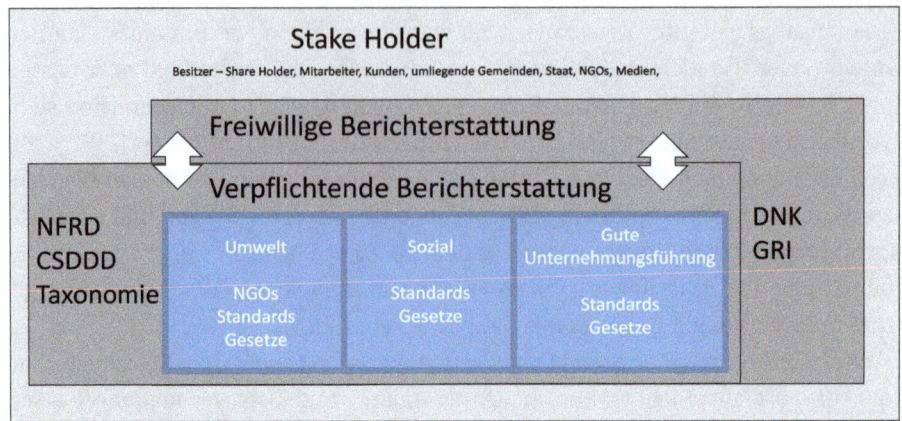

Abb. 3.1: Freiwillige und verpflichtende Berichterstattung. Die verpflichtende Berichterstattung folgt dem oben beschriebenen ESRS – in der Vergangenheit waren auch weitere Berichterstattungsstandards (Deutscher Nachhaltigkeitskodex (DNK, [13]), Global Reporting Initiative (GRI, [14])) üblich, so dass um Rückwärtskompatibilität zu gewährleisten, auch eine Verknüpfung mit freiwilligen Berichtsstandards passend sein kann, wenn diese die Vorgaben des ESRS integrieren. Die Berichterstattung zielt auf die Information von interessierten Gruppierungen wie den Besitzern, dem Staat, den Mitarbeitern und NGOs – und muss daher für diese verständlich und vollständig sein.

3.2.1 Die Corporate Sustainability Directive

Bereits im Jahr 2014 wurde die Corporate Sustainability Directive (CSD, [3]) verabschiedet, die das Berichtswesen als Dreh- und Angelpunkt nutzt, um Firmen in die Verantwortung für nachhaltigeres Wirtschaften zu nehmen. Siehe Abbildung 3.1 oben. Die Berichterstattung erfordert Angaben bezüglich der Widerstandsfähigkeit des Geschäftsmodells gegenüber Nachhaltigkeitsrisiken sowie des Formulierens von einzelnen Nachhaltigkeitszielen und der entsprechenden Fortschrittsberichterstattung und -prognosen. Der Fokus auf das Berichtswesen will bewirken, dass jedes betroffene Unternehmen entsprechend interne Maßnahmen ergreift, um verstärkt über die Auswirkungen ihrer Geschäftstätigkeit auf Umwelt und Gesellschaft und entlang der gesamten Wertschöpfungskette (vor- und nachgelagert) einzugehen und zu berichten. Nachhaltigkeit wird damit also Teil der Unternehmensberichterstattung und unterliegt einer Prüfungspflicht.

Wer hat zu berichten?
Die EU fordert eine entsprechende Berichtspflicht ab dem Geschäftsjahr 2023 für große Unternehmen (wobei zwei der folgenden drei Kriterien erfüllt sein müssen), die definiert sind als Unternehmen mit
- Umsatzerlösen > 40 Millionen EUR
- Gesamtvermögen > 20 Mio. EUR
- > 250 Beschäftigten.

Diese Einschränkung der Firmengröße hört sich zunächst wie eine beruhigende Nachricht für kleinere Unternehmen an – dem ist jedoch nicht so, denn mit der CSDDD werden größere Unternehmen von kleineren entsprechende Berichte einfordern, da die Berichtspflicht die gesamten Wertschöpfungsketten miteinschließt. Ein gutes Verständnis der Nutzung wird ebenfalls erforderlich.

Wie genau zu berichten ist, ist in der EU Taxonomy Directive [2] beschrieben, deren Ziel hinsichtlich der Indikatoren einheitliche Berichtsstandards sind.

3.2.2 EU Taxonomy Directive

Die EU Taxonomy Directive beschäftigt sich insbesondere mit dem Berichtswesen für institutionelle Investoren und größere Unternehmen. Sie legt fest, dass die zu berichtenden Informationen in verständlicher, relevanter, repräsentativer und überprüfbarer Art und Weise dargestellt werden müssen. Was die umweltrelevanten Faktoren betrifft, müssen die Berichte Informationen zu folgenden Themen (Prüfkriterien) enthalten:
- Eindämmung des Klimawandels
- Anpassung an den Klimawandel
- Wasser- und Meeresressourcen
- Ressourcennutzung und Kreislaufwirtschaft
- Umweltverschmutzung
- biologische Vielfalt und Ökosysteme.

Die Richtlinie legt auch fest, was als nachhaltig anzusehen ist.

3.2.3 Berichterstattung zu Nachhaltigkeitsfragen

Oben wurde unter anderem von der Berichtspflicht von größeren Unternehmen im Rahmen der nicht-finanziellen Berichterstattung (NFR, [4]) gesprochen. Es wurde klar, dass die heute gültigen Bestimmungen lediglich größere Unternehmen zwingen, NFR einzuführen. Es wurde hervorgehoben, dass sobald ein Unternehmen in einer geschäftlichen Beziehung zu einem berichtspflichtigen Unternehmen steht, damit zu rechnen ist, dass der berichtspflichtige Geschäftspartner vom eigentlich nicht berichtspflichtigen Unternehmen Erklärungen und Daten erbitten oder einfordern wird, um seiner eigenen Berichtspflicht nachzukommen. Die Beantwortung dieser Fragen abzulehnen ist für eine stabile Geschäftsbeziehung wenig hilfreich.

Die firmenbezogene soziale Verantwortung beschäftigt sich mit dem verantwortlichen Umgang des Unternehmens mit den Bedürfnissen seiner Stakeholder, also aller, die von den Aktivitäten des Unternehmens betroffen sein könnten. Es wird neben der wirtschaftlichen von ethischer, sozialer und umweltbezogener Verantwortung gesprochen. Auch um sicher zu gehen, dass die entsprechende Verantwortung des Unternehmens nicht lediglich ein Lippenbekenntnis bleibt, wurde eine Pflicht zur Berichterstattung eingeführt.

Ein berichtspflichtiges Unternehmen hat über Strategien und Verfahren zu verfügen, in denen soziale, ökologische, ethische, menschenrechtliche und verbraucherbezogene Belange in der Geschäftstätigkeit integriert sind. Das Ziel hierbei ist nicht ein Report, sondern die Maximierung der gemeinsamen Wertschöpfung bei gleichzeitiger Minimierung der Nachhaltigkeitskosten für die Stakeholder sowie Natur und Gesellschaft im Allgemeinen. Das Ziel einer verantwortungsvollen Unternehmensführung in diesem Zusammenhang ist damit die Implementierung von Regeln und Verantwortungen zu allen in der unten dargestellten Tabelle genannten Themen und damit die Festlegung und Nachverfolgung von Maßzahlen zu diesen Parametern.

Die Themenvielfalt, zu der gemäß ESRS berichtet werden muss, ist in der folgenden Tabelle 3.1 illustriert.

Das Thema CSR wurde bereits mit dem EU-Grünbuch aus dem Jahre 2001 von der EU aufgegriffen. Zur damaligen Zeit wurden allerdings keine Maßgaben zur Berichterstattung wie Mindestinhalte oder Gliederungen festgelegt, was zu einem gewissen Wildwuchs an Berichtsformen führte. Die wichtigsten Berichterstattungsstandards wurden in der Folge von fünf Organisationen festgelegt:
- Global Reporting Initiative (GRI, [14]),
- Sustainability accounting standards board (SASB, [15])
- Carbon disclosure project (CDP, [16])
- International integrated reporting council (IIRC, [17])
- Climate disclosure standard board (CDSB, [18])

Die zu berichtenden Inhalte unterscheiden sich zwischen diesen Standards. Das GRI-Rahmenwerk ist das einzige der Berichtserstattungsrahmenwerke, das alle drei ESG-Säulen miteinbezieht. Allerdings ist die Dokumentation des GRI kompliziert. 2019 verabschiedete die EU-Kommission den European Green Deal [8]. Das Ziel des European Green Deals ist es, dass europäische Unternehmen ihre Netto-Emissionen von Treibhausgasen reduzieren. Da die Öffentlichkeit vermehrt die Einführung eines einheitlichen ESG-Berichtsstandards befürwortete, veröffentlichte die EU-Kommission im April 2021 einen Vorschlag für eine neue Richtlinie – die Corporate Sustainability Reporting Directive (CSRD). Gleichzeitig wurde die Vereinheitlichung der Berichtsstandards zum sogenannten ESRS in Auftrag gegeben. Dieser Standard ist seit 2023 abschließend verabschiedet. Die Dokumentation des ESRS ist nicht einfach zu handhaben. Es bietet sich zumindest vorläufig an, dem sehr knapp und einfach formulierten Berichtsstandard des eutschen Nachhaltigkeitskondex (DKN, [26]) zu folgen, der den Vorteil hat, in die Kriterien des GRI und der ESRS übersetzbar zu sein.

Die vom DNK [26] entwickelte Gliederung sieht eine Berichterstattung zu den folgenden Themen (Tabelle 3.2) vor.

Zumindest ein Begriff in der obigen Gliederung ist nicht intuitiv verständlich: Die Wesentlichkeit (siehe Abbildung 3.2 unten).

Tab. 3.2: Berichterstattungsthemen des DNK [26].

Themen	Details
Strategie	Strategische Analyse und Maßnahmen
	Wesentlichkeit
	Ziele
	Tiefe der Wertschöpfungskette
Prozessmanagement	Verantwortung
	Regeln und Prozesse
	Kontrolle
	Anreizsysteme
	Beteiligung von Anspruchsgruppen
	Innovations- und Produktmanagement
Umwelt	Inanspruchnahme von natürlichen Ressourcen
	Ressourcenmanagement
	Klimarelevante Emissionen
Gesellschaft	Arbeitnehmerrechte
	Chancengerechtigkeit
	Qualifizierung
	Menschenrechte
	Gemeinwesen
	Politische Einflußnahme
	gesetzes- und richtlinienkonformes Verhalten

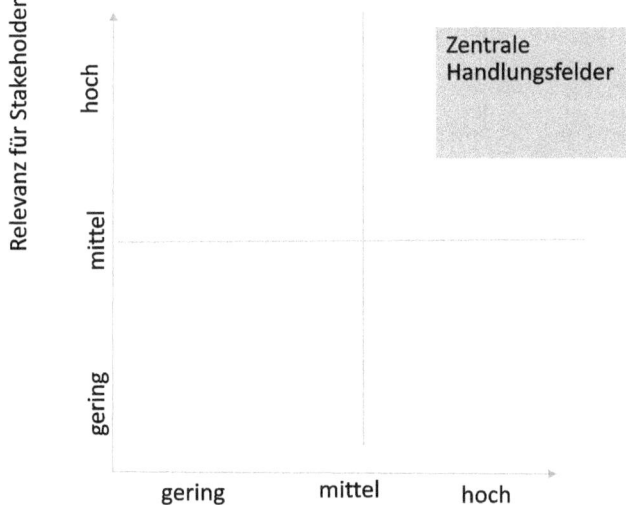

Abb. 3.2: Wesentlichkeitsanalyse. Eine Wesentlichkeitsanalyse identifiziert die Wechselwirkungen zwischen gesellschaftlichem Umfeld und Unternehmen [26].

Eine Wesentlichkeitsanalyse soll identifizieren, welche Auswirkungen das Unternehmen auf das gesellschaftliche Umfeld (Inside-out-Perspektive) hat, und auch welche Auswirkungen das Umfeld auf das Unternehmen (die Outside-in-Perspektive) hat. Daher wird auch von der „doppelten Wesentlichkeit" gesprochen. Diese Analyse wird meist in Form eines Diagramms dargestellt, in der die Bedeutung von einzelnen Themen gegen deren Geschäftsrelevanz aufgetragen wird. Die Priorisierung wird in der Regel durch Befragung von Stakeholdern vorgenommen.

Ein weiterer Begriff, der in diesem Zusammenhang häufig fällt, und der insbesondere auch für kleinere Unternehmen und deren Kunden relevant sein wird, ist der des Verhaltenskodex (Code of Conduct). In diesem Kodex legt ein Unternehmen dar, nach welchen Grundsätzen gearbeitet wird. Die Idee ist es, diesen Verhaltenskodex insbesondere den Geschäftspartnern zuzuleiten (verbunden mit der Bitte um Prüfung der Übereinstimmung mit den eigenen Grundsätzen und der Zusicherung, dass diese gegeben ist). Gute Beispiele für einen solchen Code of Conduct für den deutschen Sprachraum sind beispielsweise den Links auf der Website des DNK [26] oder der DATEV [27] zu entnehmen.

Die Überprüfung des Nachhaltigkeitsberichtes geschieht durch eine professionelle Prüfungsgesellschaft, die bescheinigt, ob die im Nachhaltigkeitsbericht eines Unternehmens enthaltenen Informationen insbesondere hinsichtlich der Vollständigkeit den erwarteten Standards entsprechen. Nachfolgend wird die Auswirkung der Berichterstattung auf den Firmenwert durch eine Ratingagentur bewertet. In dieser Bewertung spielen die nachhaltigkeitsbedingten Risiken, die Aktivitäten der Wettbewerber sowie die Bewertung der Branche eine Rolle. Die Risikobenennung und -bewertung ist komplex und facettenreich. Dieser Aspekt wird weiter unten (Kapitel 3.2.7) adressiert.

3.2.4 EU Emission Trading System /Carbon Border Adjustment Mechanism

Das European Emission Trading System (ETS) beschreibt im Wesentlichen die Preise und die Preisentwicklung der an den Staat zu zahlenden Gebühren für Emissionen von Treibhausgasen innerhalb der EU [9]. Um das denkbare Schlupfloch zu schließen, Produkte außerhalb der EU zu erzeugen und die damit einhergehenden Emissionen nicht zu deklarieren, nutzt die EU den Carbon Border Adjustment Mechanismus [10].

Die oben genannten Maßnahmen dienen vornehmlich der Dokumentation der Aktivitäten. Die quantitative Bewertungsgrundlage der entsprechenden Aktivitäten ist damit der sogenannte CO_2-Fußabdruck (also der über Treibhausgasemissionen charakterisierte Energieverbrauch) sowie der Materialfußabdruck, der sich insbesondere durch Ecodesign unter Umständen reduzieren lässt, was in manchen Produktsegmenten den Einstieg in die Kreislaufwirtschaft ermöglicht. Auf der Ebene der EU wurden entsprechend bereits vor vielen Jahren für einzelne Marktsegmente Ecodesignrichtlinien erlassen, zum Beispiel die Richtlinie über Elektro- und Elektronikaltgeräte oder auch die Verpackungsrichtlinie, sowie die Richtlinie über Altfahrzeuge. Die Richtlinien dienen dazu, sowohl Herstellern als auch Importeuren von Produkten eine gewisse Verantwortung für die Umweltauswirkungen ihrer Produkte während ihres gesamten Lebenszyklus abzuringen.

In dem Regelwerk und dem damit zusammenhängenden Berichtswesen spielt die Ermittlung der CO_2-Fußabdrücke eine bedeutende Rolle. Nur, wenn der Beitrag zum Fußabdruck bekannt ist, können zielgerichtete Maßnahmen etabliert werden, die die entsprechend der Pariser Verträge erforderliche 3-5 % Reduktion der Treibhausgasemissionen pro Jahr absichern. Damit kommt dem sogenannten Product Carbon Footprint (PCF, [11]) eine besondere Rolle zu.

> Der PCF bezieht sich auf die Bilanz der Treibhausgasemissionen während des gesamten Lebenszyklus eines Produktes in einer definierten Anwendung und bezogen auf eine definierte Nutzungseinheit. Dieser Ansatz wurde in dem Product Environmental Footprint Guide definiert (für Dienstleistungen und Organisationen, im Organizational Environmental Footprint Guide). Hierzu werden für die Bilanzierung des PCF die ISO 14040 [20] beziehungsweise die ISO 14044 [21] sowie, soweit es um die Bewertung nach den Kriterien des GHP geht, die ISO 14064-3 [22] herangezogen.

Die Berechnung setzt hierbei zunächst NICHT die gleichzeitige Ermittlung anderer ökologischer Fußabdrücke (insbesondere des Material-Fußabdrucks) voraus – sie wird empfohlen, da Auswahl und Art der Verwendung von Materialien und die Ansätzen zu deren Rückgewinnung (im Rahmen einer Kreislaufwirtschaft) einen starken Einfluss auf den CO_2-Fußabdruck haben.

3.2.5 Lieferkettensorgfaltspflichtengesetz

Die deutsche Umsetzung der CSR Richtlinie fand im sogenannten LKsG [5] statt, das 2021 verabschiedet wurde. Das Gesetz soll „an eine künftige europäische Regelung angepasst werden mit dem Ziel, Wettbewerbsnachteile für deutsche Unternehmen zu verhindern."

Paragraph 2 des Gesetzes besagt unter anderem: „Ein menschenrechtliches Risiko im Sinne dieses Gesetzes ist ein Zustand, bei dem aufgrund tatsächlicher Umstände mit hinreichender Wahrscheinlichkeit ein Verstoß gegen eines der folgenden Verbote droht: … das Verbot der Herbeiführung einer schädlichen Bodenveränderung, Gewässerverunreinigung, Luftverunreinigung, schädlichen Lärmemission oder eines übermäßigen Wasserverbrauchs, die
a) die Grundlagen zum Erhalt und der Produktion von Nahrung erheblich beeinträchtigt,
b) einer Person den Zugang zu einwandfreiem Trinkwasser verwehrt, … oder
d) die Gesundheit einer Person schädigt".

Die Einschränkung der Treibhausgasemissionen wird seit 2003 innerhalb der EU insbesondere auch durch die Emission Trading Directive geregelt. Im Zusammenhang mit dem Green Deal wird eine Überarbeitung des EU-Treibhausgasemissionshandelssystems (ETS, [9]) und der Verordnung (EU, [23]) 2015/757 erwartet.

3.2.6 Corporate Sustainability Due Diligence Directive

Ende des Jahres 2023 wurde vom Europaparlament eine EU-weite Lieferkettenrichtlinie vorgelegt, die Corporate Sustainability Due Diligence Directive (CSDDD). Diese Richtlinie orientierte sich am französischen loi de vigilance und dem deutschen LkSG. Die Richtlinie enthält umwelt- und menschenrechtsbezogene Sorgfaltspflichten sowie die Pflicht für große Unternehmen, einen sogenannten Klimaplan zu erstellen. Der Anwendungsbereich der CSDDD sind EU-ansässige und ausländische Unternehmen, sogenannte EU-Gesellschaften mit beschränkter Haftung in folgenden Bereichen:

Gruppe 1: Auf rund 9.400 Unternehmen mit mehr als 500 (jeweils auf vollzeitäquivalente umgerechnete) Mitarbeiter und mehr als 150 Millionen Euro Jahresnettoumsatz weltweit.

Gruppe 2: Rund 3.400 Unternehmen mit mehr als 250 Mitarbeitern und weltweit mehr als 40 Millionen Euro Jahresnettoumsatz, der zu mindestens 50 % aus einem oder mehreren „Sektor(en) mit hohem Schadenspotenzial" stammt. Zeitarbeitnehmer werden dabei in die Anzahl der Mitarbeiter eingerechnet.

Auch Nicht-EU-Unternehmen, die entsprechend hohe Umsätze in der EU erzielen, werden von der Richtlinie erfasst. Nach Angaben der EU-Kommission fallen rund 2.600 Nicht-EU-Unternehmen in Gruppe 1 und rund 1.400 in Gruppe 2.

Als „Sektor(en) mit hohem Schadenspotenzial" gelten
- die Herstellung von Textilien, Leder und verwandten Erzeugnissen (einschließlich Schuhe), der Großhandel mit Textilien, Bekleidung und Schuhen; Landwirtschaft, Forstwirtschaft, Fischerei (einschließlich Aquakultur), Herstellung von Lebensmittelprodukten und Großhandel mit landwirtschaftlichen Rohstoffen, lebenden Tieren, Holz, Lebensmitteln und Getränken;
- Gewinnung mineralischer Ressourcen, unabhängig davon, wo sie gewonnen werden (einschließlich Rohöl, Erdgas, Steinkohle, Braunkohle, Metalle und Metallerze sowie aller anderen, nichtmetallischen Mineralien und Steinbruchprodukte),
- Herstellung von Grundmetallerzeugnissen, sonstigen Erzeugnissen aus nichtmetallischen Mineralien und Metallerzeugnissen (ausgenommen Maschinen und Ausrüstungen) sowie Großhandel mit mineralischen Rohstoffen, mineralischen Grunderzeugnissen und Zwischenerzeugnissen (einschließlich Metalle und Metallerze, Baustoffe, Brennstoffe, Chemikalien und andere Zwischenprodukte).

Die CSDDD sieht unter anderem eine zivilrechtliche Haftung sowie Pflichten für Geschäftsleitungen vor. Die CSDDD zielt darauf ab, nachhaltiges und verantwortungsvolles Verhalten in Unternehmen zu fördern und sicherzustellen, dass Menschenrechts- und

Umweltüberlegungen in ihre Geschäftstätigkeiten und Corporate Governance integriert werden. Die Richtlinie ist strenger und umfassender als das deutsche LkSG.

Umweltsorgfaltspflichten gelten auch in Bezug auf den Schutz der biologischen Vielfalt, auf den Schutz von gefährdeten Arten sowie der Ozonschicht. Große Unternehmen müssen zudem einen Plan festlegen, mit dem sie sicherstellen, dass das Geschäftsmodell und die Strategie des Unternehmens mit dem Übergang zu einer nachhaltigen Wirtschaft und der Begrenzung der Erderwärmung gemäß dem Übereinkommen von Paris vereinbar sind. Wenn der Klimawandel als ein Hauptrisiko oder eine Hauptauswirkung der Unternehmenstätigkeit ermittelt wurde beziehungsweise hätte ermittelt werden sollen, hat das Unternehmen auch Emissionsreduktionsziele in seinen Plan aufzunehmen. Im Unterschied zu bestehenden Regelungen ist das berichterstattende Unternehmen verpflichtet, über die gesamte Lieferkette Bericht zu erstatten, nicht nur über den Tier 1 Lieferanten.

3.2.7 Ecodesign (siehe auch Kapitel 4.2.1)

Oben wurden Fußabdrücke und KPIs definiert, deren Reduktion bzw. Beachtung zu einem nachhaltigeren Arbeiten führt. Ecodesign-Maßnahmen zielen darauf ab, Wertschöpfungsketten in einer Weise zu optimieren, dass Energie und Ressourcen eingespart werden. In diesem Kontext sind vor allem zwei Werkzeuge entscheidend:
– die Ermittlung und Reduktion des mit dem Produkt und aller zugehörigen Wertschöpfungsketten einhergehenden Verbrauchs von Energie (gemessen in Emissionen) und Materialien sowie
– das nachfolgende Ecodesign, das zu veränderten oder neuen Produkten oder Herstellungsprozessen führen kann.

Für das Ecodesign gibt es verschiedene sektorspezifische Richtlinien [24]. Die Fußabdrücke und deren Berechnung stellen in diesem Zusammenhang lediglich ein Management Tool dar, das genutzt wird, um einen Maßstab für Verbrauch zu bestimmen, die richtigen Ansatzpunkte für dessen Reduktion zu identifizieren und einen Vergleichsmaßstab zu haben.

Zusammenfassend lässt sich sagen, dass eher früher als später auf einen großen Teil der Unternehmen Aktivitäten zur Reduktion von Treibhausgasemissionen und Materialverbrauch während der gesamten Wertschöpfungsketten zukommen werden. Zur Überwachung dient das angesprochene Berichtswesen, das einschließlich der entsprechenden Bilanzen und der geplanten Maßnahmen offengelegt wird.

3.2.8 Risikoanalysen in der Nachhaltigkeitsberichterstattung

Oben wurde gezeigt, wie die nicht-finanzielle Berichterstattung den unternehmerischen Alltag der kommenden Jahre beeinflussen wird: Insbesondere entlang der Lieferketten werden Fußabdrücke, Strategien und Aktivitäten, diese zu reduzieren, sowie Risiken und Konzepte für die Reduzierung der Auswirkungen der unternehmerischen Aktivitäten zu Themen zwischen Firmen und ihren Geschäftspartnern werden. Das Betrachten von Risiken ist in diesem Zusammenhang für Betriebe häufig neu und soll im Folgenden skizziert werden.

Mit der gesetzlich verordneten Pflicht zu nachhaltigem Wirtschaften werden die finanzielle und die nicht-finanzielle Berichterstattung nebeneinander gestellt. Die Finanzindustrie ist entsprechend gehalten, ihre Kunden auch hinsichtlich ihrer nachhaltigkeitsbezogenem Gebaren zu bewerten. In beiden Berichterstattungen wird die Bewertung der Risiken, also der mit den Aktivitäten verbundenen Wagnisse, verpflichtend dargestellt. Dies ist vernünftig, denn Risiken gehen nicht lediglich mit finanziellem Gebaren einher, sondern können ihre Ursache auch in ökologischen, sozialen oder die Führung der Firma betreffenden Prozessen, Verhalten oder Strukturen haben.

Monetäre Bewertungsgrößen sind neben den Wagnissen auch die strafrechtliche Bewertung (wie Bußgelder oder der Wert eines Marktausschlusses) oder auch die Schadensklassen bei einer Begleichung von eventuellen Folgekosten (Personen- oder auch Sachschäden). Die Bewertung solcher Risiken hat einen Einfluss auf die Kreditwürdigkeit eines Unternehmens, und damit auf die Höhe der bei Krediten anzusetzenden Zinsen. Banken können in der Regel die Komplexität einer Branche und innerhalb einer Branche die Charakteristik einer einzelnen Firma nur aus der Firmenhistorie, nicht jedoch im spezifischen oder etwa dem speziellen lieferkettenbezogenen Detail beurteilen. Vor diesem Hintergrund ist es sinnvoll, zunächst selbst zu beurteilen, wie risikobehaftet ein Unternehmen ist und entsprechende Maßnahmen einzuleiten, bevor die Bank auf entsprechende Themen aufmerksam macht. Das gleiche gilt auch für Geschäftspartner, die berichtspflichtig sind, und daher aus ihrer Lieferkette entsprechende Informationen benötigen.

Die selbstständige Beurteilung von Risiken verlangt einige Expertise. Die hier diskutierte Herangehensweise soll dazu dienen, ein Gefühl für das zu gewinnen, was hinter den Kulissen bei der Risikobewertung vor sich geht. Dabei ist vorauszuschicken, dass es keinen Standard hinsichtlich der Risikobewertung gibt und sich die Einschätzungen auch der großen Bewertungsinstitutionen massiv unterscheiden.

Insbesondere schlagen sich unabhängig vom einzelnen betrachteten Unternehmen Bewertungen und Vorbehalte gegenüber bestimmten Branchen, Regionen der Welt, oder Organisationsformen in den Risikobewertungen nieder, was entsprechend zu einem Bonus oder Malus in der Unternehmensbewertung führen kann.

Berechnungsform

Allgemein ergibt sich ein Risiko für ein einzelnes Wagnis aus dem Produkt aus Eintrittswahrscheinlichkeit und dem Wert des Risikos. Das heißt im Beispiel, dass gleichzeitig die Fragen zu stellen sind,
– wie groß (gemessen in €) der größte denkbare Schaden ist, der durch ein Problem verursacht werden könnte
– wie wahrscheinlich das entsprechende Problem auftreten wird

und
– wie sich schadensverhindernde und notfallbezogene Maßnahmen auf die erwartbare Schadenshöhe auswirken.

Entsprechend müssen mit Wagnisfällen zusammenhängende Risiken bewertet werden. Ein weiteres Kriterium für ein Risiko ist zudem die Bedeutung des Risikos für die wesentlichen Geschäftsprozesse, also die Gewichtung nach der Geschäftsrelevanz, die zum Teil aus der Wesentlichkeitsanalyse resultiert.

Im Einzelnen folgen aus dem Ansatz also zwei Fragen und in der Folge die Bewertung der Risiken:
– Welche Risiken gibt es?
– Wie hoch ist deren Eintrittswahrscheinlichkeit auf die einzelne Unternehmung, die konkrete Situation bezogen?

Für die Analyse beider Fragen ist es sinnvoll, sich vor der Betrachtung der einzelnen Risiken einen Überblick über mögliche Compliance-Risiken zu verschaffen. Dies kann anhand von internen Dokumenten, der einzelnen Gliederungspunkte des nichtfinanziellen Berichts, anhand von Rechtskatastern oder etwa auch der Wesentlichkeitsanalyse geschehen. Entscheidend ist jedoch erfahrungsgemäß die Diskussion mit erfahrenen firmeninternen Sachverständigen, häufig insbesondere denjenigen, die für einzelne Prozesse und Systeme zuständig sind beziehungsweise mit diesen arbeiten.

Kriterien zur Risikoerfassung

Risiken lassen sich über verschiedenste Ansätze etwas systematisieren. Für eine Bewertung des Gesamtrisikos ist nicht entscheidend, wie systematisiert wird, sondern dass die Risiken vollständig erfasst sind. Die Qualität der Bewertung sowie der Gegenmaßnahmen sind ebenfalls wichtig.

Systematisierungsansätze können sein
A   die typischen ESG Themen (Umwelt, Soziales und Governance)
B   die Zuordnung zu den einzelnen Aktivitäten im Lebenszyklus des Produktes (zum Beispiel nach Lieferkette, Zuordnung zu Aktivitäten im eigenen Haus).
C   die Kriterien der Wesentlichkeitsanalyse

D die Betrachtung von Regionen, in denen die einzelnen Risiken auftreten, sowie die Branchen und Produktsegmente.

Diese Liste ist abhängig von den lokalen Gegebenheiten und damit nicht vollständig. Auch daher wird bereits in dieser Phase der Diskussion klar, dass eine Erfahrung mit den zu bewertenden Systemen und Prozessen für deren realistische Einschätzung entscheidend ist. Deswegen wird empfohlen, die betroffenen Einheiten in den Einschätzungsprozess zu involvieren.

Risikobewertung
Das Bundesaufsichtsamt für das Finanzwesen (BAFIN, [25]) hat mit dem Merkblatt zum Umgang mit Nachhaltigkeitsrisiken für die von ihr beaufsichtigten Unternehmen eine Orientierungshilfe im Umgang mit Nachhaltigkeitsrisiken geben. Die BAFIN gibt in diesem Merkblatt eine Struktur zur Gruppierung von Risiken vor, die in physikalische Risiken sowie Übergangs- und Reputationsrisiken unterteilt ist. Vernünftigerweise müssen die Risiken quantifiziert und getrennt entsprechend zum Beispiel der obigen Struktur diesen Kriterien zugeordnet werden. Für das Reporting eignet sich diese Liste gut, denn sie sollte mit der Gliederung übereinstimmen, die Banken gewohnt sind.

Für die quantitative Bewertung von Eintrittswahrscheinlichkeiten eignet sich im ersten Schritt die verbalisierte Einschätzung durch erfahrene Experten mit einer Sprachregelung, die die Zuordnung der numerischen Eintrittswahrscheinlichkeiten zu bestimmten Phrasen ermöglicht, wie in der folgenden Tabelle angedeutet.

Grundsätzlich wird die Bewertung der einzelnen Wagnisse über das Produkt aus Eintrittswahrscheinlichkeit und dem Wert des Risikos vorgenommen. Zudem sind die einzelnen Risiken verschieden bedeutsam für den geschäftlichen Alltag. Eine entsprechende Gewichtung der Risiken ist daher vernünftig (zur Bewertung der Eintrittswahrscheinlichkeit siehe Tabellen 3.3 unten).

Es fehlen jedoch noch zumindest zwei weitere Schritte vor der Einarbeitung in die interne nicht-finanzielle Berichterstattung:
- Die Rücksichtnahme auf den betrieblichen Alltag, zum Beispiel Auswirkungen auf laufende Verträge
- Strategie und Wesentlichkeitsanalyse, zum Beispiel die Stakeholder-bezogene Bewertung eines einzelnen Risikos
- Präventivmaßnahmen
- Gefahrenpläne.

Allein mit dem Ausweisen und Erkennen eines Risikos sowie mit der Entwicklung von probaten Gegenmaßnahmen ist ein denkbares Problem also nicht adressiert. Erst mit dieser Information kann ein einigermaßen konsolidierter interner Bericht zu Stande kommen, der den Verantwortlichen als Handreichung zur Bewertung der Risiken dienen kann. Was davon in die veröffentlichte, nicht-finanzielle Berichterstattung einflie-

Tab. 3.3: Risikobemessung – Gegenüberstellung von Verbalisierung und numerischer Klassifizierung.

Qualitative Beschreibung	Eintrittswahrscheinlichkeit	Einschätzung
A. sicher	1 (oder 0,999; 99,9 %)	Sicher, oder so sicher, dass es keinen Unterschied bedingt.
B. fast sicher	0,2–0,9	Ein oder mehrere Fälle der gleichen Art sind aufgetreten.
C. sehr wahrscheinlich	0,1	Ein früherer Fall desselben Typs ist aufgetreten
D. wahrscheinlich	0,01	Wäre bereits eingetreten, wenn Sie nicht eingegriffen hätten.
E. unwahrscheinlich	0,001	Kürzlich anderswo berichtet.
F. sehr unwahrscheinlich	0,0001	Passiert anderswo
G. extrem unwahrscheinlich	0,00001	Es gibt veröffentlichte Informationen, aber in einem völlig anderen Zusammenhang.
H. fast unmöglich	0,000001	Es gibt keine Veröffentlichungen über die gleichen Vorfälle

ßen sollte, hat regelkonform zu sein und wird in der Regel auch die nötigen internen Filter durchlaufen.

Allgemein sollte hinzugefügt werden, dass von Seiten der Banken oder auch anderer Dienstleister auch intransparente ESG-bezogene Reportingansätze oder auch Risikobewertungen genutzt werden [19]. Gelegentlich wird hierfür mit einem verkleinerten Datensatz agiert, der zum Teil lediglich die Oberfläche des Problems berührt (zum Vergleich: die in der Standardisierung befindliche ESRS-Berichterstattung benötigt einige hundert Fragen, der Umfang des GRI ist deutlich größer). Die Maßnahmen, die mit einer solchen Analyse identifiziert und in der Umsetzung begleitet werden können, sind gelegentlich unsachgemäß beschränkt.

Gelegentlich wird auch in der Weise vorgegangen, dass im besten Fall statistisch relevant viele veröffentlichte (d. h., durch den Filter einer Public Relations oder auch einer Rechtsabteilung gelaufene) Berichte aus genau der gleichen Industriebranche als Referenz genutzt werden. Zudem werden beispielsweise mikroökonomische Bewertungsgrößen (zum Beispiel die Betriebsgröße) oder auch die Region als Referenz für die Bewertung herangezogen. Die Bewertung wird dann finanziell vorgenommen, wobei es kein standardisiertes Verfahren gibt, mit dem sich die nicht-finanzielle in die finanzielle Berichterstattung übersetzen lässt. Ohne die Hintergründe hier genauer darzustellen, zielt lediglich der sehr umfangreiche GRI Standard (der nicht durch die ISO standardisiert ist) auf die Integration von Nachhaltigkeitsdaten aller drei ESG-Säulen mit traditionellen Finanzdaten.

4 Handlungsansätze

Überblick: Der Druck, der durch Klimakrise, Rohstoff- und Energieknappheit und soziale Krisen hervorgerufen wird, ist noch nicht groß genug, um von einem selbstmotivierten Handeln aller Akteure ausgehen zu können. Auch daher hat der Gesetzgeber rechtliche Rahmenbedingungen geschaffen, die auf eine schrittweise Reduktion der Auswirkungen auf die Nachhaltigkeit von Unternehmen und Privathaushalten abzielen.

Daher und aufgrund der Beobachtung, dass konkrete Handlungsvorgaben sowohl für Betriebe als auch für Privatpersonen verallgemeinert nur schwierig zu erstellen sind, wurden Beispiele für Handlungsoptionen aus allgemeingesellschaftlicher, unternehmerischer und privater Perspektive vorgestellt. Es wurde versucht, die Blickwinkel und wesentliche Handlungsvorgaben beider nicht im Sinne eines „best of" zu skizzieren, sondern als Sammlung von Pfaden, die eingeschlagen werden können. Es zeigt sich zudem, dass Haushalte und Unternehmen wohl von Maßnahmen des jeweils anderen profitieren könnten. Obwohl sich die Charakteristika von sehr kleinen Unternehmen und größeren Haushalten gleichen, liefert die Literatur keine Hinweise zu sozialen und Governance-Fragen für Haushalte, was wahrscheinlich mit der Scheu des Gesetzgebers zusammehängt, das Privatleben zu reglementieren.

Gemeinwesen haben zunächst die gleichen Handlungsmöglichkeiten wie produzierende oder dienstleistende Unternehmen. Hinzu kommt, dass auf der administrativen oder gesetzgeberischen Ebene grundsätzlichere Gestaltungsmöglichkeiten für die Steuerung des Gemeinwesen und dessen Entwicklung bestehen. Hier wird die Möglichkeit andiskutiert, vom Bewertungssystem des Bruttosozialproduktes (Gross National Product, GNP abzuweichen. Lebensführungen in Haushalten ähneln sich, und daher lassen sich Maßnahmen für Haushalte zusammenfassend beschreiben. Hierzu gibt es Datenbanken, die kurz vorgestellt und diskutiert werden. Es ist dagegen komplexer, produzierende Unternehmen zu erfassen. Vor diesem Hintergrund wurden Maßnahmen zusammengetragen und werden kurz dargestellt, beziehungsweise, es wird auf die Literatur verwiesen.

Stichwörter: Ecodesign, Ansatzpunkte – bewertet nach „do not", Golden Rules, priorisiert nach den Prioritäten der MRIO – auch nicht-CO_2-Fußabdrücke, Komplexität, Auswirkungen, Recycling-Closed Loop Economy, Zertifikate, Besitz

Dieses Kapitel ist notwendigerweise komplex. Es soll der Versuch unternommen werden, eine Reihe von Handlungsansätzen zusammenzutragen, die in der Praxis dazu genutzt werden, um Produkte, Lieferketten und interne Prozesse nachhaltiger zu gestalten. Für einen solchen Versuch bieten sich eine Reihe von Strukturierungsmöglichkeiten an. Hier sollen ohne Anspruch auf Vollständigkeit drei Ebenen angedacht werden:
– Die allgemein zivlgesellschaftliche Ebene,

- die unternehmerische Ebene und
- die Ebene eines Privathaushalts.

Als Kriterien für die letztgenannten beiden Punkte bieten sich die in Kapitel 2 eingeführten ESG Berichtskriterien an, die für jedes Kriterium ausgeführt, zu einer zu umfangreichen Ausarbeitung führen würden. Hier soll daher eine subjektive Auswahl vorgestellt werden. Um diese Auswahl zu begründen, kann als Einstieg die bereits in Kapitel 2 ausgeführte Tabelle der Berichtskriterien der ESG genutzt werden [1], die hier (um den Lesefluss zu vereinfachen) nochmals mit Tabelle 4.1 unten eingefügt wird.

Tab. 4.1: ESG-Berichtskriterien nach [1].

Umwelt-KPIs/Fußabdrücke (ESRS)	Soziale KPIs (ESRS und Taxonomie)	KPIs zur Unternehmensführung (ESRS)
Treibhausgasemissionen Verschmutzung der Luft Innovationen bei umweltfreundlichen Produkten und Dienstleistungen Energieverbrauch und -reduzierung Abfallmanagement und -reduzierung Wasserwirtschaft, -nutzung und -auswirkungen Abhängigkeit und Schutz von Ökosystemen sowie biologische Vielfalt	Keine Kinderarbeit Keine Sklaverei Gesundheit und Sicherheit Gesundheit und Sicherheit der Kunden Diskriminierung und Chancengleichheit Management der Lieferkette Mitarbeiterschulung und -ausbildung Gleichstellung der Geschlechter	Verhaltenskodex und Wesentlichkeit von unternehmerischer Rechenschaftspflicht Transparenz und Offenlegung Vielfalt und Struktur des Vorstands Bestechung und Korruption Einbeziehung von Stakeholdern Rechte der Stakeholder Unabhängigkeit des Verwaltungsrats Kontrollmechanismen im Unternehmen Vergütung von Führungskräften Einhaltung gesetzlicher Vorschriften
(Taxonomie) Abschwächung des Klimawandels; Anpassung an den Klimawandel; Wasser- und Meeresressourcen; Ressourcennutzung und Kreislaufwirtschaft; Umweltverschmutzung; Biologische Vielfalt und Ökosysteme		

Eine Reduktion der Umweltfußabdrücke bedingt gegebenenfalls sowohl eine Änderung des Herstellungs- und Nutzungsprozesses als auch der Ver- und Entsorgung. Hinsichtlich des Umweltkriteriums ist die Lage komplizierter als bei den Kriterien Soziales und Unternehmensführung. Änderungen können damit die Charakteristika des Produkts, Herstellung, Materialien, Nutzung und Entsorgung grundsätzlich und in jeder Hinsicht auf den Prüfstand zu setzen.

4.1 Gesellschaftliche Handlungsansätze im Nachhaltigkeitsumfeld

Der Gegenstand dieses Unterkapitels wird in vielen Parteiprogrammen beschrieben und ist Inhalt der Arbeit einer steigenden Zahl von Nichtregierungsorganisationen (Non-Government Organizations, NGOs). Diese Themenbreite flächendeckend abzuhandeln ist hier unmöglich. Es sollen lediglich Ausschnitte angedacht werden, die aus Sicht der Autoren zu wenig Aufmerksamkeit in der öffentlichen Diskussion finden: Die Frage nach Alternativen zum GNP und nach Aspekten der Verantwortung.

Grundsätzlich positiven Entwicklungen wie etwa dem Einsatz von Solarkollektoren, der veränderten Förderung des öffentlichen Nahverkehrs zu Lasten von KFZ, Urban Gardening in der nachhaltigen Gestaltung der öffentlichen Räume [5] oder auch dem Einsatz von Geothermie in der Fernwärmeversorgung gegenüber stehen nach wie vor der Einsatz von Kinderarbeit in Lieferketten, staatliche Förderungen für fossile Energie und vieles mehr gegenüber. Industrialisierung und Kriegen führen zu Folgekosten. Manche dieser Kosten, wie zum Beispiel solche, die aus der Beendigung des Bergbaus entstehen, werden als „Ewigkeitskosten" [4] bezeichnet. In den USA wurde für Flächen, die aufgrund ihrer Nutzung aller Voraussicht nach nie wieder durch Menschen genutzt werden können, der Begriff „National Sacrifice Area" geschaffen [3]. Dies ist ein auch sprachlich sehr vergleichbarer Ansatz, der neben der Missachtung der lokalen Lebensbedingungen eine Verlagerung der Kosten oder Einschränkungen in die Zukunft zu Gunsten eines Nutzens in der Gegenwart für Menschen beschreibt, die meist nicht am Ort wohnen. Dieser Nutzen erfolgt jedoch, ohne dass den zukünftigen Kosten eine zukünftige Wertschöpfung gegenübersteht. Hinzu kommt eine Industrieentwicklung, die weitere Altlasten, bestehend zum Beispiel aus Abfall und hohen CO_2-Konzentrationen in der Atmosphäre, generiert und anhäuft, mit zusätzlichen Ewigkeitskosten, um die Terminologie weiter zu nutzen. Ein Meinungsbildungs- und Entscheidungsprozess zu einer solchen Herangehensweise ist einem Vertrag vergleichbar, der über Dritte ohne deren Beteiligung geschlossen wird. Entsprechend der Unzulässigkeit von Verträgen zu Lasten Dritter im Bürgerlichen Recht oder auch im Völkerrecht sollten Entscheidungen in dieser Form nicht getroffen werden dürfen.

Wenn es um Nachhaltigkeit in der öffentlichen Diskussion geht, werden häufig Recycling und Innovation als Heilsbringer angesehen, was sich aber nicht als zutreffend herausstellt. Die einzige Lösung besteht im Grunde darin, weniger und nachhaltiger zu konsumieren.

Ein Zugang zu weniger Konsum rührt an ein Tabu: Zu viele Menschen konsumieren zu viel. Wenn die Anzahl der Menschen ein Schlüssel zu weniger Konsum ist, liegt es nahe, über zumindest eine Reduktion des Bevölkerungswachstums nachzudenken. Der Zusammenhang zwischen Bildung und Bevölkerungsentwicklung bietet einen zu wenig gedachten Weg an: Bevölkerungen mit höher Bildung haben mehr Wohlstand und sind nicht gezwungen, ihre Altersversorgungen auf die Geburt vieler Kinder in der eigenen Familie zu gründen. Wenn Frauen – auch befähigt durch mehr Bildung – zum

Einkommen der Familie beitragen, verstärkt sich dieser Effekt. Auch vor diesem Hintergrund und neben der offenbar gerechtfertigten Forderung nach Gleichberechtigung muss die Bildung und Teilhabe der Frauen eine zentrale Forderung der Nachhaltigkeitspolitik sein.

4.1.1 Alternativen zum Bruttosozialprodukt

In der Konsequenz stellt sich die Frage, wie eine Wirtschaftsleistung bemessen werden kann, und ob sich Wohlstand und Wachstum am Verbrauch orientieren dürfen oder sich an anderen Parameter orientieren sollten (siehe dazu auch die Diskussion in Kapitel 6). Diese Forderung wird bereits seit Jahren abgewogen und wird wohl in den kommenden Jahrzehnten zu einer grundsätzlichen Revision des Konzepts der Bewertung von Wirtschafts- und Wohlstandswachstum führen. Eine Reihe von Ideen, wie so etwas zu realisieren wäre, wird derzeit diskutiert. Ein spannender Ansatz hierzu wurde von Stiglitz, Sen und Fitoussi [6] entwickelt. Er fügt in die Bemessung der Wirtschaftsleistung eine Reihe neuer Maßstäbe wie etwa den Abstand vom nächsten ökologischen Brennpunkt, kulturelle Resilienz oder Bildung ein.

Stiglitz-Komission
Im Jahr 2008 beauftragte der damalige französische Präsident Nicholas Sarkozy Joseph Stiglitz (Vorsitzender der Kommission), Amartya Sen (Berater) und Jean Paul Fitoussi (Koordinator) mit der Gründung einer Kommission, die später den Namen „Kommission zur Messung der wirtschaftlichen Leistung und des sozialen Fortschritts" (abgekürzt CMEPSP) erhielt. Die Aufgabe der Kommission war es, den Bedarf an statistischen Informationen über Wirtschaft und Gesellschaft wissenschaftlich zu untersuchen. Die Ziele der Kommission bestanden darin,
- die Grenzen des GNP als Indikator aufzuzeigen,
- die Durchführbarkeit von alternativen Messinstrumenten zu bewerten, sowie
- zu erörtern, wie statistische Informationen in geeigneter Weise präsentiert werden können.

Der daraus resultierende Bericht über die Messungen von Wirtschaftsleistung und sozialem Fortschritt kommt zu dem Schluss, dass die üblicherweise zur Bewertung der wirtschaftlichen Leistung verwendeten Statistiken einige Phänomene, die sich auf das Wohlergehen der Bürger auswirken, nicht erfassen. Die Stiglitz-Kommission gelangte damit zu sehr ähnlichen Schlüssen, wie der König von Bhutan bereits drei Jahrzehnte zuvor bei der Definition der sogenannten Gross National Happyness. Das Ökonomenteam gab eine Reihe von Empfehlungen ab (siehe Tabelle 4.2 unten), die, wenn sie parallel zum GNP betrachtet werden, den nationalen Zustand des Wohlbefindens besser bestimmen und somit einen zuverlässigeren Indikator für notwendige Regierungsmaßnahmen liefern würden:

Tab. 4.2: Überblick über Änderungsvorschläge der Stiglitz-Kommission gegenüber der GNP-basierten Messung des Wohlstands einer Nation [6].

1. Bei der Bewertung des materiellen Wohlstands das Einkommen und den Verbrauch und nicht die Produktion zu betrachten.
2. Die Perspektive der Haushalte zu betonen.
3. Einkommen und Konsum zusammen mit dem Vermögen zu betrachten.
4. Mehr Gewicht auf die Verteilung von Einkommen, Konsum und Vermögen zu legen.
5. Die Einkommensmessung auf nicht marktbestimmte Tätigkeiten auszuweiten.
6. Die Lebensqualität hängt von den objektiven Bedingungen und Fähigkeiten der Menschen ab. Es sollten Schritte unternommen werden, um das Maß an Gesundheit, Bildung, persönlichen Aktivitäten und Umweltbedingungen der Menschen zu verbessern. Insbesondere sollten erhebliche Anstrengungen unternommen werden, um robuste, zuverlässige Messgrößen für soziale Beziehungen, politische Mitsprache und Unsicherheit zu entwickeln und umzusetzen, die nachweislich die Lebenszufriedenheit vorhersagen.
7. Die Indikatoren für die Lebensqualität in allen erfassten Dimensionen sollten Ungleichheiten umfassend bewerten.
8. Erhebungen sollten so konzipiert sein, dass sie die Wechselbeziehungen zwischen den verschiedenen Bereichen der Lebensqualität für jede Person erfassen, und diese Informationen sollten bei der Gestaltung von Maßnahmen in den verschiedenen Bereichen verwendet werden.
9. Die statistischen Ämter sollten die Informationen bereitstellen, die zur Aggregation der verschiedenen Lebensqualitätsdimensionen erforderlich sind, um die Erstellung verschiedener Indizes zu ermöglichen.
10. Messungen sowohl des objektiven als auch des subjektiven Wohlbefindens liefern Informationen über die Lebensqualität der Menschen. Die statistischen Ämter sollten in ihre eigenen Erhebungen Fragen zur Erfassung der Lebenseinschätzungen und Prioritäten der Menschen aufnehmen.
11. Die Bewertung der Nachhaltigkeit erfordert klar definierte Indikatoren. Die Komponenten eines solchen Indikatorensystems sollten sich dadurch auszeichnen, dass sie als Variationen eines zugrundeliegenden Bestands interpretiert werden können. Ein monetärer Nachhaltigkeitsindex hat seinen Platz in einem solchen Indikatorensystem und sollte angesichts des derzeitigen Stands der Technik im Wesentlichen auf die wirtschaftlichen Aspekte der Nachhaltigkeit konzentriert bleiben.
12. Die Umweltaspekte der Nachhaltigkeit verdienen eine gesonderte Betrachtung auf der Grundlage einer ausgewählten Reihe von physischen Indikatoren. Insbesondere ist ein klarer Indikator für die Nähe zu gefährlichen Umweltschäden erforderlich (zum Beispiel im Zusammenhang mit dem Klimawandel oder der Erschöpfung der Fischbestände).

Mit diesen Erweiterungen sollte es möglich sein, das GNP und das entsprechende Instrumentarium zur Steuerung der Wirtschaftspolitik in einer Weise zu erweitern, dass nicht nur monetärer Reichtum und Wohlstand in der Bewertung der Wirtschaft berücksichtigt werden, sondern auch andere Kriterien wie Nachhaltigkeit.

Zur Bewertung und Quantifizierung des Wohlbefindens verwendet der für Großbritannien entwickelte Indikator für das Bruttoinlandswohlbefinden 10 Bereiche, die sich wiederum auf mehrere Unterkriterien beziehen [7].

In einem Entschließungsantrag erkannte das britische Parlament an, dass das Wachstum des GNP kein wahrheitsgetreues Bild des Fortschritts vermittelt (siehe Tabelle 4.3 unten). Es wurde das Ziel begrüßt, ganzheitliche Ansätze zum Verständnis und

Tab. 4.3: Britischer Indikator für das Bruttoinlandswohlbefinden [7].

Bereich	Indikator	Unterkriterium
1	Persönliches Wohlbefinden	Lebenszufriedenheit
		Selbstwertgefühl
		Glücklich sein
		Ängste
		Geistiges Wohlbefinden
2	Unsere Beziehungen	Beziehungen
		Einsamkeit
		Netzwerk
3	Gesundheit	Lebenserwartung
		Behinderungen
		Gesundheitszufriedenheit
4	Was wir tun	Arbeitslosigkeit
		Zufriedenheit mit dem Arbeitsplatz
		Zufriedenheit in der Freizeit
		Freiwilliges Engagement
		Künstlerisches Engagement
		Körperliche Aktivität
5	Wo wir leben	Kriminalitätsrate
		Sich sicher fühlen
		Zugang zur Natur
		Nachbarschaft
		Fahrtzeit
		Zufriedenheit mit der Unterkunft
6	Persönliche Finanzen	Schwellenwerte des Einkommens
		Reichtum der Haushalte
		Haushaltseinkommen
		Einkommenszufriedenheit
		Aufwand für finanzielle Verwaltung
7	Wirtschaft	Verfügbares Einkommen
		Staatsverschuldung
		Inflation
8	Bildung und Qualifikationen	Humankapital
		Anteil der jungen Menschen (16–24 Jahre), die sich nicht in Ausbildung, Beschäftigung oder Training befinden
		Qualifikationen
9	Regierungsführung	Wahlbeteiligung
		Vertrauen
10	Umwelt	Treibhausgase
		Geschützte Gebiete
		Erneuerbare Energien
		Recycling

zur Messung des Fortschritts zu entwickeln, die das soziale, ökologische, wirtschaftliche und demokratische Wohlergehen in die Bemessung mit einbeziehen. In diesem Zusammenhang stellte das Parlament fest, dass der Bruttoinlandsindex des Wohlergehens im Vereinigten Königreich bereits vor der COVID-19-Pandemie zurückging, während das GNP dennoch anstieg [8].

4.1.2 Eigentum und Eigentumsübergänge und Wertschöpfungs- beziehungsweise Lieferketten

Besitzverhältnisse von Rohstoffen
Die Verantwortlichkeiten zum Ende der Lebenszyklen von Produkten ist mit der staatlichen Übernahme der Verantwortung für Entsorgung von Abfällen und gegebenenfalls dem Recycling in der EU relativ klar geregelt. Im Vergleich dazu ist die Regelung für die Entnahme von Rohstoffen aus der Natur und eine damit einhergehende Verantwortung für nachfolgende Phasen in den Lebenszyklen von Produkten anders organisiert und im Verhältnis deutlich leichter gewichtet: Analog zu der oben angerissenen Regelung zur Rücknahme von Elektroschrott wäre es naheliegend, auch die Abbauunternehmen in Regelwerke aufzunehmen, in gewisser Weise als die ursprünglichen in-Verkehr-Bringer.

Vor diesem Hintergrund und den unten ausgeführten Fragen zum Eigentum (Kapitel 5) erscheint es lohnend, die Besitzsituation von Rohstoffen genauer zu betrachten.

Regelungen für Lagerstätten VOR dem Abbau sind (für Deutschland) dem Bundesberggesetz (BBergG, [9]) zu entnehmen. Dieses unterscheidet zwischen bergfreien und grundeigenen Bodenschätzen (§ 3 Abs. 3 und 4 BBergG). Grundeigentümerbodenschätze (wie etwa Sande oder Kiese) unterliegen *nicht* den Regelungen des BBergG. Als *bergfrei* wird ein Rohstoff bezeichnet, der dem Verfügungsrecht des Grundeigentümers entzogen ist und nur aufgrund bergrechtlicher Verleihung gewonnen werden darf. Bergfreie Bodenschätze sind unter anderem Erze und fossile Brennstoffe. Der Zugang zu diesen bergfreien Bodenschätzen ist in der Weise geregelt, dass für Aufsuchung und Gewinnung staatliche Genehmigungen erforderlich sind. Bergfreie Bodenschätze gehören entsprechend der heutigen deutschen gesetzlichen Regelung weder dem Grundeigentümer noch dem Staat, der aber den Zugang durch Bestimmungen limitieren und mit Verantwortlichkeiten versehen kann. Das BBergG dient nicht vorrangig dem Schutz der Umwelt, sondern der Sicherstellung der Versorgung des Marktes mit Rohstoffen über ein effizientes Konzessions- und Genehmigungsverfahren [10]. Dies wird besonders deutlich durch die sogenannte Rohstoffsicherungsklausel. Hiernach sind öffentlich-rechtliche Vorschriften, die der Aufsuchung und der Gewinnung von Rohstoffen entgegenstehen, nur soweit anzuwenden, dass der Bergbau in möglichst geringem Maße beeinträchtigt wird. Hierbei beklagt selbst das die Bundesregierung repräsentierende deutsche Bundesumweltministerium auf seiner Website [10], dass sich das BBergG aus Umweltschutzsicht über die Jahrzehnte seines Bestehens als „erstaunlich undurchlässig für die Integration von umwelt- und naturschutzrechtlichen Anforderungen" erwies:

„Bis auf die zwingende Umsetzung europarechtlicher Vorgaben, wie zum Beispiel der europäischen Richtlinie 85/337/EWG [11] zur Einführung einer Umweltverträglichkeitsprüfung für bestimmte bergbauliche Tätigkeiten, hat der Bundesgesetzgeber bisher wenig Reformwillen erkennen lassen. Es war daher im Wesentlichen die höchstrichterliche Rechtsprechung, die zur Klärung der Anwendung und Reichweite von Umweltvorschriften sorgte sowie Maßstäbe für die Öffentlichkeitsbeteiligung und den Rechtsschutz im bergrechtlichen Verfahren setzte."

Im Zusammenhang mit der Verantwortung für Ressourcen, die für ein Produkt während dessen Lebensphasen genutzt werden, ist der Abbau von Rohstoffen bedeutsam: Bergbau ist häufig mit deutlichen und langfristigen Eingriffen in Biosphäre und Landschaft verbunden. Die Eingriffe können zu Belastungen für Anwohner (zum Beispiel durch Feinstäube, Rissbildungen an Gebäuden, Tagbrüche sowie die oben an gesprochenen Einschränkungen an Besitzrechten wie Enteignungsmaßnahmen oder auch Umsiedlungen), langfristig abgesenkte Grundwasserleiter, Bodensenkungen und -hebungen, dauerhafter Verlust der natürlichen Bodenfruchtbarkeit auch bei abgeschlossener Renaturierung der von Tagebauen genutzten Flächen, eingeschränkte Nutzbarkeit von Wasserkörpern wegen Versauerung von Flächen und vielem mehr führen. Zudem kommt der oben diskutierte Aspekt der Beschränktheit der zur Verfügung stehenden Ressourcen. Die Frage liegt nahe, inwieweit der Staat bei der Vergabe von Abbaurechten den Unternehmen die gleichen Pflichten auferlegen sollte, wie sie von späteren Eigentümern, Verarbeitern und Nutzern von Produkten verlangt werden.

Wie oben angedeutet, existieren bereits rechtliche Regelungen zu Verantwortungsketten, beispielsweise wenn
- der Verkäufer eines Tiers dem Käufer Vorschriften für den Zeitraum nach dem Eigentumsübergang vorgeben darf,
- ein Erbpachtgeber dem Erbpachtnehmer ohne Beschränkung von dessen Eigentumsrecht das zur Erbpacht zur Verfügung gestellte Gut zurückbekommt (Heimfall),
- im Markt zur Einsparung von Ressourcen Pfandsysteme oder Ansätze zur verbesserten Mülltrennung erfolgreich etablierbar sind,
- der in-Verkehr-Bringer zum Beispiel eines elektrischen Gerätes zu dessen Rücknahme verpflichtet werden kann.

Warum sollte dann nicht ein rohstoffförderndes Unternehmen in gleicher Weise Mitverantwortung für rohstoffverschwendende Förderung oder Nutzung des veräußerten Rohstoffs tragen müssen? Das Konzept Extended Producer Responsibility Schemes (EPR, [12, 21]), die Idee, dass sich die mit dem Eigentum an einem Gut einhergehende Verantwortung nicht nur auf den Zeitraum beschränkt, innerhalb dessen der Eigentümer das Gut besitzt, sollte vernünftigerweise in gleicher Weise auch für den in-Verkehr-Bringer eines Rohstoffs gelten, der als „critical raw material" ausgewiesen wurde [13]. Dies scheint umso mehr gegeben, als die Rohstoffarmut eine deutliche Gefahr für das Vermögen und das materielle Wohlergehen von Staat und juristischen und natürlichen Personen darstellt. Es wäre damit naheliegend, jenseits von Renaturierungsverpflichtungen [14] Auflagen etwa auch bezogen auf einmal abgebaute oder ehemals besessene Rohstoffe (Pfandsysteme, Abgabe nur unter der Bedingung von Lebensdauervorgaben) sowie zu definierende und potenziell wieder nutzbare Abfälle zu stellen.

Diesen Aspekten ist gemeinsam, dass mit dem Besitz von mehr oder weniger aufbereiteten Rohstoffen auch eine Verantwortung für mögliche unbeabsichtigte Wechselwirkungen dieses Rohstoffs oder von gegebenenfalls erzeugten Folgeprodukten mit der Umgebung einhergeht, und dies sowohl während des Zeitraums des Besitzes als auch danach (wie für Kernbrennstäbe früher etabliert und nun gesetzlich abgeschafft [15]).

Die Frage der Verantwortung stellt sich umso mehr, da der rechtliche Rahmen für den Bergbau derzeit geprüft wird, um negative Auswirkungen auf Anlieger und die Umwelt weiter zu verringern und insbesondere auch die Folgenbewältigung nach Beendigung der Abbautätigkeiten zu verbessern und finanziell abzusichern. Was gegen einen solchen Ansatz spricht, ist, dass er gegebenenfalls auf schwer festlegbare Quoten zurückgreifen muss oder auch ein langfristiges Denken fordert. Oben wird ein Konzept vorgestellt, nachdem bestimmte Rohstoffklassen lediglich für den Zeitraum der Nutzung als entliehen und der Verantwortung des Staates als ursprünglichem Berechtigten nicht entzogen anzusehen sind und nach der Nutzung wieder in dessen Obhut gelangen sollen. Ein solches Konzept weist für bestimmte Rohstoffe in eine Richtung, die mit juristisch bereits etablierten Ansätzen übereinstimmt.

In Zusammenhang mit der Verantwortung in Wertschöpfungsketten und auch Recycling ist zudem ein Seitenaspekt bemerkenswert:

> Wirtschaften geht davon aus, dass in Wertschöpfungsketten werthaltige Vorteile erzeugt werden. Beim genaueren Hinsehen fällt auf, dass diese Erzeugung eventuell nicht auf tatsächlichen Aktivitäten beruht, sondern häufig auf Werten, die bereits in der Vergangenheit erzeugt wurden und im Verhältnis zum Gestehungspreis ungerechtfertigt günstig genutzt werden konnten. Dies ist auch hinsichtlich der fossilen Energieträger der Fall: Sie wurden in der Vergangenheit mit Hilfe der Sonnenenergie erzeugt und können heute, ohne den langen Zeitraum und Aufwand bei ihrer Gestehung in Rechnung zu stellen, nur für den Preis der Förder- und Aufbereitungskosten genutzt werden.
>
> Spiegelbildlich gilt das gleiche auch, wenn die Nutzung eines Produktes oder einer Technologie voraussetzt, dass in Zukunft noch zu finanzierende Aufwendungen entstehen, die bei der Nutzung heute noch nicht in Rechnung gestellt werden. Entsprechend basiert bei nachhaltigem Wirtschaften das erzeugte Einkommen auf Produkten, die in der Gegenwart erzeugt und deren Kosten in der Gegenwart erwirtschaftet werden.

Anders formuliert: Nicht-nachhaltiges Wirtschaften basiert im Extrem auf dem bloßen Fördern von in der Vergangenheit geschaffenen Ressourcen und verlässt sich darauf, dass für die folgende Nutzung und Entsorgung weitere Ressourcen (d. h., Materialien und Energie) zur Verfügung gestellt werden. Es ist eine Art Kreditwirtschaft, bei der Herstellung der Ressourcen nicht oder nur teilweise entgolten werden und Kredite auf Energie und Rohstoffe aufgenommen werden, die in der Zukunft erst erwirtschaftet werden müssen.

Zudem ist bemerkenswert, dass in der etablierten Wirtschaftsweise derzeit praktisch keine Interaktion zwischen Beteiligten in zwischen Unternehmen verteilten Wertschöpfungsketten stattfindet, wenn diese in den Wertschöpfungsketten nicht unmittelbar aufeinander folgen und keine direkte Wirtschaftsbeziehung zueinander unterhalten. In zirkulären Wirtschaftskreisläufen sind entsprechende Abhängigkeiten und Interaktionen nötig und müssen geführt werden.

Eigentum und Nutzungsrechte und -pflichten
Die Verantwortlichkeit für ein Produkt und damit auch für die darin enthaltenen oder im Life cycle des Produkts genutzten Ressourcen steht in einem rechtlichen Rahmen:

> In Deutschland wird der Rahmen einer solchen Diskussion durch das Grundgesetz (GG) beschrieben. In Art. 14 GG verpflichtet sich der Staat, Eigentum zu gewährleisten. Inhalt und Schranken werden durch die Gesetze bestimmt. Dem steht aber die mit dem Eigentum einhergehende Verpflichtung gegenüber (Abs. 2, Artikel 14 GG, [16]): Der Gebrauch des Eigentums soll zugleich dem Wohl der Allgemeinheit dienen. Dies ist eine sehr tief greifende Verpflichtung, denn nach Abs. 3, Artikel 14 GG ist unter sehr engen Voraussetzungen sogar eine Enteignung (gegen Entschädigung) zulässig.

Während der Lebensphasen eines Produkts kann es zu häufigen Änderungen von Besitzverhältnissen kommen. Als Klammer zwischen Besitz- und Nicht-Besitz-Phasen existieren verbindende Elemente, die den Übergang zwischen diesen Phasen weniger binär machen. Hierzu zählt neben der Verantwortung für vereinbarte oder gesetzlich geforderte Garantien im Kontext des Eigentumsübergangs (zum Beispiel haftet ein Grundstückserwerber/Nachvermieter nicht für Ansprüche, die vor dem Eigentumsübergang entstanden sind [17]), dass Verantwortungen und Rechte den Zeitraum des Besitzes überdauern können.

Verantwortlichkeiten zum Ende der Lebenszyklen von Produkten sind relativ klar geregelt. Der Staat übernimmt die Entsorgung von Abfällen und versucht durch Verwaltungsregeln und gesetzgeberische Maßnahmen, Verbraucher und Hersteller mit in die Pflicht zur Einsparung zu nehmen. Ein Erzwingen dieser Maßnahmen kann insbesondere durch Rücknahmeverpflichtungen umgesetzt werden.

Rücknahme
Wenn keine anderen Regeln getroffen werden, ist im Eigentum an einem Gut das Eigentum an dem im Gut enthaltenen Materialien eingeschlossen. Grenzen an diesem Eigentumsrecht können durch Rücknahmeverpflichtungen und -möglichkeiten für verbrauchte Güter gegeben sein.

Ein Beispiel ist die Rücknahmepflicht nach der Nutzung der Gerätschaft, zum Beispiel die EU-Direktive Waste from Electrical and Electronic Equipment (WEEE-Directive 20212/19/EU [18]), die den in-Verkehr-Bringer eines unter die Maßgabe fallenden Gegenstands/Gerätes zwingt, das Produkt am Ende der Nutzungsphase zurückzunehmen, auch wenn kein Leasingverhältnis mit dem Kunden vorlag. Dies ändert nichts daran, dass der Verkäufer mit der Eigentumsübertragung (Verkauf) sowohl den Zugriff auf den Gegenstand abgibt, als auch die Verantwortlichkeit für das weitere Schicksal in die Hand des neuen Eigentümers legt. Die Direktive schränkt auch die Eigentumsrechte des Käufers nicht ein.

Für manche Industrien existiert damit bereits heute die Pflicht, auch nach dem Zeitpunkt der Veräußerung (also der Abgabe, Rechte auf die Zwischenprodukte mit der Abgabe des Gesamtprodukts an einen nachgeordneten Teilnehmer der Wertschöpfungskette) in der Weise zu gestalten, dass eine Rücknahme möglich ist, während für manche Produktkategorien der Staat die Aufgabe erhält, entsprechend das Sammeln zu organisieren. Dieses Ziel wird erreicht durch konkrete Maßnahmen „zum Schutz der Umwelt und der menschlichen Gesundheit…", die in diesem Fall dazu dienen, „… die nachteiligen Auswirkungen der Erzeugung und Bewirtschaftung von Elektro- und Elektronik-Altgeräten vermeidet oder verringert, die Gesamtauswirkungen der Ressourcennutzung verringert und die Effizienz dieser Nutzung … verbessert und damit zu einer nachhaltigen Entwicklung beiträgt" oder, wie es zum Beispiel in Artikel 1 der oben genannten Richtlinie (WEEE, [18]) heißt, „Materialien wieder für deren Nutzung zugänglich zu machen".

Eigentumsübergang und auch der Verbrauch von Eigentum sind zentrale Elemente des Wirtschaftslebens. Eigentumsübergang gibt dem Eigentum neben der durch den Namen beschriebenen Dimension eine zeitliche Komponente. Mit dem Eigentum einhergehende Rechte und Pflichten enden, beziehungsweise beginnen, in erster Näherung mit dem Übergang von Eigentum. Der Gesetzgeber hat an dieser Stelle der Schärfe des zeitlichen Übergangs Regelungen entgegengestellt, die die Schnittstelle zwischen Eigentum und nicht-Eigentum überdauern. Nachdem diese Betrachtungsweise prinzipiell auf jedes Glied einer Wertschöpfungskette anwendbar ist, lässt sich dieses einfache Modell im Kontext der Nachhaltigkeitsdiskussion erweitern wie folgt:

- Eigentum an Rohstoffen
- Rohstoffabbau
- Produktion von Zulieferprodukten
- Produktion des Endproduktes
- Nutzung des Endproduktes
- Abfall (Verbrennung oder Landfill) oder, zu bevorzugen, Rückführung in den Material- oder Rohstoffkreislauf.

Hierbei sind der Diversifizierung der Lieferketten in einer komplexen Wirtschaft nahezu keine Grenzen gesetzt, was die Granularität des Gesamtbildes sehr erhöht.

Verantwortung für einen Stoff bedingt die Rücknahme von verbrauchten Gütern, was eine gewisse Logistik und Konzepte für die Zerlegung von Produkten voraussetzt. In diesem Zusammenhang existieren, motiviert durch das Bedürfnis, einerseits Ressourcen vor dem Wegwerfen und andererseits die Umwelt vor unkontrolliertem Abfall zu schützen, bereits Regelungen. Den verschiedenen diskutierten Ansätzen ist zu entnehmen, dass Konsum oder Besitz nicht die einzigen Maßstäbe für die Analyse des Wohlbefindens von Nationen, Menschen und der Natur sind. Dies öffnet den Weg zu der Einsicht, dass der Verbrauch sinken kann, ohne dass das Wohlbefinden beeinträchtigt wird. Die Einführung einer Kreislaufwirtschaft soll den Abfall reduzieren und hilft, ökologische Belastung zu verhindern – aber sie ist nur ein Teil einer begrenzt anwendbaren Lösung. Es ist technisch nicht möglich, eine Kreislaufwirtschaft mit dem Ziel einer 100 %igen Wiedernutzung der eingesetzten Rohstoffe zu implementieren. Daher ist die Reduzierung des Verbrauchs (Kapitel 6) die wichtigste Maßnahme, um das Weiterbestehen der heutigen Wirtschaftsform zu ermöglichen.

4.2 Unternehmerisches Handeln im Nachhaltigkeitsumfeld

Unternehmen müssen ihre Auswirkungen auf die Nachhaltigkeit reduzieren. Neben dem nachhaltigkeitsoptimierten Design (Ecodesign) und der entsprechenden Weiterentwicklung der eigenen Produkte ist dies nur mittels Maßnahmen der Zulieferer in der Lieferkette der eingekauften Produkte möglich. Ecodesign lässt sich definieren als die systematische Integration von nachhaltigkeitsbezogenen Überlegungen in den Designprozess von vorzugsweise materiellen Produkten. Der wesentliche Zweck von Ecodesign ist es, Produkte in der Weise zu entwickeln, dass deren Zweck mit den geringstmöglichen Auswirkungen für die Nachhaltigkeit über die gesamte Produktlebensdauer erreicht wird. Meist wird in Bezug auf das Redesign von Produkten lediglich Bezug auf die Umweltkriterien genommen – die anderen Aspekte lassen sich durch die Wahl und lieferkettenweite Implementierung eines Codes of Conducts, die Unternehmensstrategie, bei den entsprechende Audits und die Einrichtung eines Whistleblowersystems zumindest so weit abgrenzen, dass die Zahl der verbleibenden Probleme klein wird.

Von Seiten der eigenen Kunden und Geschäftspartner wird am Häufigsten nach dem CO_2-Fußabdruck gefragt, aber auch nach den zu erwartenden Entwicklungen anderer Fußabdrücke/KPIs (siehe z. B. [20]). Die Aufmerksamkeit für alle Berichterstattungskriterien wächst. Negative Entwicklungen können, wie erwähnt, zu schlechteren Unternehmensbewertungen und in der Folge aufgrund der höheren Risiken zu höheren Zinsen führen; auch Falschauskünfte können haftungsrelevante Folgen haben. Dies gilt sowohl für die vergangene Berichtsperiode als auch für geplante Maßnahmen und deren geplante Erfolge. Eine entsprechende Vorsicht liegt also im Interesse aller Teilnehmer.

Neben dem eigenen Wettbewerbsvorteil empfiehlt es sich daher, auch zur eigenen Risikoreduktion eine frühzeitige Auseinandersetzung mit Fragen des Ecodesigns und der sozialen und Governance-Aspekte sowie der Extended Producer Responsibility. Angesichts der Schwierigkeit, erfolgversprechende Maßnahmen zu definieren und zu implementieren, greifen Unternehmen häufig zu nicht zu Abkündigungen beziehungsweise zu Prozess- oder Produktveränderungen, sondern zu Kompensationsmaßnahmen, die sie durch Zertifikate dokumentieren. Dies stellt eine erlaubte, auf die Dauer aber schwierige Maßnahme dar. Diese Wahl ändert natürlich nichts daran, dass CO_2 oder andere Schadstoffe in die Umwelt eingebracht werden, und zudem stehen die Mittel, die in die Kompensation gesteckt werden, nicht für die nötigen internen Maßnahmen zur Verfügung, etwa für das Ecodesign.

4.2.1 Ecodesign

Der Hersteller entscheidet über die mit dem Produkt einhergehenden Fußabdrücke durch das Produktdesign. Die Ansatzpunkte zum nachhaltig motivierten Produktdesign, wie es gesetzlich gefordert wird, lassen sich den Phasen des Produktlebens zuordnen. Im Grunde kann der Hersteller die *Lieferkette* verändern, indem er
A) für ein bestehendes oder zukünftiges Produktdesign die Zulieferer zwingt, anders zu produzieren, was bedeutet, das Lieferkettengesetz und die SDGs einzuhalten, oder indem er sich andere Zulieferer sucht, oder indem er
B) ein neues Produktdesign einführt und dafür optimal alle Für und Wider abwiegt und Abhängigkeiten in einer neuer Wertung berücksichtigt.

Er kann seine eigene *Produktion* anders gestalten, das heißt, er kann
A) das gleiche Produkt anders produzieren,
B) ein neues Produktdesign einführen, oder
C) andere Materialien nutzen.

Der Hersteller kann die *Nutzungsphase* anders gestalten, indem er
- das Design verändert,
- die Entsorgung optimiert, oder
- weitere Produktleben/eine Wiederaufbereitung ermöglicht.

Stellschrauben sind etwa die Materialauswahl und damit der Materialeinkauf, die eigenen Produktionsweisen sowie die der Zulieferer, der Einsatz von Material und Energie, die Nutzungsweise des Produkts und dessen Lebensdauer sowie der Ressourcenbedarf bei der Nutzung, und die Optionen für Recycling und Wiedernutzung.

Es lassen sich zudem verschiedene Strategien unterscheiden. Mögliche Ecodesign-Strategien für die Umsetzung im Produktdesign sind in der folgenden Tabelle aufgelistet (siehe Tabelle 4.4 unten).

Die Daumenregel ist, dass weit mehr als zwei Drittel der Auswirkungen der mit einem Produkt zusammenhängenden Nachhaltigkeitseffekte bereits in der Phase des Produktdesigns festgelegt werden. Die auf Nachhaltigkeit bezogenen Aspekte des Produktdesigns werden zusammenfassend als Ecodesign bezeichnet. Die entsprechende EU Framework Directive 2005/32/EC [5] verweist in diesem Zusammenhang auf Prozesse, legt wegen der Vielschichtigkeit der Industrien aber keine Grenzwerte fest. Die Schritte, die einzuhalten sind, sind unten aufgelistet.

Tab. 4.4: Analyse und Auswahl der am besten geeigneten Ecodesign-Strategien für die Umsetzung im Produktdesign [22].

Strategieansatz	Maßnahmen und Kriterien
0. Neue Konzepte entwickeln	1: Bedürfnisse und Erwartungen der Verbraucher/ Integration von Funktionen 2: Dematerialisierung: von Produkten zu Dienstleistungen 3: Produktsystem
1. Auswahl weniger belastender Materialien	1: Vermeidung von gefährlichen Stoffen bei der Verglasung und Dekoration 2: Vermeidung von anderen gefährlichen Stoffen im Produkt 3: Verwendung von ausreichend verfügbaren Ressourcen 4: Verwendung von nachwachsenden Rohstoffen 5: Verwendung von lokalen Rohstoffen
2. Verringerung des Materialverbrauchs	1: Optimierung von Form, Größe und/oder Gewicht der Produkte 2: Kaskadierung von Ressourcen 3: Angemessene Qualität von Rohstoffen 4: Optimierung der Dekorationsmaterialien 5: Einsatz von innerbetrieblich recycelten Materialien 6: Einsatz von Rezyklaten aus externen Quellen 7: Einsatz von recycelbaren Materialien
3. Verringerung der Umweltauswirkungen der Produktion	1: Senkung des Energieverbrauchs für den Brennprozess 2: Verringerung des Energieverbrauchs bei anderen Produktionsprozessen 3: Verringerung der Luftemissionen 4: Verwertung von Abfällen aus der Produktion 5: Abfallvermeidung
4. Förderung von umweltfreundlicher Verpackung und Logistik	1: Vermeiden oder Minimieren von Verpackungen 2: Mehrwegverpackungssystem 3: Vermeidung der Verwendung von Schadstoffen in Verpackungen 4: Verwendung von wiederverwertbaren Materialien in Verpackungen 5: Verwendung von recycelten Materialien in der Verpackung 6: Verwendung biologisch abbaubarer Materialien in Verpackungen 7: Optimierung des Transports von Produkten 8: Verwendung von Standardverpackungen 9: Informationen über die Entsorgung von Verpackungsabfällen
5. Reduktion der Umweltauswirkungen in der Nutzungsphase	1: Verringerung des indirekten Energieverbrauchs 2: Verringerung des indirekten Wasserverbrauchs 3: Verringerung der Umweltauswirkungen von Reinigung und Wäsche
6. Erhöhung der Produktlebensdauer	1: Verringerung von Verschleiß und sonstigem Verlust von Eigenschaften 2: Einfacher Austausch von Teilen 3: Verwendung von Baukastensystemen 4: Zeitloses Design 5: Starke Produkt-Nutzer-Beziehung
7. Optimierung des End-of-Life-Systems	1: Auswahl und Vielfalt der Materialien für einfaches Recycling 2: Leichte Demontierbarkeit 3: Kennzeichnung der Materialien für das Recycling

- Der Hersteller führt für das Produkt eine Analyse durch, bestehend aus Life Cycle Assessment, Life Cycle Impact Analysis und Eco Design.
- Das resultierende Produkt soll energieeffizient und recyclebar sein.
- Der Hersteller stellt dem Anwender des Produktes Informationen zur optimierten Nutzung des Produktes zur Verfügung mit dem Ziel, den ökologischen Fußabdruck zu minimieren.

Eine Maßnahme ist auch festzulegen, dass das Produkt wieder an den Hersteller zurückzuführen ist. Dies kann über Pfandsysteme funktionieren, oder, insbesondere im Maschinenbau, über den Rücktransport ganzer Maschinen zu einem Hersteller oder zum Point of Disassembly/Refurbishment. Die Rücknahme ganzer Produkte ist wegen der involvierten Logistik und Geschäftsprozesse insbesondere im internationalen Maßstab nicht einfach. Dennoch bietet sie doch ein vielschichtiges Potenzial für die Rückgewinnung von Materialien. Gegenüber der Rückgewinnung von Rohmaterialien ist die Wiedernutzung ganzer Baugruppen oder Systeme zu bevorzugen. Dies setzt voraus, dass das System für den Auseinanderbau optimiert und die Materialien gezielt für eine Wiedernutzung ausgewählt wurden.

Gesetzliche Rahmenbedingungen, auch basierend auf Konzepten der Extended Producer Responsibility, erzeugen einen Zwang für Hersteller, auch nach der Zeit des Verkaufs weiterhin Verantwortung für das Produkt zu übernehmen. Zum Beispiel soll die optimale Entsorgung sowie gegebenenfalls Wiedernutzung der Produkte beim Produktdesign etwa durch die Integration in Pfandsysteme berücksichtigt werden.

Einige Verantwortlichkeiten, die über das eigentliche Produktdesign hinausgehen, ergeben sich in Deutschland beispielsweise aus dem Lieferkettensorgfaltspflichtengesetz (LkSG), in dem bestimmte Standards von einem herstellenden Unternehmen eingefordert werden:

> Gemäß § 3 LkSG sind Unternehmen verpflichtet, „in ihren Lieferketten die in diesem Abschnitt festgelegten menschenrechtlichen und umweltbezogenen Sorgfaltspflichten in angemessener Weise zu beachten mit dem Ziel, menschenrechtlichen oder umweltbezogenen Risiken vorzubeugen oder sie zu minimieren oder die Verletzung menschenrechtsbezogener oder umweltbezogener Pflichten zu beenden." Die Unternehmen haben zu dokumentieren und im Fall von Hinweisen auf nicht-Einhaltung der gesetzlichen Maßgaben einzuschreiten.

Dieses Gesetz gilt seit Januar 2024 für inländische Unternehmen mit mehr als 1000 Mitarbeitern. Um ihre Lieferkette vollständig abbilden zu können, müssen die bereits betroffenen Unternehmen auch von kleineren Unternehmen entsprechende Informationen einfordern. Dadurch werden sich in absehbarer Zeit alle in industrielle Lieferketten involvierten Unternehmen unabhängig von der Mitarbeiteranzahl mit Nachhaltigkeit auseinandersetzen müssen.

4.2.2 Projektablauf für Ecodesign-Vorhaben

Das Projekt Innovation and Ecodesign in the Ceramic Industry (INEDIC), ein von der EU gefördertes Vorhaben, hat die strukturierte Herangehensweise an Ecodesign-Projekte untersucht und einen Prozess für solche Vorhaben vorgeschlagen [22]. Ein wesentliches Ergebnis war der Vorschlag einer schrittweisen Projektstruktur, die in die bestehenden Strukturen der Produktentwicklung integrierbar ist. Die einzelnen Schritte sind

1. Projektplanung
2. Produktanalyse
3. Definition von Ecodesign-Strategien
4. Neues Produktkonzept
5. Detaillierung des Produkts
6. Produktion und Markteinführung
7. Bewertung von Produkt und Projekt
8. Nachbereitung.

Einzelne Projektelemente sind nach der in diesem Projekt gemachten Erfahrungen besonders entscheidend für einen Erfolg:
- Die *Umweltanalyse*, inklusive der Definition der funktionellen Einheit als Bezugseinheit der ökologischen Ökobilanz und der ökonomischen Analyse.
- Die *Marktanalyse*, um sicherzustellen, dass das ökologisch gestaltete Produkt den Bedürfnissen der Verbraucher entspricht.
- Das *Life Cycle Assessment*, das das Fußabdrucks/KPI-Profil des geplanten Produkts, aber auch von Referenzprodukten, liefert, einschließlich der Umweltprobleme und der Lebenszyklusphasen, in denen sie auftreten.
- Ein *Öko-Benchmarking* (siehe unten), das einen Vergleich des Produkts mit intern/extern hergestellten Best-in-Class-Produkten oder alternativen Produkt- bzw. Herstellungsansätzen liefert.

Das Benchmarking wird mit verschiedenen Werkzeugen durchgeführt, die im Folgenden der Vollständigkeit halber erwähnt werden:
- Eine *Ökonomische Analyse* resultiert in einer ökonomische Bewertung von intern definierten Referenzprodukten und in der Definition von ökonomisch sinnvollen Ecodesign-Strategien.
- *Rechtliche und Compliance-Anforderungen* müssen vorab formuliert und überprüft werden.

Das Benchmarking gegenüber wettbewerbenden Produkten ist ebenfalls entscheidend für die nachfolgenden Entwicklungsschritte. Hierzu kann entsprechend dem im INEDIC Projekt entwickelten Weg schrittweise vorgegangen werden, wie in der Tabelle 4.5 unten aufgelistet.

Tab. 4.5: Benchmarking gegenüber Wettbewerbern (entsprechend dem vom INEDIC Projekt vorgeschlagenen Weg [22]).

Schritt		
1	Festlegung von Benchmarking-Zielen	Vom Wettbewerb lernen im Allgemeinen Bewertung im Vergleich zu lokalen Wettbewerbern Inspiration für UmweltverbesserungenAnregung von Kreativität Überprüfung der eigenen Verbesserungsrate
2	Auswahl der Produkte	Frühere Modelle der eigenen Marke Erfolgreichste kommerzielle Mitbewerber Produkte mit bekanntermaßen guter Umweltleistung Produkte, die sich in ständiger Entwicklung befinden Die Hauptkriterien für die Auswahl der Produkte sollten dem untersuchten Produkt hinsichtlich Preis, Größe, Funktionalität, Generation und Verfügbarkeit ähnlich sein
3	Definition der funktionalen Einheit	Definition der Anforderungen an die Funktionseinheit Auswahl der Hauptfunktionen Bestimmung des Nutzungsszenarios und des Einsatzortes
4	Identifizierung von Schwerpunktbereichen	Daten zur Umweltleistung (Emissionen, Ressourcenverbrauch und Toxizität) Perspektive der Regierung (Gesetzgebung, Subventionen) Kundenperspektive (Emotionen, Stimmungen und Interessengruppen)
5	Definition von Benchmark-Parametern	Die Definition von Indikatoren für das Öko-Benchmarking ermöglicht die Messung der Produktleistung anhand von Schlüsselbereichen. Um einen Schlüsselbereich zu beschreiben, können verschiedene Indikatoren erforderlich sein. Es wird empfohlen, quantitative Indikatoren zu verwenden (W, %, kg).
6	Demontage	Beschreibung der notwendigen Ausrüstung Erstellung eines Arbeitsplans, um das Produkt zu Beginn zu wiegen Messungen gemäß den Parametern Analyse der technischen Eigenschaften des Produkts Ermittlung von guten (und schlechten) Detaillösungen
7	Berichterstattung über die Ergebnisse	Alle gesammelten relevanten Informationen müssen zusammengefasst werden. Die Verwendung spezifischer Markierungen oder Farbcodes kann dabei helfen zu erkennen, welches Produkt in einem bestimmten Schwerpunktbereich oder aus einer Gesamtperspektive am besten abschneidet

Die in der Richtlinie [2] festgelegten allgemeinen Anforderungen legen keine Grenzwerte fest, können aber Verfahren vorschreiben. So muss ein materielles Produkt energieeffizient oder recycelbar sein. Zudem hat der Verkäufer Informationen darüber zur Verfügung zu stellen, wie das Produkt verwendet und gewartet werden kann, um die Lebensdauer zu verlängern und damit die nachhaltigkeitsbezogenen Auswirkungen zu minimieren. Der Verkäufer muss als Teil der Entwicklung ein Life Cycle Assessment des Produkts und dessen verschiedener Varianten durchführen [23], um alternative Designoptionen und Lösungen für Verbesserungen zu ermitteln. (Die Einführung neuer Mindestanforderungen kann dazu führen, dass nicht-konforme Produkte in den EU-Ländern nicht mehr verkauft werden dürfen.)

4.2.3 Allgemeine Maßnahmen für materielle Produkte – „Golden Rules"

In einem Literaturüberblick haben Conrad Luttropp und Jessica Lagerstedt die am häufigsten erwähnten auf Energie- und Materialfußabdrücke bezogenen Regeln in „10 goldenen Regeln" zusammengefasst [24]. Diese sind in Tabelle 4.6 unten aufgeführt.

Tab. 4.6: „10 goldene Regeln" des Ecodesigns [24].

1.	Vermeidung von toxischen Stoffen bei gleichzeitiger Nutzung geschlossener Kreisläufe für notwendige, aber toxische Stoffe.
2.	Minimierung des Energie- und Ressourcenverbrauchs in Produktion und Transport durch Housekeeping.
3.	Minimierung des Energie- und Ressourcenverbrauchs in der Nutzungsphase, insbesondere bei Produkten mit den bedeutendsten Umweltaspekten in der Nutzungsphase.
4.	Förderung von Reparaturmöglichkeiten und Upgrades, insbesondere für systemabhängige Produkte.
5.	Förderung der Langlebigkeit, insbesondere bei Produkten mit den bedeutendsten Umweltaspekten außerhalb der Nutzungsphase.
6.	Verwendung von strukturellen Merkmalen und hochwertigen Materialien, um das Gewicht zu minimieren, ohne die notwendige Flexibilität, Stoßfestigkeit oder funktionale Prioritäten zu beeinträchtigen.
7.	Verwendung hochwertiger Materialien, Oberflächenbehandlungen oder struktureller Vorkehrungen zum Schutz der Produkte vor Schmutz, Korrosion und Verschleiß.
8.	Erleichterung von Aufrüstung, Reparatur und Recycling durch Zugänglichkeit, Kennzeichnung, Module, Sollbruchstellen und Handbücher.
9.	Förderung von Modernisierung, Reparatur und Recycling durch Verwendung weniger, einfacher, recycleter, nicht gemischter Materialien und ohne Legierungen.
10.	Verwendung von möglichst wenigen Verbindungselementen und Einsatz von Schrauben, Klebstoffen, Schweißen, Schnappverbindungen, geometrischen Verriegelungen usw. entsprechend dem Lebenszyklus-Szenario.

Diese Regeln müssen an die jeweilige Situation angepasst und interpretiert werden, wenn sie als Leitlinien oder Benchmarks für die Produktentwicklung in bestimmten Situationen von praktischem Nutzen sein sollen. Regeln wie die oben genannten können allen Akteuren Orientierungshilfen bieten, ohne die Innovation und die Einführung neuer Techniken einzuschränken.

Es ist hervorzuheben, dass sich die obigen Regeln ausschließlich auf den ökologischen Teil der Ziele der ESG Berichterstattung beziehen. Soziale oder Governance-bezogene Themen werden nicht aufgeführt.

4.2.4 Extended Producer Responsibility

Extended Producer Responsibility Schemes (EPR) beruhen im Grunde auf der Idee, dass sich die mit dem Eigentum an einem Gut einhergehende Verantwortung nicht nur auf den Zeitraum beschränkt, innerhalb der Eigentümer das Gut besitzt. Die Idee zielt darauf ab, diesen Verantwortungsbereich des Eigentums auch auf die nachgeordneten Glieder in Wertschöpfungsketten auszuweiten, sodass Verantwortungsketten zustande kommen. Vor diesem Hintergrund muss realisiert werden, dass Verantwortung bereits heute nicht notwendigerweise mit der Änderung der Eigentumsverhältnisse endet (Kapitel 4.1.2 oben).

Mit EPR werden im Allgemeinen zwei Hauptziele verfolgt [25]:
- Die Erhöhung der Sammel- und Recyclingquoten der betreffenden Produkte und Materialien.
- Die Verlagerung der finanziellen Verantwortung von den Kommunen auf die Hersteller, um dadurch Anreize für umweltgerechte Gestaltung (Design for Environment (DfE)) und Innovation zu schaffen.

Das Instrumentarium der EPR bietet spezifische Aspekte der Abfallbewirtschaftung als Maßnahmen an:
- Produktrücknahmeverpflichtungen
- Recycling- und Sammelziele für das Produkt oder die Materialien
- Wirtschaftliche und marktbasierte Instrumente.
- Vorschriften und verpflichtende Standards/Normen, wie zum Beispiel ein Mindestgehalt an recyceltem Material.

Die EPR umfasst folgende Maßnahmen [25]:
- *Produktdesign* (siehe oben): Produkte müssen entsprechend der EPR in der Weise gestaltet werden, dass sie leichter recycelbar oder wiederverwertbar sind. Wie oben dargelegt, schließt dies die Verwendung umweltfreundlicher Materialien und die Konzeption von Produkten ein. Es sollten entsprechend reparaturfreundliche Produkte mit langen Lebensdauern erzeugt werden.
- *Finanzielle Verantwortung*: Hersteller tragen die finanzielle Verantwortung für die Sammlung, das Recycling und die sichere Entsorgung ihrer Produkte nach deren Gebrauch. Sie können beispielsweise in Rücknahmesysteme investieren oder Gebühren zahlen, um die Kosten für die Entsorgung zu decken.
- *Regulatorische Anforderungen*: In vielen Ländern und Regionen gibt es gesetzliche Vorschriften zur EPR, die Hersteller dazu verpflichten, bestimmte Recyclingquoten zu erfüllen, sich zu registrieren oder spezifische Rücknahmesysteme einzurichten.

Insbesondere die marktbasierten Instrumente wie Pfandrückerstattungssysteme, vorgezogene Entsorgungsgebühren [25], Materialsteuern und vorgelagerte kombinierte

Steuern/Subventionen stellen eine rechtliche Lenkungsmöglichkeit dar, die darauf abzielt, finanzielle Anreize für nachhaltigeres Wirtschaften von Herstellern zu schaffen [26]. EPR-Systeme haben sich auch als wirksames Mittel erwiesen, um einen Teil der Kosten für die Abfallbewirtschaftung von den Steuerzahlern auf die Erzeuger und Verbraucher der abfallerzeugenden Produkte zu verlagern [27]. Im internationalen Rahmen wurde in diesem Zusammenhang eine Vielzahl von Maßnahmen bereits implementiert oder vorgeschlagen (für einen Überblick, siehe [28]). Hierzu zählen insbesondere
- die Verschiebung der finanziellen Verantwortung für die Abfallbewirtschaftung von den Kommunen auf die Erzeuger,
- der Versuch, durch finanzielle Anreize Hersteller zu motivieren, Ecodesign anzuwenden, sowie
- politische Maßnahmen, um Recyclingraten zu erhöhen.

4.2.5 Gutschriften und Zertifikate

Das nachhaltigkeitsbezogene Handeln und Kommunizieren von Unternehmen ist komplex; falsche Kommunikation kann Marktanteile kosten. Handeln ist erforderlich, um gesetzliche Rahmenbedingungen zu erfüllen. Kommunikation zu Maßnahmen und Strategien ist nötig. Eine denkbare Strategie ist es, auf der einen Seite die durch die eigenen Wertschöpfungsketten verursachten Fußabdrücke zu reduzieren und das, was durch die Reduktionsmaßnahmen nicht erreicht wurde, durch den Einkauf von Gutschriften zu kompensieren. Unabhängig vom Erfolg von Reduktionsmaßnahmen können Kompensationen den eigenen Erfolg massiv ergänzen oder sogar vervollkommnen. Diese Ergänzung kann so weit gehen, dass ein Unternehmen in der jährlichen Gesamtbilanz keine negativen Auswirkungen mehr zu berichten hat. Marktüblich sind Gutschriften für CO_2-Fußabdrücke. Für Landverbrauch oder Schutz von Wasserreservoiren existieren beispielsweise ebenfalls Gutschriftenkonzepte und -produkte [19].

Es gibt keine Festlegung dazu, welchen Anteil ein Unternehmen durch Aktivitäten in der Lieferkette, der eigenen Herstellung oder der Nutzung/der Entsorgung erreichen muss und welcher Anteil durch Gutschriften abzudecken ist. Strenggenommen könnte über Gutschriften beispielsweise ein CO_2 – Fußabdruck einer Firma von Null erreicht werden. Es ist offenbar keinesfalls nachhaltig, auf der einen Seite Land zu verbrauchen, Emissionen zu verursachen und Wasserreservoire zu entleeren und auf der anderen Seite zu argumentieren, andernorts werde die Natur von der verursachenden Firma geschützt. Die Berichterstattung gemäß ESRS verlangt von Unternehmen auszuweisen, welcher Anteil des Fußabdrucks durch Gutschriften kompensiert wurde. Ein sorgfältiges Lesen der entsprechenden Reports ist daher zu empfehlen. Die Absurdität von Gutschriften wird augenfällig, wenn die Kriterien der Nachhaltigkeitsberichterstattung, das heißt, Fußabdrücke und KPIs, als gleichwertig angesehen werden: Niemand käme ernsthaft auf die Idee, einerseits Menschenrechtsverletzungen, Bestechung oder Landzerstörung zu akzeptieren und andererseits für diese Akzeptanz Kompensationen anzubieten.

Was sind Emissionszertifikate?
Ein Unternehmen bezahlt de facto dafür, dass seinem Namen von einem Dienstleister rechnerisch eingebrachte Treibhausgase in der Atmosphäre reduziert werden. Entsprechende Gutschriften werden von Unternehmen/Projekten verkauft, die behaupten, dass sie mit ihren Aktivitäten keine Treibhausgase ausstoßen, sondern diese vielmehr als Teil ihrer Aktivitäten zur Erlangung des Geschäftszwecks nutzen. (Die Wortwahl „behaupten" ist nicht zufällig gewählt: Vieles deutet darauf hin, dass Aktivitäten von einigen Firmen auf diesem Gebiet einer kritischen Prüfung nicht standhalten.) Ein Beispiel hierzu:

> Ein Unternehmen gibt an, eine Baumplantage aufzuforsten und behauptet, dass es dies ohne die Option, Zertifikate zu verkaufen, nicht tun würde. Die lebende Pflanze in der Plantage entzieht der Atmosphäre CO_2. Diesen Effekt will das Unternehmen verkaufen und bietet dazu entsprechende Zertifikate an. Wenn zum Beispiel vorher auf genau diesem Areal bereits Bäume standen, die abgeholzt und verbrannt wurden und auch für die neu angesetzten Zöglinge langfristig die Verbrennung als Nutzung geplant ist, kann das ganze Vorhaben kaum als längerfristige CO_2-Einsparungsmaßnahme gewertet werden.

In dem Beispiel zeigt sich auch eine Crux der Preisfindung vieler Kompensationsmaßnahmen: Bepreist werden Kompensationen pro Tonne äquivalent zu dem entfernten CO_2, unabhängig davon, wie und für wie lange das CO_2 gebunden wird.

CO_2-Kompensationen
Gase verteilen sich in der Atmosphäre, und es ist in erster Näherung nicht relevant, an welcher Stelle Treibhausgase ausgestoßen oder vermieden werden. Daher lassen sich Emissionen, die an einer Stelle verursacht wurden, auch durch eine Einsparung an einer anderen Stelle zumindest rechnerisch ausgleichen. Natürlich gilt wie bei anderen Fußabdrücken auch, dass Vermeiden und Verringern besser ist als im Nachhinein aufwendig auszugleichen.

Bei der freiwilligen Kompensation wird zunächst die Höhe der verbleibenden klimawirksamen Emissionen einer bestimmten Aktivität berechnet, zum Beispiel einer Flugreise, Bahn- oder Autofahrt, des Gas-, Strom- oder Heizenergieverbrauchs, oder der Herstellung eines bestimmten Produkts. Die Kompensation erfolgt über Emissionsminderungsgutschriften (häufig als „Zertifikate" bezeichnet), mit denen eine vergleichbare CO_2-Absorption zum Beispiel in Klimaschutzprojekten ausgeglichen wird. Die Tatsache der Investition in Zertifikate und die Höhe der ausgeglichenen Emissionen müssen in der nichtfinanziellen Berichterstattung angegeben werden.

Im Folgenden werden drei Aspekte von CO_2-Kompensationszertifikaten diskutiert:

- Das Management von Ausgleichsprojekten (Carbon Credit Projekten) und damit zu erwerbende Emissionsgutschriften und deren Finanzierung
- Preise und Projekttypen von Ausgleichszahlungen für Treibhausgasproduktion
- Fragen zur Effizienz von Carbon Credit Projekten.

Grundsätzlich ist das Ziel von Kompensationsprojekten der Ausgleich der eigenen Emissionen, vor allem wenn ein Unternehmen durch eigene Aktivitäten keine Netto-Null Bilanz der Treibhausgasemissionen erreichen kann. Ausgleichsprojekte stehen also im Kontext der unternehmensinternen oder privaten Bemühungen, um die in der Lieferkette oder der eigenen Produktion verursachten Treibhausgasemissionen zu reduzieren. Kompensationsprojekte zielen also nicht auf Emissionsvermeidung und Einsparung ab, sondern auf den Einsatz von Aktivitäten und Technologien, die CO_2 aus der Luft entnehmen.

Die mit einem Life Cycle Assessment verbundene Herangehensweise an Emissionsreduktion hat das Ziel, Maßnahmen zur Reduktion basierend auf den existierenden Daten zu Emissionsäquivalenten zu ermitteln. Sollten diese Maßnahmen nicht das angestrebte Ziel erreichen, setzen Ausgleichsprojekte auf eine rechnerische Reduktion des Company Carbon Footprints, das heißt, ein Ausgleichsprojekt beziehungsweise dessen Aktivitäten werden zu den Aktivitäten des Unternehmens/Produktes gezählt, so dass der negative Fußabdruck den positiven ausgleicht. Entsprechende Projekte setzen auf die direkte Extraktion von CO_2 aus der Luft, zum Beispiel über das Pflanzen von Bäumen und Seegras bis hin zum Impfen der Ozeane mit Eisen, um das Wachstum von Phytoplankton anzuregen. Wie notwendig die Reduktion der produkt- und produktionsbedingten Emissionsreduktion dennoch ist, lässt sich daran bemessen, dass selbst bei einer vollständigen Dekarbonisierung jedes Jahr Milliarden Tonnen CO_2 gebunden werden müssen.

Das Management von Zertifikaten
Durch nachhaltigkeitsbewusstes Handeln, beispielsweise veränderte Mobilität, Ernährungsverhalten, energiesparenderes Heizen, anderes Einkaufsverhalten und so weiter, kann sich die Auswirkung auf die Nachhaltigkeit zumindest reduzieren. Für eventuell verbleibende Effekte kommen Kompensationen als Ausgleich in Betracht. Das Bundesnaturschutzgesetz sieht in diesem Zusammenhang vor, dass erhebliche Beeinträchtigungen von Natur und Landschaft vom Verursacher vermieden und unvermeidbare Beeinträchtigungen durch Ausgleichs- oder Ersatzmaßnahmen kompensiert werden. Ist dies nicht möglich und überwiegen die Eingriffsbelange die Naturschutzbelange, ist monetärer Ersatz zu leisten. Die bayerische Verordnung über die Kompensation von Eingriffen in Natur und Landschaft, BayKompV [29], konkretisiert diese bundesgesetzlichen Regelungen und stellt eine einheitliche Anwendungspraxis der naturschutzrechtlichen Eingriffsregelung sicher. Sie ist seit September 2014 in Kraft.

Hierbei können nur ausgewählte Fußabdrücke/KPIs innerhalb einer Kategorie ausgeglichen werden, manche lassen sich nicht kompensieren, und auch ein Ausgleich mit anderen Fußabdrücken ist nicht möglich. Eine reduzierte Biodiversität durch verminderten Wasserbedarf oder niedrigen Landbedarf durch Menschenrechtsverletzungen zu kompensieren, ist nicht möglich. Für manche Kompensationen gibt es etablierte Mechanismen.

Betriebsinterne Allokation – zentrale Rechnungsstelle
Aus der Sicht des Managements und für ein größeres Unternehmen erscheint es sinnvoll, eine zentrale interne Stelle/Abteilung für den Handel mit Emissionsgutschriften und damit verbundenen Optionen einzurichten. Die Aufgabe des entsprechenden Teams ist es,
- CO_2 Kompensationszertifikate und Optionen zu kaufen
- zum richtigen Zeitpunkt Optionen gegen CO_2-Kompensationszertifikate zu handeln
- die interne Verteilung der Credits zu organisieren
- zeitabhängige Optionen und CO_2-Kompensationszertifikate rechtzeitig zu verkaufen
- den eigenen Kunden und Geschäftspartnern für ihren Teil der Wertschöpfungskette entsprechende Dienstleistungen anzubieten (eine eigenständige Dienstleistung im Kontext des bestehenden Portfolios)
- entsprechende Dienstleistungen auf dem freien Markt anzubieten
- entsprechende Projekte zu prüfen und die ESRS-Berichterstattung der Projekte, von denen die Gutschriften gekauft werden, zu kontrollieren.

Intern sammelt diese Abteilung Zertifikate und Optionen wie eine Bank, die zentral Zertifikate für das gesamte Unternehmen oder die gesamte Gruppe kauft, wählt dafür die Projekte aus, oder beauftragt einfach Makler damit und nimmt die Aufteilung zwischen Zertifikaten und Optionen vor. Als erster Schritt erfolgt die Ermittlung der Fußabdrücke, gefolgt von der Festlegung der Reduktionsziele sowie der Definition der geplanten Maßnahmen im Unternehmen und in den Lieferketten. Nach der Bewertung der verbleibenden Emissionen werden dem Unterauftragnehmer/Projekt intern diejenigen Zertifikate zum Ausgleich der Emissionen zugeteilt, die im Geschäftsjahr nicht durch Projekte ausgeglichen werden.

Wofür werden Emissionszertifikate gehandelt?
Es gibt verschiedene Arten von Produkten aus unterschiedlichen Segmenten, die in diesem Zusammenhang verkauft werden. Unter Produktgesichtspunkten gibt es zudem Zertifikate und Optionen. Um zielgerichtet eingesetzt werden zu können, empfiehlt es sich, Optionen und Zertifikate
- an einen bestimmten Zeitrahmen zu binden
- sie von einer externen Partei oder einem Käufer zu prüfen und auditieren

– in Verbindung mit verbindlichen Angaben für Footprints zu verknüpfen – auch mit eventuell vorhandenen Fehlern.

Aus der Marktperspektive gibt es verschiedene Arten von Emissionszertifikatsprojekten, und die Preise variieren erheblich, wie unten in der Tabelle 4.7 unten dargestellt.

Tab. 4.7: Preis für verschiedene Kompensationstypen im Jahr 2022 (nach [30]).

Produkttyp	Verkauftes Volumen Mt CO_2 eq	Durchschnittlicher Preis US $	Preisspanne US $
Wind	12,8	1,9	0,3–18
Projekte in Entwicklungsländern	11	3,3	0,6–20+
Landfill Methan	7,9	2	0,2–19
Baumpflanzung	3	7,5	2,2–20+
Clean Cook Stoves	3	4,9	0,2–8
Run-Of-River Hydro	1,5	1,4	0,2–8
Wasserreinigung	1,2	3,8	1,7–9
Verbessertes Management von Wäldern	0,8	9,6	2–17,5
Biomasse	0,7	3	0,9–20+
Verbesserung der industriellen Energieeffizienz	0,7	4,1	0,1–20
Biogas	0,6	5,9	1–20+
Verbesserung der Energieeffizienz von Gemeinden	0,6	9,4	3,3–20+
Transport	0,5	2,9	2,2–6,8
Anwendung veränderter Heiz- oder Antriebstechnologien	0,5	11,4	3,5–20+
Solarenergie	0,3	4,1	1–9,8
Reduktion der Methanemissionen von Tieren	0,2	7	4–20+
Geothermale Energie	0,1	4	2,5–8
Agro forrestry	0,1	9,9	9–11

Garantien und Audits

Die Werthaltigkeit der Angebote zur Kompensation ist zum Teil unklar. Daher wird die Prüfung der entsprechenden Angebote zentral durchgeführt. Garantien und Audits müssen sicherstellen, dass
– die angegebene Kohlenstoffmenge zumindest für den angegebenen Zeitraum zuverlässig entfernt wird,
– keine unerwarteten Nebenwirkungen und andere Probleme auftauchen (ein Risikoausgleich in die Bepreisung eingeflossen ist),
– Unsicherheiten der Methoden und deren Einsatz regelmäßig geprüft und das Ergebnis der Prüfung offengelegt wird.

Effizienz von CO_2-Kompensationen

Der Taskforce on scaling Voluntary Carbon Markets (TSVCM, [31]) zufolge werden mindestens 90 % der auf dem freiwilligen Markt gehandelten Kompensationen für die Beseitigung von Kohlenstoff, aber nicht für die Vermeidung seiner Freisetzung verwendet. Diese Art von Kompensationen trägt aber wenig zur langfristigen Senkung des CO_2-Gehalts in der Luft bei.

Die Effizienz dieser Art von Maßnahmen ist zudem abhängig vom Zeithorizont der entsprechenden Maßnahme: Eine langfristige Speicherung ist wahrscheinlich am ehesten mit geologischen Reservoiren oder chemischen Speichertechniken und in größeren Mengen realisierbar, während biologische Speicherung häufig komplizierter, aber in kleineren Projekten zu handhaben ist. Biologische Lösungen sind zum Teil seit Jahrhunderten etabliert und daher vorhersagbar in ihren Auswirkungen.

Zudem geht die TSVCM davon aus, dass die Menge an Kohlenstoffkompensationen im Vergleich zu heute um mindestens das 15-fache ansteigen muss, um den für 2030 prognostizierten Bedarf an Kohlenstoffkompensationen in Höhe von 1,5 Milliarden bis 2 Milliarden Tonnen Kohlendioxid pro Jahr zu decken. Geologische und chemische Verfahren oder auch die Speicherung von CO_2 in den Ozeanen bieten Handlungspotenzial auch für längere Zeiträume, sind aber umstritten, nicht nur was ihre Wirksamkeit betrifft, sondern auch, weil Vermeidung von Emissionen einer Speicherung vorzuziehen ist.

Finanzmarkt

Es ist zu erwarten, dass die entsprechenden Maßnahmen zum Ausgleich von negativen Auswirkungen auf die Nachhaltigkeit von Firmen in Zukunft zum Standardrepertoire der Finanzabteilungen großer Firmen sowie von Finanzdienstleistern gehören werden. Ähnlich wie bei früheren Blasen ist eine gewisse Unsicherheit typisch für frühe Phasen einer Entwicklung: Weil die Wirksamkeit der Kompensationsmaßnahmen zum Teil noch unklar ist, ist der Wert solcher Aktivitäten kritisch zu beurteilen. Dennoch bewegen sich zahlreiche Unternehmen und Risikokapitalgeber in diesem Markt, der den Prognosen der TSVCM zufolge, bis 2030 jährlich 50 Milliarden Dollar umfassen wird und das langfristige Potenzial von einer Milliarde US Dollar haben soll [31].

Mit diesen Investitionen geht auch das Risiko von zu gering bemessenen Maßnahmen einher: Die in den Unternehmen nötigen Aktivitäten zur Umstellung der Produktion erfordern ihrerseits Investitionen. Es ist einfacher, im obigen Sinne Gelder in Kompensationszertifikaten statt in die nötige Veränderung von Lieferketten, Materialien, Methoden und Technologie zu investieren. Dieses Geld ist für Zukunftsinvestitionen verloren, es steht für den Wandel nicht mehr zur Verfügung.

Was sind Qualitätsstandards?

Qualitätsstandards und entsprechenden Maßnahmen gewährleisten die Einhaltung bestimmter Kriterien. Beide stellen vor allem sicher, dass zum Beispiel Treibhausgasemis-

sionen in der angestrebten Höhe zusätzlich ausgeglichen werden. In den letzten Jahren haben sich auf dem Markt Standards für freiwillige Kompensation etabliert:
- der Clean Development Mechanism (CDM, [32]) und der
- Verified Carbon Standard (VCS, [33])

decken den Großteil des Marktes ab. Daneben entstehen weitere nationale Initiativen und Standards. Informationen und Qualitätsstandards in Deutschland finden sich im Ratgeber des Umweltbundesamtes, „Freiwillige CO_2-Kompensation durch Klimaschutzprojekte" [34].

Andere Zertifikate
Bezogen auf veränderte Landnutzung und die Versiegelung von Land gibt das Bundesnaturschutzgesetz vor, dass erhebliche Beeinträchtigungen von Natur und Landschaft vom Verursacher vermieden werden. Unvermeidbare Beeinträchtigungen müssen durch Ausgleichs- oder Ersatzmaßnahmen kompensiert werden. Ist dies nicht möglich und überwiegen die Eingriffsbelange die Naturschutzbelange, ist monetärer Ersatz zu leisten. Für die Umsetzung von Kompensationsmaßnahmen ist die Qualität der Planunterlagen, Vorgaben zur Kompensation in der Vorhabenzulassung (zum Beispiel Genehmigungsbescheid) beziehungsweise im Bebauungsplan und die gezielte Kontrolle der Maßnahmen durch die zuständigen Stellen entscheidend.

Wasserbedarf kompensieren?
In Deutschland gilt ein Großteil des Wassers als ungenutzt. Trinkwasser wird nach Möglichkeit ortsnah gewonnen und verwendet, was aufgrund regionaler Unterschiede im Wasserdargebot nicht überall möglich ist. So wird etwa Stuttgart über Fernwasserleitungen aus dem Bodenseeraum mit Wasser versorgt. Die entsprechende Wasserentnahme sollte am Ort der Entnahme kompensiert werden, wobei als Kompensationsmaßnahme verschiedentlich die Pflanzung von Mischwäldern, bestehend aus unterschiedlichsten Laubbäumen, vorgeschlagen wurde, da pro Hektar Mischwald in Deutschland im Durchschnitt 800 t Wasser pro Jahr in den Boden zugeführt werden, was zur Unterstützung einer nachhaltigen Trinkwasserversorgung beitragen kann. Allerdings teilt das Bundesumweltamt mit, dass pro Einwohner im Schnitt 52 t Wasser pro Jahr verbraucht werden. Ein Hektar Mischwaldfläche deckt den Wasserbedarf von lediglich etwa 15 Personen. Wie bei anderen Kompensationen auch, zeigt sich hier eindeutig, dass Kompensationen keinen Ersatz für das Sparen beim Verbrauch darstellen können.

CO_2-Kompensationszertifikate versus Dekarbonisierung
Zusammenfassend lässt sich sagen, dass Kompensationszertifikate mit zum Instrumentarium von Unternehmen beim Management von Fußabdrücken gehören. Dennoch ist eine gewisse Skepsis bei der Auswahl der entsprechenden Projekte angebracht, da deren

Wirksamkeit, insbesondere die langfristige Effizienz, in Frage zu stellen ist. Da Geldmittel in Unternehmen begrenzt sind und auch Maßnahmen zur Umstellung der Produktion Investitionen erfordern, stehen interne Maßnahmen und Kompensationszertifikat in Konkurrenz mit Kompensationszahlungen. Natürlich ist es einfacher, in Kompensationszertifikate anstatt in die nötige Veränderung von Lieferketten, Materialien, Methoden und Technologie zu investieren. Wenn ausschließlich letzteres gewählt wird, werden den wirksamsten und vielversprechendsten Methoden zur Reduktion von Fußabdrücken absehbar zumindest ein Teil der nötigen Mittel entzogen.

Wenn Unternehmen beispielsweise das Dekarbonisierungsziel erreichen wollen, müssen sie die Dekarbonisierung als Priorität behandeln. Doch selbst nach aggressiven Dekarbonisierungsanstrengungen werden viele mit Restemissionen zurückbleiben, die aufgrund wirtschaftlicher, betrieblicher oder verfahrenstechnischer Einschränkungen nicht reduziert werden können. Solche Unternehmen benötigen Lösungen, um die Restemissionen zu neutralisieren und ihre Netto-Null-Ziele zu erreichen. Neben der Erreichung von Netto-Null-Emissionen könnte Dekarbonisierung auch bei der Verwirklichung anderer Klimaziele helfen.

Daher ist die Nachfrage nach Lösungen zur Reduzierung des Kohlendioxidgehalts rasch gestiegen. Sie wird wahrscheinlich noch weiter steigen, weil die freiwilligen Verpflichtungen zunehmen, und Unternehmen erkennen vermehrt, welchen Beitrag die Dekarbonisierung zur Erreichung ihrer Ziele leisten kann. Wenn Unternehmen beginnen, in größerem Umfang Lösungen zur CO_2-Reduzierung zu kaufen, stehen sie vor folgenden möglichen Fragen:
- Wie kann eine glaubwürdige Klimaerklärung als Teil der Nachhaltigkeitsberichterstattung aussehen?
- Wie können sinnvolle Lösungen zur Minderung von Kohlendioxid (CO_2) gefunden und umgesetzt werden?
- Wie lässt sich ein Kompensationsportfolio gestalten, das alle Fußabdrücke berücksichtigt?

Die Festlegung eines Ziels für eine glaubwürdige Klimaaussage ist der erste Schritt, um den Beitrag einer Organisation zur Begrenzung des globalen Temperaturanstiegs zu bestätigen. Für viele Unternehmen wird eine glaubwürdige Klimaaussage dazu führen, dass sie ein gewisse Anzahl an Lösungen zur Reduzierung von Kohlendioxid benötigen.

Einige Kritiker von Kompensationsmaßnahmen (einschließlich der Verwendung von Lösungen zur Senkung des Kohlendioxidausstoßes) geben zu bedenken, dass sie den Emittenten eine Art von „Lizenz zur Verschmutzung" geben und in gewissem Sinne vom eigentlichen Problem ablenken, der internen Dekarbonisierung. Diese Kritik greift nicht, wenn Unternehmen zunächst auf Aktivitäten rund um die Emissionsreduktion fokussieren und erst in der Folge Maßnahmen implementieren, um die Emissionen zu neutralisieren.

Ein transparenter und ehrgeiziger Dekarbonisierungsanspruch, der internen Emissionsminderungen Vorrang vor Kompensationen einräumt, ist der Schlüssel zur Wahrung der Glaubwürdigkeit. Eine plausible Grenze, die durch die interne Dekarbonisierung erreicht werden sollte, wäre etwa eine Senkung der Emissionen von 90 % bis 95 % in der Wertschöpfungskette bis 2050, mit dauerhaften Lösungen zur CO_2-Reduzierung, um die verbleibenden Emissionen bei Netto-Null festzuschreiben. Die Kompensation von Emissionen in der Zwischenzeit lässt sich auch als zusätzlicher Beitrag zur Eindämmung des Klimawandels angesehen, der über den eigenen Netto-Null-Zielpfad einer Organisation hinausgeht. Welcher Ansatz auch gewählt wird, die Verwendung von Lösungen zur Minderung von Kohlendioxidemissionen, um eine glaubwürdige Klimabilanz zu erstellen, setzt voraus, dass sich die Unternehmen verpflichten, in ihren Nachhaltigkeitsberichten vollständige Transparenz über die verwendeten und stillgelegten Gutschriften zur Minderung von Fußabdrücken herzustellen. Erst danach und wenn zwingende physische, betriebliche oder wirtschaftliche Hindernisse eine weitere Reduktion verhindern, muss zu Zertifikaten als letztem Mittel gegriffen werden.

4.3 Handeln im Nachhaltigkeitsumfeld Privathaushalt

In industriellen Lieferketten gilt, dass der größte Teil der Auswirkungen auf die Umwelt aus der zuliefernden Lieferkette sowie dem Abfall und dessen Behandlung herrührt. Von Industrieunternehmen Verantwortung einzufordern, gilt als selbstverständlich. An Haushalte hinsichtlich von nachhaltigem Wirtschaften die gleichen Anforderungen zu stellen, wäre vernünftig, ist aber praktisch schwierig. Dennoch stellt es ein gewisses Paradox dar, dass auf der
– einen Seite die Staatsbürgerinnen und Staatsbürger als die treibenden Kräfte des Meinungsbildungsprozesses zu sehen sind, aus dem die Umweltgesetzgebung hervorgegangen ist, aber
– anderen Seite von ihnen nicht ein ebenso klar umrissenes Reporting hinsichtlich ihres nachhaltigem Verhalten verlangt wird wie von der Industrie.

Dies ist umso erstaunlicher, da ein großer Orientierungsbedarf aufseiten der Haushalte darüber besteht, was denn nachhaltige Haushaltsführung eigentlich bedeutet. Würden Haushalte mit den gleichen Regeln beaufschlagt wie die Industrie, wären auch sie gezwungen, über die Prüfung der Lieferketten Auskunft zu geben und nicht nachhaltige Glieder der Lieferkette nicht mehr mit Aufträgen zu bedienen. Für sie sollte ebenso wie für Unternehmen die Maßgabe gelten, dass Fußabdrücke und KPIs zu minimieren sind. Darüber hinaus sind Privathaushalte auch Stakeholder von Unternehmen im obigen Sinne, und damit sollten sie in der Lage sein, die entsprechende Berichterstattung von Unternehmen zumindest zu verstehen und gegebenenfalls zu antizipieren.

Die Kriterien, nach denen Nachhaltigkeit für Privathaushalte und für Unternehmen bewertet werden können, sollten im Grunde für beide dieselben sein. Die Aktivitäten für höhere Nachhaltigkeit sind verschieden, denn Unternehmen sind, besonders aufgrund

ihrer vielfältigen Geschäftsmodellen, Produkten, Größen und so weiter variantenreicher als Haushalte. Ein Haushalt, also eine Gruppe von Personen oder eine Einzelperson, die unter einem Dach zusammenleben und gemeinsame Wohneinrichtungen und Sanitäranlagen nutzen, ist neben Aufenthalts- und gegebenenfalls auch Arbeitsort der Ort der Versorgung mit Nahrung, Kleidung, oder auch Pflegeleistungen (obwohl die Haushaltsproduktion nicht im GNP berücksichtigt wird). Denkbare Maßnahmen zur Reduktion von Fußabdrücken sind für Haushalte und Unternehmen gleich strukturiert. Bereiche, in denen Maßnahmen greifen können, sind
– Lieferkette
– eigene Aktivitäten
– Abfall, beziehungsweise Abfallvermeidung.

Für eine analytische Herangehensweise eignen sich die Bewertung von Fußabdrücken/KPIs nach deren Berechnung mit Fußabdrucksrechnern, die Bewertung von Lieferketten über die Auswahl von Lieferanten und die Vermeidung von Abfall (beispielsweise über die Verlängerung von Lebensdauern)

4.3.1 Fußabdrucksrechner – MRIO – Ansatz und Landverbrauch

Wie bei Unternehmen sollte eine einigermaßen konkrete Berechnung oder auch Abschätzung der Fußabdrücke vor Versuchen stehen, diese Fußabdrücke oder KPIs zu reduzieren. Wie kleine Unternehmen auch, haben Haushalte in der Regel nicht die Ressourcen, um Fußabdrücke oder KPIs zu ermitteln. Vor diesem Hintergrund werden vielfach Fußabdrucksrechner angeboten, die mit Hilfe statistischer Daten für den Preis ungenauer Ergebnisse Fußabdrücke berechnen. Diese Rechner sind mit den gleichen Nachteilen behaftet wie entsprechende Software für die Industrie.

Wenn zum Beispiel der Energieverbrauch aller Haushalte bekannt ist, oder genauer, der Energieverbrauch der Haushalte, gestaffelt nach Charakteristika wie
– Anzahl der Personen im Haushalt
– Leben in Wohnung, Doppelhaushälfte, Haus
– Bewohnte Grundfläche
– Jahreseinkommen
– durchschnittlich zurückgelegte Wege
– Anzahl der vorhandenen Fahrzeuge
– Nutzungsart der Fahrzeuge
– Ernährungsweise (vegan, vegetarisch, omnivor)
– ...

bekannt ist, kann aus diesen Daten eine Abschätzung des durchschnittlichen Verbrauchs in einem unbekannten Haushalt vorgenommen werden, von dem zunächst nur wenige Detaildaten bekannt sind. Die Berechnung bietet aber noch einen weiteren

Vorteil: Selbst bei sehr unzureichenden Ausgangsdaten, etwa der Angabe der Anzahl der Personen im Haushalt und der Wohnform sowie der genutzten Fläche, lässt sich statistisch auf verschiedene Parameter rückschließen. Die Ungenauigkeit wächst natürlich mit der Ungenauigkeit der Ausgangsannahmen und mit der Anzahl der Unbekannten der Rechnung.

Konkret sind entsprechende weltweite Datenbanken für diese Herangehensweise in Bezug auf den CO_2-Fußabdruck oder den Landverbrauch der Literatur zu entnehmen – so der Multi-Regional Input Output (MRIO, [35]) oder die Consumption Land-Use Matrix (CLUM, [36]). Die CLUM bietet zunächst eine Aufschlüsselung des Konsum-Fußabdrucks eines Landes, wobei von den Komponenten der UN Classification of Individual Consumption by Purpose (COICOP, [37]) ausgegangen wird. Diese Klassifizierung wird von der United Nations Statistics Division zur Erstellung von Konsumstatistiken nach Verwendungsart erzeugt. Die CLUMs werden auf der Grundlage von wirtschaftlichen Daten zu Ressourcenströmen in der globalen Lieferkette erstellt, den sogenannten MRIO-Daten. Die Rechenmethode beruht wesentlich auf der Annahme, dass basierend auf Finanzströmen auch Ressourcenströme und Verbrauch abgeschätzt werden können. Dieses Modell kann, so die Annahme, erweitert werden, indem Daten aus den jeweiligen National Footprint- sowie den Biokapazitätskonten einbezogen werden. Die MRIO-basierten Footprint-Angaben ermöglichen es, die Ressourcenflüsse zwischen den Wirtschaftssektoren der Länder detailliert zu verfolgen. Dies ist nötig, um die nationalen Footprint-Daten in spezifischere verbrauchs- und industriebezogene Komponenten zu unterteilen.

MRIO-Ansatz
Der oben beschriebene Ansatz zur vereinfachten Berechnung des individuellen Kohlenstoff-Fußabdrucks wird angewandt, wenn die Verwendung des von der ISO standardisierten Ansatzes ein zu komplexes Problem darstellen würde. Im Prinzip gilt dies für Unternehmen und Privathaushalte. Die verwendeten CLUMs strukturieren den Fußabdruck auf der Grundlage der Beiträge zum Verbrauch innerhalb eines Landes nach der COICOP-Klassifizierung der UN. CLUMs unterscheiden drei Verbrauchskategorien:
- *Kurzfristiger Verbrauch 1* zum Beispiel Brot oder Kleidung und so weiter, bezahlt direkt von den Haushalten.
- *Kurzfristiger Verbrauch 2* zum Beispiel Milch, die in Schulen verteilt wird, oder Strom für die Straßenbeleuchtung und so weiter, bezahlt direkt vom Staat.
- *Langfristiger Verbrauch* zum Beispiel Häuser, Straßen, Maschinen und so weiter (Bruttoanlageinvestitionen).

Um beispielsweise lokale Daten für CO_2-Fußabdrücke zu erhalten, liefert die MRIO*-Bewertung für 2015 pro Person und auf weltweiter Ebene [38] folgende durchschnittliche Daten (Tabelle 4.8 unten):

Tab. 4.8: MRIO*-Bewertung für 2015 pro durchschnittlicher Person und weltweit [38].

Kategorie	Gerundeter Beitrag pro Kategorie	Detailbeitrag	Gerundeter Beitrag pro Detailbeitrag	* p. P. CO_2
Kurzfristiger Konsum 1	74,6 % (≥ 100 % in rechter Spalte)	Mobilität und Transport	41,0 %	~ 2,1 t
		Housing, inklusive Energie	19,2 %	
		Nahrungsmittel	10,3 %	
		Kleidung	7,7 %	
		Einrichtung	4,5 %	
		Freizeit und Kultur	4,5 %	
		Alkohol, Rauchen	3,8 %	
		Gesundheit	2,6 %	
Kurzfristiger Verbrauch 2	8,6 %			~ 0,2 t
Langfristiger Verbrauch	16,3 %			~ 0,4 t
Eintrag der Erde von der Sonne				2,7 t

Die Spalte ganz rechts verdient Aufmerksamkeit: Das in Form von Strahlung von der Sonne pro Person und Jahr abgegebene weltweit gemittelte CO_2-Äquivalent beträgt global im Durchschnitt etwa 2,7 t eq. CO_2 p. a. [38]. Werden die Prozentsätze für die Verteilung auf die verschiedenen Posten (gerundete Beiträge) eingesetzt, so ergeben sich die absoluten Werte für den Kurzfristigen Verbrauch 1 und 2 sowie für den Langfristigen Verbrauch. Entsprechend lässt sich der Verbrauch für die Detailposten in der mittleren Spalte berechnen.

Die Werte in den Spalten „Detailbetrag" und „Gerundeter Beitrag zu Detailbetrag" sind für jedes Land unterschiedlich. Die relativen Beiträge zu den einzelnen Detailbeiträgen unterscheiden sich ebenfalls. Die hier angeführten Detailbeiträge fassen laut der MRIO-Analyse die größten Beiträge zusammen.

Mit dieser Angabe lassen sich Abschätzungen erstellen – im Folgenden ein Beispiel, das von der Voraussetzung ausgeht, dass in Europa im Durchschnitt etwa 8–10 t eq. CO_2 pro Privatperson verbraucht werden.

Wie aus der obigen Tabelle ersichtlich wird, liegen die größten CO_2-Einsparungspotenziale in den Bereichen Mobilität und Verkehr, Wohnen (inklusive Energieversorgung) und Ernährung.

Landverbrauch

Vergleichbar der im oberen Kapitel beschriebenen Herangehensweise, lässt sich mit ähnlichen Datensätzen auch der Landverbrauch pro Person oder Haushalt abschätzen (siehe auch Tabelle 4.9 unten). Ziel dieser Überlegungen und Rechnungen ist es in der

Tab. 4.9: Durchschnittlicher persönlicher Verbrauch in Österreich 2021 (Scientists for Future, persönliche Mitteilung). Die obige Berechnung zeigt, dass wenn von einer Lebensweise in Form der Variante 1 ausgegangen wird, sich der Energieverbrauch im oberen Bereich des Durchschnittsverbrauchs der EU bewegt, was einem zu-viel-Verbrauch von etwa 420 % gegenüber den zur Verfügung stehenden Ressourcen entspricht. Bei den obigen Annahmen der Variante 2, die von keinen veränderten Verbrauchsgewohnheiten ausgeht, werden pro Person nur noch etwa 16 % zu viel verbraucht.

	Beitrag	Energieverbrauch Variante 1 kg CO_2 eq.	Energieverbrauch Variante 2 kg CO_2 eq.
Mobilität und Transport	41,0 %	Auto (Benzin, 10.000 km) *3.140*	Elektrofahrzeug *770*
Housing inklusive Energie	19,2 %	Heizung (Ol) *1.960* 4000 kWh; 30 g/kWh 100 Bäder 800 l	Optimale Isolation, Kraft-Wärme Kopplung, Solarenergie *120* Duschen: *25*
Nahrungsmittel	10,3 %	Fleisch (630 kg/Jahr) 36,4 kg Schweinefleisch: [*~19* kg CO_2 eq./kg], 11,9 kg Rindfleisch [*~42–132* kg CO_2 eq./kg], 12,4 kg Geflügel [*~15* kg CO_2 eq./kg]	Vegan.: *884*
Kleidung	7,7 %		
Einrichtung	4,5 %		
Freizeit und Kultur	4,5 %	Ferien – Griechenland Flug *600*	Zug *108*
Alkohol, Rauchen	3,8 %		
Gesundheit	2,6 %		
Summe	~75 %	8.200	1.900
Summe für 100 %		10.900	2.500 (2.100 stehen zur Verfügung)

Regel herauszufinden, welcher Staat mehr verbraucht als er Fläche oder auch als bewirtschaftete Fläche zur Verfügung hat. Die entsprechende Maßeinheit ist „Global hectars per person" und bezieht sich auf die Menge der Produktion und Abfallverwertung pro Person auf der Erde. Im Jahr 2012 gab es etwa 12,2 Milliarden globale Hektar für Produktion und Abfall, Produktion und Abfallverwertung, das sind im Durchschnitt 1,7 globale Hektar pro Person.

Insgesamt wird die verbrauchte Fläche aufgeschlüsselt nach Landbedarf für Kulturpflanzen, Flächen, die abgegrast werden, Waldprodukte, Fischereiprodukte, bebaute Flächen und Flächen für den Abbau von CO_2-Fußabdrücken. Insgesamt wurden in dieser Darstellung im Jahr 2016 3,69 gha/Person benötigt während lediglich 1,7 gha/Person zur Verfügung stehen. Es wurde also das 2,17-fache der Fläche benötigt, die tatsächlich zur Verfügung steht.

Genauigkeit

Wie im kommenden Kapitel beschrieben wird, kann diese Herangehensweise ähnlich wie beim Economic Input Output Approach (EIO) für Industriebetriebe genutzt werden, um individuelle Fußabdrücke anzunähern. Bei der Anwendung beider Methoden gilt die Einschränkung, dass quantitative Fehler in Kauf genommen werden und entsprechende Daten nicht für alle Fußabdrücke/KPIs der ESRS Berichterstattung zur Verfügung stehen. Die Herangehensweise, die in diesem Beispiel genutzt wurde, ist vergleichbar mit dem, was in entsprechenden Näherungen EIOLCA-basierten Rechnungen im Industriebereich versucht wird: Auch in diesem Fall setzt der Ansatz, sich mit Vergleichsdaten [38] realen Szenarien anzunähern, voraus, dass Verhältnisse konstant und übertragbar sind. In beiden Fällen schätzt die Rechnung mit Hilfe fremder Daten ohne eigene Messungen vorzunehmen und handelt sich durch die Abkürzung Fehler ein, die im zweistelligen Prozentbereich liegen können.

Darüber hinaus ist erwähnenswert, dass die Datengrundlage von einem Hochschulinstitut in den USA erhoben und die resultierenden Daten ähnlich wie beim EIO lediglich kostenpflichtig jährlich an interessierte Parteien weitergegeben werden [35].

4.3.2 Lieferketten

Unabhängig davon, ob ein Unternehmen oder ein Privathaushalt seine Auswirkungen reduzieren will – es gibt nur selten ein allgemeines und eindeutiges Optimum beim eigenen Handeln und in den Lieferketten. Ebenso wie Unternehmen, können Haushalte ihre Lieferketten nachhaltiger gestalten, um sicherzustellen, dass Zulieferer die entsprechenden Kriterien erfüllen (siehe auch Tabelle 4.10 unten).

1. *Zusammenarbeit mit Lieferanten*: Ebenso wie in industriellen Anwendungen, erlaubt eine Auswahl der Lieferanten nachhaltigkeitsbezogene Kriterien zu erfüllen. Haushalte können insbesondere kleine Märkte und Geschäftspartner ermutigen und unterstützen, nachhaltige Praktiken zu implementieren und Produkte vorzuschlagen. Internetbasierte Versandhäuser bieten manchmal nach Nachhaltigkeit selektierte Produkte an und garantieren für die entsprechenden Lieferbedingungen. In dem Zusammenhang können Haushalte auf verschiedene Kriterien achten.
Beschaffungsrichtlinien: Es hilft, für sich selber klare Richtlinien für Nachhaltigkeitsanforderungen zu haben und beim Einkaufen zu berücksichtigen. Manche Zuliefererbetriebe und Versandhäuser haben für sich verbindliche Ein- und Verkaufsrichtlinien, die für Verbraucher transparente Kriterien beinhalten. Kriterien sind, wie für die Industrie, Nachhaltigkeitsaspekte wie gesetzeskonforme Arbeitsweisen, den Einsatz nachhaltiger Rohstoffe, Energieeffizienz, Abfallmanagement, die Reinhaltung von Luft und Wasser, Artenvielfalt oder auch soziale und ethisch motivierte Verantwortung.
Einforderung von Nachhaltigkeitsberichten und Bewertung der Nachhaltigkeitsleistung von Lieferanten aus der Lieferkette: Lieferbetriebe oder Versandhäuser prü-

fen die Nachhaltigkeitsberichte ihrer Lieferanten, um deren Leistung in Bezug auf Umwelt- und Sozialstandards zu bewerten. Manche Betriebe auditieren auch insbesondere bei Hinweis auf Verletzung der Richtlinien oder Fehlverhalten, um Informationen über Umweltauswirkungen, Arbeitsbedingungen und ethische Standards zu sammeln oder zu verifizieren.
2. *Eigene Schulung und Bewusstseinsbildung*: Fakten zu Nachhaltigkeitsthemen und der Erfahrungsaustausch über eine nachhaltigere Lebensführung sind nicht selbsterklärend. Durch Lektüre und Schulungen können sowohl das Bewusstsein für ökologische Kriterien geschärft als auch das Engagement für nachhaltige Praktiken gestärkt werden.
3. *Kooperation mit anderen Konsumenten*: Insbesondere in Städten bilden sich in den letzten Jahrzehnten vermehrt Initiativen für ein nachhaltigeres Leben – die Spannbreite reicht von Repaircafes bis zu Einkaufsgenossenschaften oder urban gardening. Derartige Netzwerke sind häufig hilfreich, auch, weil sie neben sozialen Kontakten gute Plattformen für den Austausch von Informationen und die Zusammenarbeit bei der Umsetzung nachhaltiger Beschaffungspraktiken bieten.

4.3.3 Konkrete Ansätze

Konkrete Ansätze zur Reduktion von Fußabdrücken für Haushalte werden vielfältig in der Literatur und in Foren im Internet diskutiert. Die folgende Tabelle listet nur einige Beispiele.

*Kontraindikationen
- *Mobilität*
  Die Diskussion um das Für und Wider der Elektromobilität ist komplex und nur eindeutig möglich nach einer Analyse
    - der Versorgung mit öffentlichem Nahverkehr am eigenen Standort
    - der eigenen Flexibilität
    - dem durchschnittlichen eigenen Fahr- und Transportverhalten.
  Allgemein löst die Nutzung von Elektrofahrzeugen heutiger Bauart das grundsätzliche Problem des zu hohen Verbrauchs an nachwachsenden und nicht-nachwachsenden Rohstoffen nur eingeschränkt. Verkehrsvermeidung, Fahrräder, Car Sharing und öffentliche Verkehrsmittel sind im städtischen Raum oder dort, wo der öffentliche Nahverkehr ausgebaut ist, das Mittel der Wahl. Auch der Ersatz eines sparsamen und funktionstüchtigen sowie mit fossilen Brennstoffen betriebenen Fahrzeugs rechnet sich damit nicht selbstverständlich.
  Die Produktion von Elektroautos ist aufgrund der verbauten Batterien ressourcenintensiv und erfordert den Abbau von teils kritischen Stoffen wie Lithium oder

Tab. 4.10: Ansätze zur Reduktion von Fußabdrücken für Haushalte.

Kenngröße	Maßnahme	Umsetzbar	verspricht das Vorgeschlagene größere Effekte	verlangt das Vorgeschlagene größere Verhaltensänderungen
Mobilität und Transport *	Kurze Strecken zu Fuß oder mit dem Fahrrad zurücklegen	ja	Groß (0,2 kg CO_2 / km)	Ja
	ÖPNV & Bahn / Fernbus statt PkW	ja	Groß (0,2 kg $CO2$ / km)	ja
	Car sharing statt eigener PkW	Lokal verschieden	mittel	ja
	Keine vermeidbaren innerstaatlichen oder innereuropäischen Flüge	situativ	ja	Zum Teil ja
Housing / Energie	Beleuchtung und elektronische Geräte bewusst nutzen	ja	mittel	klein
	Ökostromnutzung	Ja	Einsparung von einigen 100 kg CO_2 pro Person und Jahr	nein
	Elektrische Geräte ganz ausschalten	ja	klein	gering
	Energieeffizienz von Haushaltsgeräten und -elektronik*	ja	mittel	nein
	Raumtemperatur absenken	ja	Raumtemperatur um 1 °C absenken entspricht etwa 5 % Heizenergie.	nein
	Müll trennen	situativ	groß	gering
	Artikel zu reparieren oder second hand zu kaufen			
Nahrungsmittel	Konsumverhalten Verpackung vermeiden Wegwerfen von Lebensmittel vermeiden Weniger Fleisch- und Milchprodukte		Jährl. ca. 150–250 kg CO_2 pro Kopf	ja
	Bio-Produkte gegenüber konventionellen Produkten	ja	~ 15 % Potenzial. Vom Potenzial: Milchprodukte: 6–12 % Backwaren: 20–25 % Fleisch: 7–17 %, Gemüse: 10–30 %	ja

Tab. 4.10 (Fortsetzung)

Kenngröße	Maßnahme	Umsetzbar	verspricht das Vorgeschlagene größere Effekte	verlangt das Vorgeschlagene größere Verhaltensänderungen
	Obst und Gemüse der Saison zum Beispiel: ein Kilo Tomaten außerhalb der Saison entspricht ~ 3 kg CO_2. In der Saison entspricht es 0,3 kg CO_2.	ja	groß	nein
Kleidung	Online-Shopping vs. Einkauf mit eigenem Auto* per Paketdienst: im Durchschnitt entspricht das ~181 g CO_2 pro Artikel non-food. Mit dem Auto:Ein Artikel entspricht ~4 kg CO_2		Im Durchschnitt:	
	Wegwerfen vermeiden Kleiderspende, 2nd-Hand-Shop			
Einrichtung				
Freizeit und Kultur				
Alkohol, Rauchen				
Gesundheit				

Kobalt (Kapitel 1). Dies ist eine der Ursachen, warum E-Autos mit einem größeren CO_2-Vortrag geliefert werden als reine Verbrenner-Pkw, die keine großen Batterien besitzen. Der Vorteil ist aber, dass dieser Bürde der Verbrauch von Strom mit im Durchschnitt niedrigerem CO_2-Fußabdruck pro Kilometer gegenübersteht, und der Abbau des ursprünglichen Nachteils ist einfacher, wenn der Betriebsstrom einen niedrigeren CO_2-Fußabdruck hat. Der Allgemeine Deutsche Automobil-Club (ADAC) rechnete vor, dass der CO_2-Nachteil von Batterieautos ab Fahrleistungen von 45.000 bis 60.000 Kilometern ausgeglichen wird [40]. Wenn davon ausgegangen wird, dass die durchschnittliche Nutzungsdauer eines KFZ bei etwa zwölf Jahren liegt und in Deutschland und pro Jahr ein PKW 11.230 km bewegt wird (in der Schweiz 13.469 km, in Österreich 13.900 km), so ergibt sich, dass das Elektrofahrzeug seinen Produktionsnachteil erst nach 4–5 Jahren wett macht, je nach durchschnittlicher Tageskilometerleistung (wobei sich die Fahrleistung nach Antriebstyp unterscheidet: so legten 2020 Elektroautos durchschnittlich 12.127 km, Hybride 12.763 km, Benziner 10.210 km und KFZ mit Dieselantrieb durchschnittlich 13.049 Kilometer zurück. Die durchschnittliche Fahrleistung eines PKW pro Tag liegt in Deutschland bei 36,9 Kilometern [41]).

Die Hersteller von Elektroautos geben sehr verschiedene Lebensdauern der Batterien an. Momentan ist von einer Lebensdauer von acht bis zehn Jahren auszugehen. Bei einigen Fahrzeugen und einer Residence Time von 10–15 Jahren pro Fahrzeug entspricht dies einer Zeit von nur 5–10 Jahren mit positiverer CO_2-Bilanz gegenüber anderen Antriebsarten (wobei davon ausgegangen wird, dass die Fahrzeuge keine Reparaturen mit Ersatzteilen haben, die ihrerseits einen hohen CO_2-Fußabdruck verursacht haben). Diese durchschnittlichen Werte werden von einigen Herstellern nach deren eigenen Angaben deutlich positiv gewertet.

Es ist zudem nötig, auch abzuschätzen, wie das Fahrzeug gegebenenfalls sortenrein in die Einzelteile zerlegt und dann einem sachgerechten Recycling zugeführt wird. In Kürze ist das Bild, das Elektromobilität im Detail beim heutigen Stand der Technik hinterlässt, keinesfalls eindeutig, sondern hängt sehr deutlich vom individuell gewählten Fahrzeug, der absoluten Fahrleistung und dem Mobilitätsverhalten sowie der Entsorgung ab. Ein Wechsel von einem sparsamen und mit fossilen Rohstoffen betriebenen intakten KFZ zu einem Elektrofahrzeug ist nicht ohne weiteres selbstbegründend – die eigenen Mobilitätsnotwendigkeiten müssen gegen häufig überdimensionierte Fahrzeugangebote abgewogen werden.

- *Energieeffizienz von Haushaltsgeräten und -elektronik*
In ähnlicher Weise wie für KFZ muss sehr genau betrachtet werden, von welchem Elektrogerät die Rede und inwieweit die Nutzungscharakteristik des betrachteten Geräts bekannt ist. Beim Erwerb eines Neusystems ist die Entscheidung in der Regel einfach zu begründen. Der Ersatz eines funktionierenden Bestandsgerätes allein aufgrund der potenziellen Energieeinsparungen über die Lebensdauer hin ist dagegen schwierig zu begründen. Bei Reinigungsgeräten ist der weiter unten vorgestellte Sinnersche Kreis ebenso zu berücksichtigen wie auch, dass die genutzten Chemikalien etwa in einem Geschirrspüler ungewöhnlich aggressiv sind, was neben dem Fußabdruck auch zu chemischer Belastung der Umwelt, des Wassers und des Lands führt.
- *Nahrungsmittel* Der Kauf ökologisch und sozial unbedenklicher Produkte ist zu bevorzugen. Die Frage stellt sich, woraus sicher zu entnehmen ist, dass die entsprechenden Produkte gegenüber anderer Ware anspruchsvolleren Standards entsprechen. Zertifikate aller Art versprechen durch ihr Vorhandensein bereits mehr Sorgfalt, Aufmerksamkeit, Rücksicht auf Land und Leute und so weiter in Produktion und Vertrieb. Inwieweit sich die ausgezeichneten Produkte auf allen Ebenen durch niedrigere Fußabdrücke/KPIs auszeichnen, scheint manchmal fraglich, aber klare Regeln, abgesehen vom Anwenden des gesunden Menschenverstands, wie nachhaltige Qualitätskriterien sicher zu verifizieren sind, sind nicht allgemeingültig formuliert.
- *Online-Shopping* Manche Onlineversandhäuser bieten ein unter Nachhaltigkeitskriterien optimiertes Portfolio mit entsprechenden Prüfungen der Lieferketten an. Ein Vergleich solcher Angebote ist zumindest für die Verfolgung von Marktentwicklungen hilfreich. Die Aussage trifft häufig zu, dass ein Sammeltransport ökologisch und

ökonomisch günstiger ist als ein individueller Verkauf. Dem steht gegenüber, dass bei einem geplanten Einkauf der Transport im Sinn des Verhältnisses von gekaufter Masse zu Transporteinheit optimiert wird und dass zusätzlich der lokale Verkauf mit lokalen Warenquellen und Netzwerken unterstützt wird.

Unterschiedliche Behandlung von Gebrauchs- und Verbrauchsmaterialien
Allgemein lassen sich Hinweise auch unterscheiden nach Gebrauchs- und Verbrauchsgegenständen. Bei *Gebrauchsgegenständen*, das heißt, bei Elektrogeräten, Fahrzeugen, Möbeln und so weiter, ist zu achten auf
- *Langlebigkeit*: Nicht nur das Material spielt eine Rolle, sondern auch das Design. Deshalb legen Hersteller von nachhaltigen Gebrauchsgegenständen Wert auf ein zeitloses Design, Reparierbarkeit, Möglichkeit zum Upcycling, Zerlegbarkeit in wieder zu nutzende oder gegebenenfalls auch sortenrein zu entsorgende Einzelteile. Der Wiederverkaufswert ist auch ein gutes Indiz für die Möglichkeit, dem Gegenstand nach der Nutzung ein neues Leben zu geben.
- *Nutzung nachwachsender Rohstoffe*: Dies sind in erster Linie Pflanzenprodukte (wie Holz, Bambus, Baumwolle, zunehmend auch Zelluloseprodukte aus Abfallprodukten der Landwirtschaft, Algen etc.).
- *Faire Produktionsbedingungen*: Ein Gegenstand ist dann nachhaltig, wenn auch die Produktion fair abläuft und alle an der Lieferkette beteiligten Unternehmen ihrer Verantwortung in sozialen und Belangen der Governance nachkommen (Kapitel Fußabdrücke). Entsprechende Informationen sind den Websites vieler Unternehmen zu entnehmen, ein Bereich, in dem derzeit ein häufig ausgeprägtes Spannungsverhältnis zwischen Selbstdarstellung und Realität besteht.
- *Kurze Transportwege*: Es gilt die allgemeine Regel, dass Transportwege so kurz wie möglich sein sollten, was durch regionale Rohstoffe, Herstellung und Zulieferer unterstützt wird.
- *Schadstofffreiheit*: Gegenstände und Verbrauchsmaterialien sollten schadstofffrei sein – das gilt für die verwendeten Materialien und Substanzen für den Oberflächenschutz (wie Lacke) ebenso in der Nutzung wie in Herstellung und Abbau. Schadstoffe in diesem Sinn sind sowohl Treibhausgase als auch Substanzen, die nicht abbaubar sind. Dies gilt auch für sehr kleine Mengen wie Medikamente oder deren Abbauprodukten.
- *Nutzung seltener Materialien*: Die Nutzung nicht nachwachsender, insbesondere seltener werdender Rohstoffen in Herstellung, Nutzung und Entsorgung sollte vermieden werden.
- *Verpackung*: Verpackungen sollten so knapp wie möglich bemessen (um der Schutzfunktion nachzukommen) und recyclebar sein. Standardisierte Verpackungen ermöglichen oft eine ressourcenoptimierte Produktion.
- *Rücknahme*: Gegenstände sollten vom Hersteller zurückgenommen werden, um eine optimierte Wiedernutzung als Ganzes oder in Rohstoffen zu ermöglichen – der

Hersteller kennt die genutzten Materialien und Bautechniken am besten. Der vom Hersteller insbesondere in internationalen Lieferketten für Rücknahmen und Aufarbeitung der Produkte erforderliche logistische Aufwand darf nicht unterschätzt werden.
- *Energie und Materialverbrauch*: Hersteller bieten ökologisch hergestelltes Stadtgas und Elektrizität, der unter definierten, die Umwelt schonenden Rahmenbedingungen hergestellt wurde. Es gilt meist, dass das zu bevorzugen ist, was den Verbrauch von Materialien und Energie in jeder Herstellungs- und Nutzungsphase reduziert.
- *Sharing-Angebote*: Hinter der Sharing Economy steht der Grundgedanke, Gegenstände gemeinschaftlich zu nutzen, indem sie getauscht, verliehen, verschenkt oder vermietet werden. Inzwischen sind Sharing-Angebote weit verbreitet. Das Angebot reicht von Car Sharing bis Foodsharing, bei dem Restaurants und Supermärkte überschüssige Lebensmittel vergünstigt anbieten.

Bei *Verbrauchsmaterialien*, das heißt, bei Nahrungsmitteln, Reinigungsmitteln, Medikamenten und so weiter, sind insbesondere die folgenden Kriterien zu berücksichtigen:
- *Lebensdauer*: Im Gegensatz zu den Gebrauchsgegenständen sollten Verbrauchsmaterialien möglichst rückstandsfrei abbaubar sein. Sie müssen sich zudem in die etablierten Recyclingwege integrieren und auch in Folgeprodukten nicht schädlich sein.
- *Nutzung nachwachsender Rohstoffe*: In der Herstellung und Nutzung sind Produkte zu bevorzugen, die nicht auf fossilen oder mineralischen Rohstoffen beruhen und deren Herstellung mit wenig Energiebedarf einhergeht.
- *Faire Produktionsbedingungen*: Wie bei Gebrauchsgegenständen gilt, dass zur Nachhaltigkeit auch faire und sozial und gesundheitlich sichere Produktions-, Nutzungs-, und Entsorgungsbedingungen gehören.
- *Kurze Transportwege*: Es gilt die allgemeine Regel, dass Transportwege so kurz wie möglich sein sollten, was durch regionale Rohstoffe, Herstellung und Zulieferer unterstützt wird.
- *Rücknahme*: Die Rücknahme von Verbrauchsmaterialien zur Wiederaufbereitung oder zur rückstandsfreien Entsorgung durch den Hersteller ist zu bevorzugen. Ansatzpunkte hierfür können Pfandsysteme sein.
- *Schadstofffreiheit und Interaktion mit anderen Materialien*: Es gelten auch hier die gleichen Regeln wie bei Gebrauchsgütern. Zudem ist hervorzuheben, dass Materialien zusammenpassen müssen, das heißt zum Beispiel, dass das richtige Reinigungsmittel für die passende Oberfläche zu wählen ist. Verschiedentlich deutet sich an, dass insbesondere Reinigungsmittel in den letzten Jahren aggressiver werden, was dazu führt, dass ältere Gebrauchsgegenstände bei der Anwendung dieser Mittel gegebenenfalls Schaden nehmen können.
- *Losgrößen*: Um Abfall zu vermeiden, sollten passende Losgrößen zur Verfügung gestellt und erworben werden.

– *Verpackungen*: Gegenstände und Verbrauchsmaterialien sollten schadstofffrei und so wenig wie möglich verpackt werden.

Generell muss bei vielen Aktivitäten auf Phasenübergänge oder Gleichgewichte geachtet werden, in denen eine Einflussgröße eine andere ersetzen kann. Ein schönes Beispiel hierfür ist der sogenannte Sinnersche Kreis [39].

> Der Sinnersche Kreis beschreibt Reinigungsvorgänge. Entsprechend der Analyse von Sinner beeinflussen vier Parameter den Erfolg einer Reinigung:
> – Chemie (Reinigungsmittel, -produkt und dessen Konzentration, Lösungsmittel (wie Wasser))
> – Mechanik (Lösung von Schmutz, Kontaktherstellung zum Reinigungsmittel)
> – Temperatur
> – Zeit.
>
> Diese Parameter sind nicht als statisch im Sinne einer Rezeptur anzusehen. Sie interagieren vielmehr komplementär miteinander. Wenn weniger Chemie genutzt wird, werden Waschzeiten länger und der Wasserverbrauch und möglicherweise auch die Temperatur höher. Obwohl diese vier Parameter unabhängig sind, stehen sie doch in Wechselwirkung. Ein Optimum für jede zu reinigende Substanz hängt von der Verfügbarkeit und den gewählten Prioritäten hinsichtlich der einzelnen anderen Parameter während des Reinigungsvorganges ab.
>
> Dies hat auch Einfluss auf nachhaltigkeitsbezogene Optimierung: Die Erwärmung des Wassers kostet Energie und bedingt daher einen Beitrag zum CO_2-Fußabdruck des Vorgangs. Mit weniger Wasser und bei niedrigen Temperaturen zu waschen könnte den Prozess optimieren, wenn die anzuwendende Chemie des Reinigungsmittels nicht gegenläufige Effekte auf die Reinigung des Brauchwassers oder die zu reinigenden Gegenstände hat. Der Sinnersche Kreis gilt nicht lediglich beim Einsatz von Geräten, sondern auch beim manuellen Reinigen. Der zielgerichtete Einsatz von Mechanik (Bürste) ist wahrscheinlich unter Nachhaltigkeitsgesichtspunkten günstiger (es werden weniger aggressive Waschmittel und weniger Wasser bei niedriger Temperatur genutzt als mit einer Geschirrspülmaschine) als die Nutzung einer Maschine.

Der Sinnersche Kreis ist nur ein Beispiel von vielen, in denen Gleichgewichte für den einzelnen Anwendungsfall genau verstanden und angepasst werden müssen, um ein Optimum innerhalb von engen Systemgrenzen zu erreichen. Diese Art von Gleichgewichten wird auch im Nachhaltigkeitssinn derzeit häufig unter umweltbezogenen, sozialen und Governance-bezogenen Gesichtspunkten neu hinterfragt, auch aus dem Blickwinkel von Risiken.

Gütesiegel und Zertifikate

Die oben beschriebenen Maßnahmen zur nachhaltigkeitsbezogenen Optimierung von Haushalten können in abgewandelter Form auch für Unternehmen Anwendung finden. Es tritt das grundsätzliche Problem auf, dass ein Nutzer angesichts der vielfältigen denkbaren Produkte und der noch größeren Zahl von Anbietern die Orientierung verliert und daher viele der notwendigen Eingangsdaten nicht einschätzen kann. Das wissen Anbieter, und da die Entscheidung vor dem Supermarktregal in Sekundenbruchteilen abläuft, sind häufig nicht Fakten, sondern das schnell wieder erkennbare und augenfällige Logo eines Zertifikats motivierend für den Kauf.

Die Anzahl an Zertifikaten ist groß, ihre Aussagekraft und ihr Inhalt aber gelegentlich gering. Bei der Betrachtung von Gütesiegeln darf nicht vergessen werden, dass ein großer Anteil dieser Siegel und Zertifikate gegen Gebühr (der Preispunkt liegt bei einigen hundert bis zu einigen zehntausend Euro pro Jahr) vergeben werden. Dies hat zur Folge, dass die mit der Vergabe einhergehende Auditierung, auch wenn gelegentlich lediglich oberflächlich durchgeführt, häufig mit sehr hohen Kosten für die empfangende Organisation einhergeht. Vor diesem Hintergrund haben insbesondere sehr kleine Firmen, die nachhaltig arbeiten, häufig keine Siegel vorzuweisen, was aber kein Indiz für eine fahrlässige oder gar nicht nachhaltige Arbeitsweise ist. Auf der anderen Seite gibt es große Anbieter, die intern Abteilungen aufbauen, um eigene Zertifikate für ihre eigenen Produkte zu entwickeln und sich dann selber zu zertifizieren. Manche Zertifikate haben darüber hinaus einen deutlichen zeitlichen Wertverlust erfahren. Es ist nicht abzusehen, dass dieser Effekt sich abschwächen oder gar beenden werden könnte.

Positiv formuliert, wollen Gütesiegel Empfehlungen darstellen und ein Ratgeber beim Einkauf sein. Es soll nicht unerwähnt bleiben, dass es Zertifikate gibt, die manchen Herstellern so wertvoll erscheinen, dass sie gefälscht werden. Es ist schwierig, vor diesem Hintergrund verschiedene Zertifikate aufzulisten (eine Internetsuche nach Umweltzertifikaten liefert einige 10.000 Einträge) und diese zu diskutieren, ist angesichts des Zeitwerts der Aussagen wenig sinnvoll. Dennoch sollen einige Siegel nicht unerwähnt bleiben, die im deutschen Sprachraum häufig anzutreffen sind.

So signalisiert das Bio-Siegel, dass gekennzeichnete Lebensmittel aus ökologischem Landbau stammen und Tiere artgerecht gehalten wurden. Das „Ohne Gentechnik"-Gütesiegel [42] wird für Lebensmittel vergeben, die ohne gentechnische Verfahren produziert wurden. Das Fairtrade-Siegel [43] soll zertifizieren, dass die ausgezeichneten Produkte unter besonders positiven sozialen (unter anderem faire Löhne und Verbot von Kinderarbeit) und ökologischen Bedingungen hergestellt werden.

Allgemeine Zertifikate

Blauer Engel [44]: Der Blaue Engel wurde 1978 vom Bundesministerium für Umwelt, Naturschutz und nukleare Sicherheit ins Leben gerufen. Das Zertifikat soll als anspruchsvoller und unabhängiger Kompass für umweltfreundliche Produkte dienen. Ziel ist es, VerbraucherInnen über umweltfreundliche Produkte zu informieren und Umweltbelastungen zu reduzieren. Produkte mit dieser Auszeichnung werden besonders umweltfreundlich hergestellt. Gleichzeitig werden hohe Ansprüche an Arbeits- und Gesundheitsschutz erfüllt.

EU Ecolabel / Euroblume [45]: Das EU Ecolabel/ Euroblume ist das offizielle Umweltzeichen der EU, welches von allen Ländern der Europäischen Union sowie von Norwegen, Liechtenstein und Island anerkannt wird. Es ist das Umweltzertifikat für Produkte des täglichen Bedarfs, die eine geringere Umweltauswirkung haben als vergleichbare Produkte ohne Zertifikat.

FSC [46]: Der Forest Stewardship Council (FSC) wurde 1993 in Rio de Janeiro gegründet und ist heute in über 80 Ländern vertreten. Der FSC setzt sich für weltweit einheitliche Grundprinzipien für verantwortungsvolle Forstwirtschaft ein.

Produkte, die mit dem FSC Zertifikat ausgezeichnet sind, werden, so die Eigenwerbung, aus nachhaltiger Forstwirtschaft bezogen. Die Organisation kontrolliert regelmäßig die Einhaltung der Umweltstandards. Darüber hinaus werden die Arbeiternehmerrechte und die Arbeitsbedingungen aller im Forstbetrieb Beschäftigten durch die Organisation geprüft. Eine Zertifikatsvergabe erfolgt nur nach Prüfung durch unabhängige Dritte.

PEFC [47]: Bei dem Programme for the Endorsement of Forest Certification Schemes (PEFC) steht eine nachhaltige Waldbewirtschaftung im Fokus. Es setzt nach eigener Auskunft seinen Schwerpunkt auf eine ganzheitliche Nachhaltigkeit, indem es ökologische, ökonomische und soziale Standards berücksichtigt. Durch den Erwerb des Zertifikats unterzeichnet der Forstwirt eine freiwillige Selbstverpflichtungserklärung zur Einhaltung der vorgegebenen Standards. Die Einhaltung der PEFC-Standards kann jährlich repräsentativ in einer Region überprüft werden.

EMAS [50] – DIN EN ISO 14001 [48], DIN EN ISO 50001 [49]: EMAS steht für Eco Management and Audit Scheme und wurde 1993 von der Europäischen Union entwickelt, um Unternehmen die Möglichkeit zu geben, ihre Umweltleistung systematisch zu verbessern. EMAS, auch bekannt als „EU-Öko-Audit", umfasst sowohl Umweltmanagement als auch eine Umweltbetriebsprüfung. EMAS steht auch für gelebtes Umweltmanagement im Alltag – es bezieht die Beschäftigten mit ein, stärkt die Einhaltung der Rechtsvorschriften und kommuniziert das auch in der Öffentlichkeit. EMAS bestätigt außerdem ein Energiemanagement gemäß DIN EN ISO 50001.

5 Eigentum und Verantwortung

Überblick: Das folgende Kapitel setzt an der Beobachtung an, dass Zeit eine kritische Größe in der Nachhaltigkeitsdiskussion ist. Zunächst wird die Perspektive eines Produktlebenszyklus eingenommen, um den kürzesten Verantwortungszeitraum zu erfassen, in dem etwa ein Rohstoff längstenfalls angebaut und genutzt wird, und wie lange ein Konsumprodukt genutzt wird. Streng genommen ist davon auszugehen, dass ein Produktdesigner ebenso wie der Nutzer/die Nutzerin eines Produktes für diese Zeit eine gewisse Mitverantwortung für das Produkt und die genutzten Rohstoffe, deren Recycling beziehungsweise nicht-Recycling trägt.

In der Folge wird die Perspektive geändert: Der Aspekt einer Produktlebensdauer ist sehr auf unsere Kultur bezogen. In nicht-industrialisierten Kulturen wird Verantwortung anders gesehen. Es wird gezeigt, dass die Auswirkungen auf die Nachhaltigkeit von Produkten im Bereich von mehr als 100 Jahren liegen kann und dass dies innerhalb des Zeitraum ist, in dem verschiedene Kulturen die Verantwortung Einzelner sehen. Abschließend wird die Frage gestellt, wie lange eine technische Hochkultur auf dem heutigen Niveau im Durchschnitt existiert. Dieser Zeitraum liegt bei weniger als 200 Jahren, von einem astrophysikalischen Blickwinkel betrachtet.

Stichwörter: Verantwortung, Umtriebszeiten, Nutzungdauern, Zeitdauern für Verantwortung in verschiedenen Kulturen, andere Blickwinkel auf Zeit

5.1 Nachhaltiger Konsum

Der Hintergrund der Diskussion ist ein Multilemma: Ein lebender Organismus benötigt den Konsum von Energie und Materialien, um zu überleben. Dem steht gegenüber, dass der Konsum des Einen eine Beschränkung des Konsums für Andere (d. h., auch anderer Lebensformen) bedeuten kann. Bei unbegrenzten Ressourcen ist das kein Problem – Ressourcen sind aber begrenzt. Das absolute Ausmaß des Konsums hängt vom individuellen Umfeld ab, für dessen Gestaltung Einzelne nur in begrenztem Maße mitentscheidend waren.

Verantwortung wird im rechtlichen Sinne bezeichnet als „die Pflicht, für eine Handlung und ihre Folgen einzustehen" [1], wobei Verantwortung im rechtlichen Sinne die Übertretung definierter Rechtsnormen oder die Verletzung spezifischer Rechtsgüter voraussetzt. Auch andere Aspekte spielen in diesem Zusammenhang eine Rolle, etwa eine Moral, die vorgibt, dass für die (absehbaren) Folgen des Handelns aufzukommen ist. Diese Rolle setzt auch Grenzen.

Natürliche Ressourcen werden knapper, ihr Konsum und ihre Nutzung bedingt, dass sie zukünftigen Generationen nicht mehr oder nur noch in verringertem Maße zur Verfügung stehen werden. In dem Sinne übernehmen NutzerInnen von Ressourcen Verantwortung für in der Zukunft fehlende Möglichkeit des Konsums.

Vor diesem Hintergrund gewinnt der Zeitaspekt der Verantwortung Bedeutung. Dieser Aspekt wurde bereits in der Einleitung im Zusammenhang mit der Nachhaltigkeitsdefinition der University of Alberta andiskutiert [2].

Nachhaltigkeit, so die Sichtweise der University of Alberta, ist *der Prozess des Lebens innerhalb der Grenzen der verfügbaren physischen, natürlichen und sozialen Ressourcen*. Diese Beschreibung nutzt das Wort *verfügbar* als Aspekt der Versorgung der ökologischen Nische, in der Menschen leben, mit ihren Rohstoffen und ihrer Energie. Dem steht gegenüber, dass das heutige Wirtschaftssystem auf Kosten sowohl der Vergangenheit als auch der Zukunft „lebt": Die natürliche Anreicherung von Ressourcen, die zum Teil in Jahrmillionen stattfand, wird schnell und künstlich industriell fortgesetzt. Ressourcen werden verarbeitet, als technische Materialien (wie Legierungen) und zum Teil untrennbar gemischt mit anderen technischen Materialien verbraucht, oberflächenbehandelt und nach kurzer Zeit zu Abfällen, aus denen die ursprünglichen Ressourcen nicht mehr zurück zu gewinnen sind ohne Energie, die ebenfalls zum Teil in erdgeschichtlichen Zeiträumen erzeugt wurde und deren Verfügbarkeit beschränkt ist. In diesem Zusammenhang von *verfügbar* zu sprechen, ist Teil des Problems. In dem Sinne nachhaltig zu leben bedeutet, dass *nur das genutzt wird, was innerhalb eines bestimmten und definierten Zeitraums, zum Beispiel der eigenen Lebensspanne, von der Natur produziert wird, sowohl in Termini von Energie als auch von Rohmaterialien*.

Zeit und Verantwortung

Oben wurde das Konzept von Life Cycle Assessments (LCA) eingeführt. Es ging darum, die mit einem Produkt oder Unternehmen einhergehenden Auswirkungen auf die Nachhaltigkeit zu bestimmen. Zur Strukturierung wurden die Phasen im Produktleben eingeführt:

1 Gewinnung, Verarbeitung und/oder Lieferung von Rohstoffen,
2 Herstellung/ Produktion,
3 Inverkehrbringen – Transport, Vertrieb und Vermarktung,
4 Nutzung, Wiederverwendung und Instandhaltung der Produkte,
5 Ende des Lebenszyklus (Recycling und Entsorgung).

Unter dem Blickwinkel *Zeit* ist diese Liste unvollständig, denn nicht nur bei industriellen Produkten fehlen weitere Aspekte:

1. Die Zeit, die die Natur braucht, um „sich wieder aufzuladen", das heißt, fähig zu sein, den Rohstoff oder die Energie erneut hervorzubringen – in Anlehnung an den entsprechenden Begriff der Forstwirtschaft im Folgenden *Umtriebszeit* [3] genannt.
2. Die Zeit, die für die Natur erforderlich ist, um alle Restprodukte so zu verarbeiten, dass sie nicht mehr schädlich sind. Dies bedeutet nicht notwendigerweise, dass die Stoffe wieder als Rohstoff dienen können.

3. Für Innovationen, das heißt, für neue Produkte und Materialien: Die Zeit, die für die sichere Integration einer Technologie in etablierte Umgebungen relevant ist, also auch im Kontext bestehender oder anderer neuer Technologien.

Quantitative Umweltanalysen werden in der Regel durchgeführt, wenn eine sehr detaillierte Bewertung oder eine umweltbezogene Prioritätensetzung auf der Grundlage der verfügbaren Daten erforderlich ist.

Sie wird verwendet, wenn die Umweltvorteile eines neu entwickelten Produkts bewertet und mit dem früheren Produkt oder anderen alternativen Produkten verglichen werden sollen.

Vor der eigentlichen Produktion stehen die Zeiten der Erforschung und Entwicklung eines Produkts, deren Tests und Zulassungsprozesse. Abhängig vom Typ des Produkts und dem Markt, in dem das Produkt positioniert werden soll, handelt es sich um Zeiträume, die sich in mehreren Monaten bis zu vielen Jahren bewegen – je nachdem, ob es sich um eine Neuentwicklung handelt oder um die Weiterentwicklung eines bestehenden Produkts.

Die Frage nach dem Zeitraum, innerhalb dessen Verantwortung zu tragen und einzufordern ist, soll im Folgenden im Kontext von anderen Dimensionen die Verantwortung für Verbrauch von Ressourcen diskutiert werden, wobei Vorgaben, die sich aus religiösen oder politischen Moralvorstellungen ergeben, nicht angesprochen werden.

5.1.1 Umtriebszeiten

Nachhaltiges Wirtschaften im Sinne von von Karlowitz (Kapitel 1) bezieht sich auf den gesamten Zeitraum, der für die Erzeugung und Nutzung eines Gutes benötigt wird; in seinem Fall war das Holz. Die Verarbeitung wird bei ihm nicht explizit adressiert [4]. Der Entsorgung widmet von Karlowitz keine weitere Aufmerksamkeit. Dies ist eine auch aus heutiger Sicht zumindest für Holz keine abwegige Betrachtungsweise. Es gilt aus seiner Sicht, die Ressource Holz *so lange zu nutzen, bis erneute Versorgung sichergestellt* ist. Dieser Gedanke ist dem Verständnis eines Wirtschaftens im Sinne des „Lebens von den Zinsen und nicht vom Kapital" eng verwandt.

Es ist möglich, diesen Zeitraum konkret zu beschreiben: Wenn die Frage nach den gemäß von Karlowitz zu beachtenden Zeiträumen gestellt wird, ist naheliegend, das Alter von Bäumen bei deren Schlagreife zu betrachten, dem sogenannten Umtriebsalter oder der Umtriebszeit. Hierbei muss beachtet werden, dass das Umtriebsalter in der Forstwirtschaft nicht das natürliche Höchstalter des Baumes ist [5]. Praktisch wird der optimale Einschlagszeitpunkt nicht nur unter dem Aspekt der Gewinnmaximierung, sondern auch dem Aspekt der Pflege des Waldbestandes gewählt (Tabelle 5.1 unten).

Auch wenn wahrscheinlich ist, dass zur Zeit von von Karlowitz die Verteilung der Bäume in seiner Heimat, dem Harz, eine andere war als im deutschen Bundesdurchschnitt heute, liegt es nahe anzunehmen, dass zu seiner Zeit für Kohorten und Einzel-

Tab. 5.1: Das Umtriebsalter einiger Baumarten [5].

Baumart	Anteil in Deutschland in % (gerundet)	Umtriebsalter in Jahren	Natürliche Lebensdauer in Jahren
Rotfichte	25	80–120	200–300
Waldkiefer	23	80–140	200–300
Rotbuche	15	120–160	200–300
Sandbirke	10	60–80	100–120
Schwarzerle	10	60–80	100–120
Rosskastanie	5	10–30	200
Bergahorn	5	120–140	400–500
Lärche	3	100–140	200–400
Küstendouglasie	2	60–100	400–700
Weißtanne	2	90–130	500–600
Schwarzpappel		30–50	100–150
Hainbuche		60–100	150
Spitzahorn		100–120	150
Gemeine Esche		100–140	250–300
Winterlinde		120–140	900–1000
Sommerlinde		120–140	700–800
Bergulme		120–140	400–500
Stiel-Eiche		180–300	500–800

bäume eine maximale Lebensdauer von 80–120 Jahren angenommen werden konnten. Auch bei einer sukzessiven Bewirtschaftung wird dieser Zeitraum nicht überschritten, ist aber Richtgröße für ein Optimum.

Es ist vernünftig, Bäume nicht in sequenzieller Fruchtfolge, sondern in zeitlich unstrukturierter Reihenfolge oder nutzungsoptimiert in Kohorten zu ernten. Zudem ist eine Nutzung unterhalb eines gewissen Durchmessers kaum sinnvoll – was bei oft vorkommenden Bäumen zu einem minimalen Umtriebsalter von etwa 20 Jahren führt. Diese Nutzung führt zu einer beobachtbaren Verteilung der Lebensalter von Bäumen, dem sogenannten Normalwaldmodell [6, 7]. Das entsprechend im Schnitt erreichte Alter von Bäumen beim Einschlag liegt damit bei etwas weniger als dem optimalen Umtriebsalter.

Aus dem Blickwinkel der Forstwirte und unter der Annahme, dass eine Generation der Forstwirte etwa 20–35 Jahre und ein beruflich aktives Leben etwa 40 Jahren dauert, erlebt eine Generation von Forstwirten damit an einem gegebenen Ort minimal bis zu etwa zwei Generationen von Bäumen. Die zeitlich überschaubare Spannbreite für eine Generation von Züchtern liegt bei maximal 6–7 Generationen, wobei sich diese obere Grenze aus dem Zeitraum zwischen Aussaat und Ernte von mindestens etwa 100–120 Jahren errechnet. Der Zeitraum, in dem ein einzelner Forstwirt (Mit-)Verantwortung für einen solchen Generationenwald trägt, liegt damit mindestens in der gleichen Größenordnung. In diesem Sinne ist es wahrscheinlich, dass von Karlowitz auch solche Zeiträume vor Augen gehabt hat, als er seinen Ansatz von nachhaltiger Bewirtschaftung von Wäldern formulierte.

Der obige Abschnitt bezieht sich auf die Zeiträume, die die Natur benötigt, um wieder den gleichen *nachwachsenden Rohstoff* hervorzubringen, in diesem Fall, Bäume. Für saisonale Produkte wie Nahrungsmittel sind diese Zeiträume offenbar deutlich kürzer, obwohl auch deren Produktion, wenn sie nachhaltig betrieben wird, in längerfristige Prozesse wie zum Beispiel die Erholung von Ackerböden eingebettet ist, die verschiedene Fruchtfolgen oder auch gänzlich unbewirtschaftete Phasen beinhalten kann.

Die Überbewirtschaftung von landwirtschaftlicher Fläche geht auf Kosten von zum Teil in Jahrhunderten gewachsenem Mutterboden und dessen Bewirtschaftungsfähigkeit. Dies kann dazu führen, dass die entsprechenden Flächen erodieren und in naher Zukunft nicht mehr bewirtschaftet werden können. Obwohl dieser Effekt im weltweiten Maßstab lediglich etwa 1/6 der bewirtschafteten Fläche betrifft, gibt es regionale Unterschiede, was zur Folge hat, dass lokale Versorgungsengpässe folgen können.

Für nachwachsende Rohstoffe können damit also Umtriebszeiten im Bereich von weniger als einem halben Jahr bis zu über 100 Jahren denkbar sein, wobei Bewirtschaftungsform und Auslastung des Bodens eine begrenzende Rahmenbedingung darstellen können.

Für *nicht nachwachsende Rohstoffe* (fossile Rohstoffe oder Erze) gelten deutlich längere Umtriebszeiten, die bei fossilen Rohstoffen durch Überlagerung mit Sedimenten beziehungsweise bei Erzen zum Beispiel durch Anreicherung in Magma stattfindet, also ein Prozess eher im erdgeschichtlichen Zeitmaßstab.

5.1.2 Nutzungsdauern

Die Nutzungsdauer von Produkten (Tabelle 5.2 unten) ist lediglich ein Ausschnitt des gesamten Lebenszyklus. Wie alle anderen Phasen im Leben eines Produktes unterscheiden sich Nutzungsdauern nach Ausprägung und Produktart und entsprechend auch je nach adressiertem Markt.

Tab. 5.2: Nutzungsdauer von Produkten [8, 9].

Produkt	Durchschnittliche Nutzungszeit (in Jahren)
Handy	4
Auto	8–12
Flachbildschirm	5,6
Waschmaschine, Kühlschrank	13
Laptop	5,5

Es ist entscheidend zu verstehen, wie sehr sich die Lebensdauer von Produkten innerhalb eines Industriesegments bei einem Produkttyp unterscheidet. Bei einer Kombination von Produkten hat dieser Unterschied zur Folge, dass sich die Gesamtlebensdauer des Produkts und der zeitliche Abstand zwischen Reparaturen nach der kürzesten und nicht nach der längsten Produktlebensdauer richten. Aus dem Blickwinkel des Engineerings sollte damit eine Vorgabe dafür gegeben sein, wie einfach zugänglich Bauteile sein müssen, beziehungsweise wie deren Lebensdauer zu bemessen ist: Die unterschiedliche Lebensdauer einzelner Bauteile bietet auch die Möglichkeit, die Lebensdauer des Gesamtsystems dadurch zu beschränken, dass Bauteile im Falle einer nötigen Reparatur nicht mehr zur Verfügung stehen. Diese Strategie zur *Planned Obsolescence* [10] findet sich insbesondere bei Produkten mittlerer Lebensdauer wie Fahrzeugen oder Elektrogeräten in der Praxis häufig wieder.

Eine solche Sichtweise auf die Lebensdauer von Komponenten wird besonders augenfällig für langlebige Güter. Eine entsprechende Liste für Häuser folgt unten. Die Quelle [11] klassifizierte die Bauteile von Häusern hinsichtlich deren Lebensdauern wie folgt in Tabelle 5.3.

Die in den Tabellen *Nutzungsdauer von Produkten* beschriebenen Erzeugnisse werden in der Regel über mehrere Jahre entwickelt, bleiben einige Jahre im Sortiment des Anbieters, und werden gelegentlich auch länger als deren durchschnittliche Lebensdauer nach dem Ausscheiden aus dem aktiv vermarkteten Portfolio bei Nutzern gefunden. Erst danach beginnt der Recycling- oder Entsorgungszeitraum.

Selbst bei so einfachen Produkten wie einem Kühlschrank können damit Lebenszyklen zwischen erstem Design und Ausscheiden der „letzten ihrer Art" aus dem Markt Zeiträume von deutlich länger als 30 Jahren erreicht werden. Ein ressourcen- und energieoptimiertes Produktdesign muss daher in solchen Zeiträumen planen, und die Unternehmen müssen bereit sein, entsprechend Verantwortung zu tragen. Bei Produkten, die zusammen mit anderen langlebigen Produkten genutzt werden, kann sich die Verantwortung in dem Sinne auf deutlich längere Zeiträume erstrecken. Gerade bei Produkten, die auf sehr lange Lebenszyklen ausgerichtet sind, empfiehlt sich ein Design so, dass Repurposing möglich ist.

Bei Produkten mit etablierten Recyclingnetzwerken kann von häufiger Wiedernutzung der Rohstoffe oder auch der Einzelteile ausgegangen werden:

> Für Papierfasern ist beispielsweise theoretisch eine Vielzahl von Lebenszyklen möglich. Die Anzahl der möglichen Recyclingzyklen wird durch schlechte Trennung der Ausgansmaterialien und ungereinigte Eingangsstoffen in der Regel auf sieben Zyklen beschränkt [13]. Pro Zyklus sind realistisch einige Wochen Durchlaufzeit anzusetzen. Ein pflegliches Umgehen mit Materialien während der Nutzungsphase ist zu empfehlen. Das bedeutet selektive und vorsichtige Oberflächenbehandlung, keine zusammengesetzten Materialien, wenig Varianten bei Legierungen, lösbare Verbindungen und so weiter. Zu den optimierenden Maßnahmen für die Lebensdauer der Papierfasern zählt auch eine Reduktion von mechanischen Belastungen in der Nutzungsphase, die zur Faserverkürzung führen können, Vermeidung von Verschmutzung und vor allem sortenreines Sammeln [14].
>
> In der Praxis variieren Produkte und ihre Produktion mit der Zeit und den vorherigen Bedingungen der vorherigen Produktion [15].

Tab. 5.3: Nutzungsdauer von Produkten im Baubereich [12].

	Bauteil/Bauschicht	Lebensdauer Jahre
Tragkonstruktion	Treppenstufen (Holz)	ca. 35–45
	Decken/Treppen/Balkone (Holz)	ca. 60–100
	Innenwände/Stützen (Holz)	ca. 70–100
	Treppenstufen (Naturstein)	ca. 80–100
	Fundament/Außenwände	ca. 80–100
	Innenwände/Stützen (Naturstein/Ziegel)	ca. 90–120
Bauteile außen	Anstrich (Kalkfarbe/Öl- und Kunstharz)	ca. 7–15
	Kunststoffbeschichtungen	ca. 15–20
	Mauerabdeckung/Attika (Blech/Stahl)	ca. 25–50
	Außenputz	ca. 30–40
	Geländer/Roste (Holz)	ca. 35–45
	Geländer/Roste (Edelstahl)	ca. 80–120
	Abdichtungen (nicht drückendes Wasser)	ca. 30–60
	Außenwände (Holz)	ca. 40–70
	Außenwände (Beton-Ziegel/Naturstein)	ca. 80–120
	Mauerabdeckung/Attika (Blech/Stahl)	ca. 25–50
	Mauerabdeckung/Attika (Naturstein)	ca. 80–90
Bauteile innen	Anstriche (Lasuren)	ca. 10–15
	Anstriche (Mineralfarbe)	ca. 15–25
	Bodenbeläge (PVC)	ca. 15–25
	Fensterbänke (Kunststoff)	ca. 30–60
	Trennwände (Gipskarton)	ca. 35–60
	Estrich	ca. 40–60
	Innentüren (Holz/Glas)	ca. 50–70
	Geländer (Holz/Stahl)	ca. 50–80
	Bodenbeläge (Keramik/Stein)	ca. 50–100
	Fensterbänke (Naturstein)	ca. 80–150
	Klinker/Ziegel	ca. 80–150
Dächer	Dacheindeckung (Blech)	ca. 25–40
	Dachentwässerung	ca. 25–50
	Dach/Dachstuhl (Leimbinder)	ca. 30–50
	Dacheindeckung (Dachziegel/Beton)	ca. 40–60
	Dacheindeckung (Schiefer)	ca. 60–100
	Dach/Dachstuhl (Stahl/Beton/Holz)	ca. 80–120
	Eingangsüberdachungen	ca. 60–80
Außenwand	Wärmedämmung	ca. 25–35
Türen und Fenster	Dichtungsprofile	ca. 10–20
	Markisen	ca. 10–20
	Verglasung (Mehrscheiben-Isolierglas)	ca. 20–30
	Beschläge	ca. 20–40
	Fensterrahmen (Alu/Holz/Kunststoff)	ca. 40–50
	Klappläden	ca. 50
	Verglasung (einfach)	ca. 60–100

Tab. 5.3 (Fortsetzung)

	Bauteil/Bauschicht	Lebensdauer Jahre
Installation	Wasserleitungen (Warmwasser)	ca. 15–30
	Heizungsanlagen	ca. 15–30
	Stromanlagen (Leitungen/Kabel)	ca. 20–30
	Sanitärobjekte	ca. 20–30
	Wasserleitungen (Kaltwasser)	ca. 30–60
Außenanlage	Wege/Straßen (Asphalt)	ca. 15–20
	Beleuchtungen (Erdkabel)	ca. 20–30
	Beleuchtungskörper	ca. 20–30
	Abwasserschächte (Beton)	ca. 50–100
	Wege/Straßen (gepflastert)	ca. 80–150

Vor dem Hintergrund des oben Gesagten ist es damit gerechtfertigt, diesen Zeithorizont noch weiter zu fassen: Er läßt sich als die Zeit definieren, in der das Produkt und dessen Recyclingprodukte „als Offsprings" im Markt zirkulieren und damit mit den Nutzern sowie der sozialen und ökologischen Umwelt wechselwirken. *Eine* Produktlebensdauer ist zu kurz gegriffen. Es muss über die Recyclinghäufigkeit gesprochen werden, das heißt, über die Anzahl der Lebensdauern im Feld.

Im Sinne der obigen Diskussion über die zeitliche Abgrenzung der Verantwortlichkeiten ist eine Lebensdauer von nur einer Generation eines Industrieprodukts nur dann ausreichend, wenn Varianten von Produktionsbedingungen, die Lieferketten, die Nutzungsarten und die Aufarbeitung/Recycling und Entsorgung so gering ist, dass ein sortenreines Sammeln zur Wiederverwertung beziehungsweise Wiedernutzung möglich ist.

Zwischen dem ersten Designkonzept, der Produktdefinition eines Produkts, seiner industriellen Fertigung, der Nutzung und der Entsorgung der letzten Produkte einer erfolgreichen Produktlinie können also Jahrzehnte liegen. Vor dem Hintergrund der obigen Ausführungen ist es daher gerechtfertigt, diesen Zeithorizont noch weiter zu fassen, nämlich als den Zeitraum, in dem das Produkt und seine Recyclingprodukte „als Nachkommen" auf dem Markt zirkulieren und somit mit den Nutzern und der Umwelt interagieren.

5.1.3 Verantwortlichkeitszeiträume in anderen Kulturen

Die Frage nach der Verantwortung für die eigenen Aktivitäten wurde auch im Kontext indigener Kulturen gestellt und beantwortet.

Einzelpersonen kennen persönlich häufig noch die Generation ihrer Urgroßeltern sowie diese umgekehrt auch die ihrer Urenkel. Urgroßeltern überblicken damit persönlich im längsten Fall ihre eigene Generation sowie die zwei Generationen vor und nach sich. Aus Erzählungen könnte sich der Blick etwas in die Vergangenheit weiten. Ein weiterer Überblick im Sinne der Sammlung, Verarbeitung und Weitergabe von Erfahrung ist kaum denkbar. Die *Six Nations*, ein Verband mehrerer indigener Völker im Norden der USA im Grenzgebiet zu Kanada, greifen eine ähnliche Perspektive auf. Sie nennen ein entsprechendes Konzept das Prinzip der siebenten Generation (the *7th Generation Principle* [16]). Die Idee ist, einfach formuliert, dass Handelnde für alles Verantwortung übernehmen können und müssen, was die kommenden sieben Generationen beeinflussen könnte. Im Kontext dieses Kulturkreises ist Generationenzeit (definiert als der Durchschnitt der Altersdifferenz aller Kinder zu Vater oder Mutter in Jahren) etwa 16–25 Jahre [17].

Sieben Generationen in diesem Sinn dauerten etwa 140–175 Jahre. Das ist etwas länger als der von von Karlowitz angenommene Zeitraum, liegt aber in der gleichen Größenordnung.

Vergleichbare Konzepte existieren auch in anderen Kulturen: So sprechen die Maori von einer Verantwortlichkeitsspanne im obigen Sinn von vier Generationen.

5.1.4 Andere Blickwinkel auf Zeit im Nachhaltigkeitskontext

Sozialisation von Technologien
Neben der Zeit als absolutem Parameter ist auch die Geschwindigkeit der Innovationen und deren soziale Adaption, eine Art „Sozialisierung von Technologien", eine im Kontext der Nachhaltigkeit zu berücksichtigende Größe. Eine solche Sozialisierung ist nötig und kompliziert, denn jede Implementation einer Technologie existiert im sozialen Kontext und auch im Kontext der Nutzung anderer, ebenfalls genutzter Technologien. Diese Komplexität wird ausgeprägter, wenn ein Produkt während seiner Lebensdauer gemeinsam mit verschiedenen anderen Produkten mit verschiedenem Alter und Grad der Ausreifung im Zusammenspiel stehen. Hierzu numerische Werte anzugeben ist schwierig. Es sind zumindest keine entsprechenden Studien bekannt, die entsprechende Zeithorizonte vorstellen.

Die Studie „Grenzen des Wachstums"
1971 veröffentlichten Jay Forrester et al. ihre Arbeit über „World Dynamics" [18]. Die verwendeten mathematischen Modelle ermöglichen eine Untersuchung des Zusammenspiels mehrerer Variablen, insbesondere der Entwicklung der
- Weltbevölkerung,
- Nahrungsmittelversorgung,
- Weltindustrieproduktion,
- Umweltverschmutzung und
- (verbleibende) Ressourcen.

Die Modellrechnungen kommen zu dem Schluss, dass die verfügbaren Ressourcen der Welt kein unendliches Wachstum beliefern können. Die vom Club of Rome finanzierte Studie von Meadows et al., „Grenzen des Wachstums", griff die Aussagen von Forrester auf: Die Simulationen deuteten auf einen Zusammenbruch vor dem Jahr 2100 hin [19]. Außerdem zeigten die Berechnungen,
(i) dass die Weltbevölkerung, die Nahrungsmittelproduktion und die industrielle Produktion in Zukunft zunächst exponentiell ansteigen und im Laufe des 21. Jahrhunderts zunehmend unkontrollierbar werden;
(ii) dass der Zusammenbruch eintreten wird, weil die Weltwirtschaft an ihre physischen Grenzen hinsichtlich der nicht erneuerbaren Ressourcen, endlichen landwirtschaftlichen Flächen und der endlichen Aufnahmefähigkeit der Erde für übermäßige Umweltverschmutzung stoßen wird;
(iii) dass 11 Mineralien und Rohstoffe wie Kupfer, Gold, Blei, Quecksilber, Erdgas, Öl, Silber, Zinn und Zink im Laufe des 21. Jahrhunderts erschöpft sein werden;
(iv) dass bei unveränderten derzeitigen Wachstumstrends bei der Weltbevölkerung, der Industrialisierung, der Umweltverschmutzung, den Ernährungsproblemen und der Erschöpfung der Ressourcen die Grenzen des Wachstums auf diesem Planeten innerhalb der nächsten hundert Jahre erreicht sein werden.

Diese Erkenntnisse wurden vom Club of Rome und Dennis Meadows weitergeführt. Meadows verwendete die beiden Modelle in seiner Publikation „Grenzen des Wachstums" 1972 und 1976 [19]. Diese Studien haben die öffentliche Meinung stark beeinflusst und zu einem Meinungsumschwung geführt. Ihre Arbeitsweisen und Ergebnisse gelten auch heute noch als bahnbrechend.

Die Simulationen erlaubten die Beschreibung von Szenarien zur zeitlichen Entwicklung verschiedener Parameter. Es wurde klar, dass
– Umweltverschmutzung,
– hohe Bevölkerungswachstumsraten und
– die Verknappung von Nahrungsmitteln und Ressourcen

die Zukunftsaussichten der Welt beeinflussen: Da die Ressourcen endlich sind und wahrscheinlich innerhalb von 50 oder 100 Jahren erschöpft sein werden, sollten, so das Ergebnis, die Menschen ihre Einstellungen zur Umweltverschmutzung und Ressourcennutzung ändern, da sich nur dadurch ein Zusammenbruch der Welt vermeiden lässt. Trotz der Ungenauigkeit der Berechnungen ist es bemerkenswert, dass die Modellannahmen für das einfache Modell (Standardlauf) bis heute gute Vorhersagen liefern [20].

Das Modell von 1976 sagt vor dem Hintergrund des damaligen technologischen Wandels zunächst eine Wachstumsphase voraus. Auf das Wachstum folge jedoch ein Rückgang der Geburtenrate, eine Zunahme der Umweltverschmutzung und ein Rückgang der Produktion von Nahrungsmitteln, Dienstleistungen und Industriegütern sowie eine Abnahme der verfügbaren Ressourcen.

Unter anderem die Arbeiten des Club of Rome lieferten den Grund für die Bildung einer Reihe von Arbeitsgruppen und Kommissionen – insbesondere die Kommission der Vereinten Nationen zu bilden, die nach dem Namen ihrer Leiterin als *Brundtland-Kommission* bekannt wurde. Diese Kommission veröffentlichte den „Report of the World Commission on Environment and Development": Our Common Future: Von einer Erde zu einer Welt, oft abgekürzt als „Brundtland-Report" [21]. Der Geltungsbereich des Berichts in Bezug auf die Umweltpolitik ist generationenübergreifend und global und versucht, die Interessen der armen und reichen Nationen im Sinne einer Einheit in Einklang zu bringen. Der Bericht fordert eine Synthese der großen Themen Natur, Gesellschaft und Wirtschaft, unabhängig vom Wirtschaftswachstum. Um das Thema anzugehen, hat die Kommission die inzwischen klassische Forderung aufgestellt, dass Entwicklung „nachhaltig sein muss, um sicherzustellen, dass sie die Bedürfnisse der Gegenwart befriedigt werden, ohne die Fähigkeit künftiger Generationen zu gefährden, ihre eigenen Bedürfnisse zu befriedigen."

Auch in diesem Sinne verlangt die Forderung nach Verantwortung Begrenzung im Sinne von weniger Verbrauch von Ressourcen und Energie sowie längerer Lebensdauer von Produkten mit weniger Komplexität, auch unter Berücksichtigung sozialer Wechselwirkungen.

5.1.5 Wie viel Zeit bleibt?

Die Antwort auf die Frage danach, wie viel Zeit bleibt, bietet keinen Anlass zum Optimismus. Die erwähnten Arbeiten des Club of Rome zielten darauf ab, die Dynamik der Wirtschaftsaktivitäten *vor* einem zu erwartenden Höhepunkt zu simulieren. Sie erwarten einen Kollaps in diesem Jahrhundert, eher in der ersten Hälfte dieses Jahrhunderts. Auch die neueren Arbeiten [20] erwarten als wahrscheinlichstes Ergebnis einen Höhepunkt der untersuchten Parameter vor dem Jahr 2050. Meadows ging in einer mit dem Autoren 2022 geführten Diskussion davon aus, dass „der Zusammenbruch, in den wir jetzt eintreten, mehrere Jahrhunderte dauern wird, und dass es dann Jahrtausende dauern wird, bis sich ein neues System herausbildet."

Andere Quellen erwarten einen ziemlich plötzlichen und unkontrollierbaren Rückgang sowohl der Bevölkerung als auch der Kapazität der industriellen Leistung.

Die Ähnlichkeit der Prognose mit den Beobachtungen der Zusammenbrüche historischer Wirtschaftskulturen ist auffällig: Laut E. Cline war das Ende der Kulturen am Ende der Bronzezeit charakterisiert durch den Zusammenbruch der zentralen Organisation, das Verschwinden von Eliten, den Zusammenbruch des Wirtschaftssystems, Migration, innere und äußere Konflikte, Unterbrechung des Zugangs zu Ressourcen, Naturkatastrophen, Klimaänderung und eine reduzierte Bevölkerung [22].

Die Analyse der Systemcharakteristika zum Ende der Bronzezeit passen zu den Beobachtungen im Kontext der adaptiven Zyklen, die im folgenden Kapitel dargelegt wird.

Historisch dauerten der Zusammenbruch des Wirtschaftssystems (die Freisetzungsphase in Abbildung 6.2 und 6.3 in Kapitel 6) im östlichen Mittelmeerbereich etwa 100 Jahre. Die Zeit zwischen Systemzusammenbruch und neuem Erstarken eines Wirtschaftssystems in der Region lag etwa bei einigen hundert Jahren. Erst danach kam es zu einem erneuten und langsamen Anwachsen der Wirtschaftsleistung. Wie Cline am Beispiel des Endes der Bronzezeit darlegt, ist es vor allem die Gleichzeitigkeit von Systemstörungen, die die Widerstandsfähigkeit dieser komplexen Wirtschaftsform so überfordert hat, dass sie ihr nicht mehr begegnen konnte [22].

Wie erwähnt, deuten die Studien des Club of Rome darauf hin, dass die derzeitige Erhaltungsphase vor 2050 enden wird, wobei die Ungenauigkeit der Vorhersagen eine Varianz von 20–30 Jahren durchaus zulassen. Wenn es dieselben Faktoren sind, gegen die das System zum Ende der Bronzezeit nicht mehr stabil und widerstandsfähig war, besteht Grund zur Vorsicht auch in der Situation des heutigen Wirtschaftssystems, denn die Ähnlichkeit der für die damalige Zeit als entscheidend angesehenen Faktoren mit der Situation des heutigen Systems aus Lebewesen, Wirtschaft und Natur (SES) ist bemerkenswert.

Die Prozesse innerhalb des SES sind eng miteinander verknüpft. Ein Fokus auf den Klimawandel allein reicht dafür nicht aus. Es ist viel eher das Verständnis des Zusammenspiels vom Verlust der biologischen Vielfalt (das wiederum seine Ursache im Überschreiten von Grenzwerten [23] hat) sowie der Versorgung mit Energie und Rohstoffen, Leistungsfähigkeit und der Resilienz des SES, das bestimmend für die Fähigkeit des SES ist, stabil zu bleiben.

Die Frage, wie lange eine technische Hochkultur auf dem heutigen Niveau allgemein existiert, liegt auf der Hand. H. J. Schelnhuber ging während eines Vortrags [24] dieser Überlegung von einer ungewöhnlichen Perspektive aus nach. Er nutzte dazu die sogenannte Drakesche Formel, also die Formel, die ursprünglich beschreiben sollte, wie wahrscheinlich es ist, dass eine fremde Kultur im Universum erfolgreich Kontakt mit den Menschen auf der Erde aufnimmt. Eine der Größen in der Gleichung ist der Zeitraum, in dem diese fremde Kultur in der Lage und willens ist, mit anderen Kulturen Kontakt aufzunehmen. Schelnhuber nennt diese Zeit die *Lebensdauer einer technischen Hochkultur*. Dieser Zeitraum ist beschränkt, denn es müssen sowohl entsprechende Fähigkeiten zur Verfügung stehen als auch die wirtschaftlichen und technischen Ressourcen, das sachkundige Personal, Friede und stabile Infrastrukturen, und vieles mehr. Nun enthält die Formel eine Reihe von Parametern, die zur Zeit von Francis Drake, von dem die Formel stammt und nach dem sie benannt ist, nicht bekannt waren. Heute, etwas über 60 Jahre nachdem die Formel das erste Mal vorgestellt wurde, sind verschiedene Parameter insbesondere aufgrund der Ergebnisse, die mit dem Hubble- und später dem James-Webb-Teleskop erzielt worden sind, genauer abschätzbar. Zudem wird nun bereits seit einigen Jahrzehnten durch Teleskope nach Signalen anderer Kulturen gesucht, aber bislang ohne Erfolg.

Die Drakesche Formel kann umgestellt werden, um auf die *Lebensdauer einer technischen Hochkultur* zu schließen. Schelnhuber überschlägt auf diese Weise und ermittelt, dass dieser Zeitraum bei etwa 200 Jahren liegt, wobei ein größerer Fehler auf dem Ergebnis anzunehmen ist. Sollte sich die Menschheit als eine solche Hochkultur sehen und dieses Ergebnis auch auf sich beziehen, ist hervorzuheben, dass von diesen 200 Jahren bereits etwa 70 Jahre vergangen sind.

> Im Lichte der Diskussion über Zeiträume von Verantwortung bedeutet das, dass die heute lebenden Generationen in einer Zeit leben, in der sie Verantwortung bis ans Ende der Lebensdauer der technischen Hochkultur tragen, in der die Menschen derzeit leben.

Falls das Gesagte zutrifft, muss sich diese Verantwortung im Sinne der gegenwärtigen und kommenden Spezies und Kulturen neben dem Klima vor allem auf den Erhalt und die Pflege der Ressourcen richten. Das oben eingeführte Konzept der erweiterten Herstellerverantwortung (Extended Producer Responsibility) ist auch in diesem Sinne zu verstehen.

6 Läuft uns die Zeit davon?

Überblick: Kapitel 6 nimmt einen etwas anderen Blickwinkel auf Nachhaltigkeit ein als die vorhergehenden Kapitel: Es ist auch das Ziel, gedanklich gewisse Wege abzuschneiden, vor allem solche, die einfache Lösungen versprechen, um aus dem Labyrinth der bislang vorgestellten Probleme zu finden.

Eine Hoffnung, die häufig angesprochen wird, ist die auf Innovation im Sinne davon, dass sich Nachhaltigkeitsprobleme durch Innovation lösen lassen. Dafür gibt es keine Hinweise. Das erste Unterkapitel ist der Aussage gewidmet, dass es sehr wahrscheinlich auch prinzipiell nicht dazu kommen wird, dass Innovationen diese Hoffnung erfüllen können.

In der Folge wird die Modellvorstellung der Adaptive Cycles skizziert. Diese Modellvorstellung ist zur Beschreibung von Prozessen aus der belebten Natur und aus den Sozialwissenschaften geeignet: Diese mittlerweile angerkannte Beschreibungsform natürlicher Prozesse sieht die zeitliche Abfolge von Phasen in Systemen als zyklisch wiederkehrend an. Das Besondere ist, dass auf eine Phase der ansteigenden Produktivität eines Systems eine Phase der Stabilität folgt, die wiederum in eine chaotische Phase und gegebenenfalls auch in den Kollaps des Systems führt. Der Vorgang ist unvermeidlich, insbesondere, wenn keine Rohstoffe mehr da sind, um die bestehende Wirtschaftsform und ihre Organisation zu befeuern und wenn Grenzwerte überschritten werden, so wie die erwähnten Fußabdrücke. Oben wurde gezeigt, dass beides absehbar der Fall ist. Es ist dieser Modellvorstellung eigen, dass je länger Wohlstandsphasen dauern, je ausgeprägter der Ressourcenverbrauch (d. h., Energie und Materialien) ist und je starrer die Netzwerke sind, sich das Gesamtsystem desto rascher in Richtung eines Kollapses bewegt, der nicht eintreten muss, jedoch eintreten kann.

Der bereits angesprochene Mangel an Ressourcen und Energie destabilisiert das System, in dem Tiere, Pflanzen und Menschen koexistieren, und es kann kollabieren. Die im Kontext von Kapitels 2 angesprochenen Grenzwerte können auch ursächlich zu einem Systemkollaps führen, insbesondere, wenn sie überschritten werden.

Im Kontext des vorhergehenden Kapitels bedeutet dies auch, dass die Verantwortung für die weitere Entwicklung in den Händen der heute lebenden Generationen liegt und dass sie sich, wie im vorhergehenden Unterkapitel gezeigt, nicht durch Innovation adressieren lässt.

Eine weitere oft angesprochene Hoffnung liegt in der Auflösung des Ressourcenproblems für Rohstoffe durch Recycling. Das dann folgende Unterkapitel (Kapitel 6.3) zeigt, dass diese Hoffnung keine Substanz hat, insbesondere nicht, wenn die Wirtschaft gemessen am Bruttosozialprodukt (Gross National Product, GNP) weiterhin wächst.

Diese Beobachtung wird von verschiedenen Wirtschaftswissenschaftlern aufgegriffen und in verschiedenen Ansätzen beschrieben – hier werden Green Growth, Postgrowth und Degrowth andiskutiert. Diese Ansätze werden vorgestellt, und der Zusammenhang von Wirtschaftswachstum gemessen im heutigen GNP und dem Ressourcenverbrauch wird besprochen. Es wird ein Weg vorgeschlagen, der auf ein sehr schmales Zeitfenster hofft, mit positivem Wachstum und Ressourcenverbrauch aus dem, was Sonne und Erde liefern.

Stichwörter: ökologische Nischen, ... weiter so?, Recycling, Ressourcenknappheit, Innovation, Green Growth, Postgrowth, Degrowth, Reduktion der Wirtschaftsleistung, Adaptive Cycles, Widerstandsfähigkeit

Ökologische Nischen

Pflanzen und Tiere leben ebenso wie Menschen in komplexen Zusammenhängen von belebter und unbelebter Natur. Lebensformen unterscheiden sich unter anderem durch die von ihnen in Anspruch genommenen Nischen. „Leben" ist im biologischen Sinn unter anderem durch Stoffwechsel (Metabolismus) definiert (für einen Überblick, siehe [33]): „Stoffwechsel (Metabolismus): Das System muss zudem fortwährend Stoffwechsel betreiben, um sich selbst zu erhalten und zu reproduzieren. Da Lebewesen aus thermodynamischer Sicht offene chemische Systeme sind, sind sie gezwungen, ständig mit der Umgebung Stoffe und Energie auszutauschen." Stoffwechsel ermöglicht und bedingt zudem

- Kontakt mit der Umwelt
- Selbsterhaltung (des Individuums)
- Reproduktion.

Die Grenzen der ökologischen Nischen [1] sind nicht scharf. An den Rändern der Nischen wird ein Überleben schwieriger, da die Bedingungen nicht mehr ideal sind und oder auch Verteilungskämpfe mit den Bewohnern benachbarter ökologischer Nischen auftreten können. Art, Bedeutung und Anzahl der Variablen, aus denen sich die Dimensionen einer ökologischen Nische zusammensetzen, variieren:

- Innerhalb eines lokalen Lebensraums kann es mehr als eine ökologische Nische geben – wobei sich die Bedeutung der Nischen füreinander in jedem Habitat anders darstellt.
- Nischen haben eine begrenzte Lebensdauer, was zum Aussterben von Arten geführt hat und weiterhin führen kann.
- Nischen können sich überschneiden. Oft werden Nischen mit Hilfe von Glockenkurven beschrieben. Bereiche der Konkurrenz werden in dieser Beschreibungsform durch den Überlappungsgrad der Kurven angedeutet.
- Es kann sein, dass Nischen nicht besiedelt sind.
- Die Definition von Nischen ist nicht nur ökologisch, sie bezieht sich auf das System aus Lebewesen, Wirtschaft und Natur (sozialökologisches System, SES) in dem die Art lebt, und sie wechselwirkt mit ihm. Das SES entwickelt sich (entsprechend zum Beispiel der Dynamik der Adaptive Cycles [8]), und stellt also in sich keine Konstante dar. Diese Entwicklung geht mit einer Verknappung der Netzwerke und dem

Verbrauch von Ressourcen einher. Wenn sich die Randbedingungen im Laufe der Zeit ändern, wird die Art gezwungen, sich zu verändern, und damit muss sich auch die ökologische Nische verändern, die die Art beansprucht/benötigt.
- Nischen haben eine begrenzte Lebensdauer [3]. Ein Aussterben von Arten ist damit möglich.

Aus Sicht eines individuellen Lebewesens der jeweiligen Spezies ist es wünschenswert, dass Nischen stabil und unverändert bleiben. Zumindest sollten sich diese Nischen nur so langsam ändern, dass sich die entsprechende Spezies, falls das nötig würde, anpassen könnte, so dass prinzipiell ein Überleben der Spezies auch unter den veränderten Rahmenbedingungen möglich ist. Offensichtlich blieben Umgebungsbedingungen zu keinem Zeitpunkt der Vergangenheit über einen im erdgeschichtlich langen Zeitraum in jeder Hinsicht stabil. Das führte zum Aussterben von Arten:

> Wiederkehrende und zufällige Entwicklungen der unbelebten Natur (Erdbeben, Stürme des Sonnenwinds, Eiszeiten, Vulkanausbrüche und so weiter) überschnitten und überschneiden sich und beeinflussen die Entwicklung der belebten Welt: Sie bilden einen instabilen Hintergrund für Bedingungen wie Eiszeiten, Hitzeperioden, sich ändernde CO_2-Gehalte in der Atmosphäre, wandernde Kontinente, die Entstehung und das Verschwinden ganzer Ozeane. Vor diesem Hintergrund kommt es in der belebten Natur zu ständig neuen Gleichgewichten. Dabei und im Laufe der Zeit entstehen und verschwinden ökologische Nischen und mit ihnen Lebensformen, die in diesen Nischen einen Platz gefunden hatten. Was zu einem Zeitpunkt eine gute Anpassung an die Umweltbedingungen darstellt, kann zu einem anderen Zeitpunkt einen Nachteil darstellen. Aus Sicht vieler Spezies passieren diese Entwicklungen jedoch so langsam, dass ein Mitentwickeln möglich ist.

Seit Anfang der Industrialisierung haben sich ökologische Rahmenbedingungen im erdgeschichtlichen Maßstab geändert. Die Ursachen dieser Änderungen sind aus menschlicher Sicht nicht nur zum Nachteil: Die durchschnittliche Lebensdauer nahm in vielen Regionen der Welt zu, Kindersterblichkeit nahm ab und so weiter. Auf der anderen Seite ist das Gleichgewicht des Systems zerbrechlich [3], die Erhöhung der Umgebungstemperatur kann direkt oder über Folgeeffekte die ökologische Nische für viele Spezies vergrößern, verkleinern oder ganz verschwinden lassen [4]. Nachhaltige Entwicklung zielt darauf ab, die Veränderungsgeschwindigkeit der Umwelt zumindest so weit zu drosseln, dass sich Spezies mit entwickeln können, die Veränderungen also insgesamt langsam genug stattfinden.

Für die Besetzung einer ökologischen Nische stellt es offenbar keinen evolutionären Vorteil dar, ein bewusstes oder gar tiefes Verständnis für deren Eigenschaften oder gar deren Grenzen zu entwickeln. Dies ist wahrscheinlich der Grund, warum keine Spezies (einschließlich des Menschen) einen „gesunden Menschenverstand" für die Gefahren entwickelt hat, die mit einer zu schnellen Änderung der Ökosphäre einhergehen. Nachhaltigkeitskonzepte wurden entwickelt, um diesen Mangel in gewisser Weise auszugleichen. Nachhaltiges Verhalten in dem Sinne zielt darauf ab, ein langfristiges und stabiles

Überleben im Kontext einer gegebenen belebten, unbelebten und lokalen Umgebung zu gestatten.

Weiter so?
Im obigen Abschnitt, und in gewissem Sinn im gesamten bislang Gesagten, lag der Schwerpunkt darauf, wie mit den absehbaren und bisher bereits sichtbaren Folgen nicht nachhaltigen Wirtschaftens umgegangen werden kann. Unausgesprochen war das Verständnis, dass dies prinzipiell möglich ist und dass das System aus Wirtschaft und Natur sicherlich entsprechend reagiert, wenn das Richtige geändert wird. Dazu war es nötig, Maßzahlen (Fußabdrücke/KPIs) zu entwickeln und Hinweise auf problemvermeidendes Verhalten individuell, als Gesellschaft, oder als Akteur im Wirtschaftsleben zu formulieren. Diese Diskussion findet statt vor dem Hintergrund des gleichzeitigen Wunsches nach einer stabilen Natur, der ihre Grundlagen entzogen werden, und einer Wirtschaft, deren oberste Prämisse Wachstum ist. Der größere Rahmen ist das SES, das durch komplexe Abhängigkeiten charakterisiert wird [8, 9].

Natur und Wirtschaft gleichermaßen benötigen den Zufluss von Energie und Rohstoffen [9]. Die Versorgung mit diesen Zutaten ist für ein Überleben nötig, das heißt, für den gesellschaftlichen Stoffwechsel. Daraus ergibt sich streng genommen bereits die Forderung danach,
- die Nutzung von mineralischen Ressourcen einzuschränken und
- den Fokus der Forschung auf den Ersatz von mineralischen Rohstoffen durch nachwachsende Rohstoffe zu legen,
- aber auch die Nutzung von nachwachsenden Rohstoffen einzuschränken,
- um damit auch die Nutzung von Energie zu limitieren.

Unendliches wirtschaftliches Wachstum ist aus dem Blickwinkel der Grenzen der Versorgung mit Ressourcen prinzipiell langfristig und in menschlichen Maßstäben nicht möglich (siehe unten und [24, 25, 26]). Darüber hinaus ist es vernünftig anzunehmen, dass, wenn Wachstum in Termini des GNP beschränkt ist, andere Bemessungsmechanismen für Wohlstand geeigneter als das GNP sind, um die Wirtschaftsleistung zu beschreiben (Kapitel 4.1.1) oder als Grundlage entsprechender Steuerungsmechanismen zu dienen [22].

Eine Reduzierung der zur Verfügung stehenden und verarbeitete Ressourcen kann zu einer Schrumpfung der Wirtschaftsleistung gemessen nach den Kriterien des GNP führen. Politisch gefordert (Kapitel 6.4) wird eine solche Entwicklung von Teilen der Umweltbewegung mit dem Argument, dass nur so das nachhaltige Überleben des SES zu sichern sei. Die entsprechende Vorstellung greift die Beobachtung auf, wonach es prinzipiell nicht möglich ist, selbst ein Null-Wachstum langfristig und ausschließlich mit endlichen Ressourcen zu befeuern.

An dieser Stelle wird von Anhängern des GNP als einzigem Wachstumsindikator und des Wirtschaftswachstums gelegentlich das Argument in die Diskussion gebracht, dass es ja schließlich Innovationen gäbe und Recycling. Ansätze dieser Art stellen sich nicht als zielführend heraus.

6.1 Innovation

Vielfach wird die Hoffnung geäußert, dass Innovationen das Problem der Nachhaltigkeit und alle technischen Probleme lösen werden. De Solla Price [5] konnte bereits 1963 zeigen, dass neue Lösungen für komplexe Probleme die Tendenz haben, noch komplizierter zu sein als die Probleme, die sie lösen sollen. Außerdem erfordern diese Lösungen in aller Regel wachsende Investitionen und wiederum Ressourcen, um zu funktionieren. Auch die Forschung an diesen Innovationen geht mit einem stets wachsenden Energie- und Materialaufwand einher. Mit anderen Worten: Es ist sehr selten, dass die Technologie der Lösung einfacher ist als die Technologie des Problems, das gelöst werden soll.

Neue Ansätze sind damit kein Garant für bessere Ressourcennutzung. Es existieren jedoch auch alternative Ansätze. Es ist in dem Zusammenhang gelegentlich sinnvoll, im Rückblick zu sehen, welche Designprinzipien erfolgreiche und im Nachhinein als innovativ anzusehende Projekte nutzten. Hier soll als Beispiel das erfolgreiche Apolloprojekt dienen, das zur ersten bemannten Mondlandung führte [6]. K. S. Kleinknecht schreibt:

> „Die Gestaltung zuverlässiger und sicherer Apollo-Raumfahrzeuge verdankt ihren Erfolg spezifischen Prinzipien, die die Einfachheit sowohl bei der Entwicklung als auch bei der Bewertung von Hardware-Designs betonen. Die Hauptüberlegung bei der Gestaltung des Apollo-Systems bestand darin, dass, wenn überhaupt möglich,
> – kein einzelner Fehler zum Verlust eines Besatzungsmitglieds führen,
> – die erfolgreiche Fortsetzung der Mission verhindern, oder
> – im Falle eines zweiten Fehlers im Apollo-System, einen erfolgreichen Abbruch der Mission erlauben sollte."

Zur Umsetzung dieser Richtlinie wurden die folgenden spezifischen Grundsätze festgelegt, die den Apollo-Ingenieuren bei der Entwicklung und Bewertung von Hardware-Designs als Leitfaden dienen sollten:
1. Nutzen etablierter Technologie.
2. Betonung der Zuverlässigkeit der Hardware.
3. Einhalten von Sicherheitsnormen.
4. Minimierung der Wartungsarbeiten und Tests zur Fehlerisolierung und Verlassen auf die Unterstützung vom Boden aus.
5. Vereinfachung des Betriebs.
6. Minimierung der Schnittstellen.
7. Optimale Nutzung der Erfahrungen aus früheren bemannten Raumfahrtprogrammen.

Für Bereiche, in denen Leistungs- und Zuverlässigkeitsziele bereits erreicht waren, wurde etablierte Technologie eingesetzt. Das Hardware-Design schloss die Notwendigkeit weitgehend aus, neue Komponenten oder Techniken zu entwickeln. Wenn diese Richtlinie nicht eingehalten werden konnte, wurden Verfahren eingeführt, in denen das Management neue Entwicklungsanforderungen erst genehmigte, wenn klare Pläne für den Entwicklungsaufwand und eine geeignete Backup-Funktion definiert worden waren.

Ein Hauptkriterium für ein bestimmtes System war, ob das Design den Missionserfolg erreichen konnte, ohne dass Lebensgefahr oder schwere Verletzungsgefahr für die Teilnehmer bestand. Anschließend wurden Kompromissstudien zu Design und Leistung durchgeführt, um die erforderliche Redundanz (einschließlich alternativer Ausrüstungen oder Ersatzausrüstung sowie Betriebsmodi) zum Erreichen der Missionsziele innerhalb der Programmbeschränkungen in Bezug auf Zeit, Kosten und Gewicht zu definieren. Die Apollo-Ingenieure führten nicht nur umfassende Fehlermodus- und -auswirkungsanalysen durch, sondern auch Einzelpunktfehleranalysen. Durch eine Reihe iterativer Designüberprüfungen konnten die Ingenieure jeden potenziellen Fehlerpunkt beseitigen oder minimieren. Sicherheitsaspekte wurden durch die Auswahl geeigneter Konstruktionsmerkmale und bewährter, qualifizierter Komponenten und Betriebsprinzipien hervorgehoben. Integrierte Sicherheitsanalysen definierten die Schnittstellen zwischen Teilsystemen. Somit wurden Sicherheitsproblembereiche für das kombinierte System identifiziert. Zu den berücksichtigten Fehlerarten gehörten strukturelle Fehler, Brüche, Kraftstofflecks, Schlauch- und Rohrleitungsfehler, Stromunterbrechung und Kurzschluss sowie Fehler bei Befestigungselementen.

Im oben zitierten Text ließen sich Nachhaltigkeitskriterien einfach in die Designziele einpflegen. Die konservative Innovationsphilosophie nur auf etablierte Technologien zu setzen, diese zu verbessern und Synergien zu heben, behindert Fortschritt nicht.

In Zusammenhang mit den planetaren Grenzen wurde angesprochen [16], dass für die einzelnen Fußabdrücke Obergrenzen entwickelt wurden, die sich aus der Erfahrung der Menschheit innerhalb des Holozäns ergaben. Gleichzeitig wurde auch festgestellt, dass bereits sechs der neun identifizierten Grenzen überschritten waren. Zudem besteht ein prinzipielles Problem von Fußabdrücken/KPIs darin, dass Wechselwirkungen zwischen überschrittenen Fußabdrücken bei den Grenzwertbemessungen anderer Fußabdrücke nicht zur Ermittlung der Grenzwerte hinzugezogen wurden. In den Designprinzipien der Apollomission wurde explizit darauf hingewiesen, dass das System nicht nur tolerant gegen das Auftreten von einem Fehler sein solle, sondern auch, dass das Auftreten eines zweiten Fehlers das Erreichen der obersten Priorität, der sicheren Rückkehr der Astronauten, nicht gefährden sollte.

Im Sinne der Vorgaben für die Apollomission wären gesellschaftliche Vorgaben für Innovationen denkbar, sind jedoch politisch aber kaum durchsetzbar. Wie nötig solche Vorgaben sind, zeigt auch das so genannte Jevon-Paradox [7] – auch als *Rebound Effekt* bezeichnet: Energieeinsparungen (bei gleichzeitiger verminderter Ressourcennutzung) sind ein vornehmes Ziel von Innovationen. Es kommt beim Einsatz von entsprechenden

Innovationen zu dem Problem, das von W. S. Jevons beschrieben wurde: Der technische Fortschritt, der die effizientere Nutzung von Ressourcen erlaubt, kann zu einer erhöhten Nutzung dieser Ressource führen, anstatt sie zu senken. Das Ziel wird brutto nicht nur nicht erreicht, sondern der Bedarf wächst, statt gesenkt zu werden. Der Rebound Effekt zeigt, dass sich Innovationen ohne vorgegebene Rahmenbedingungen ins Gegenteil des gewünschten Effekts verkehren können.

6.2 Adaptive Cycles

Spezies agieren in einem System, das sowohl die sozialen als auch wirtschaftlichen Beziehungen zwischen Spezies und deren Interaktion mit der belebten und unbelebten Natur beinhaltet. Um begrifflich diesen weitergefassten Rahmen zu definieren und die Dynamik dieser Systeme zu verstehen, wurde der Begriff des sozialökologischen Systems (SES) geschaffen. Diese Systemvorstellung wird heute weitgehend genutzt, um komplexe soziale Systeme und die dynamischen Interaktionen darin zu verstehen (zum Beispiel [2]). Das SES fußt auf dem Verständnis, dass keine Spezies als getrennt von anderen Spezies gesehen werden kann und alle in einem von Interaktion und Abhängigkeiten gekennzeichneten Netzwerk leben. Ob friedlich, in einer Räuber-Beute-Beziehung, direkt oder indirekt, stabil, wachsend oder abnehmend intensiv, und so weiter, in jedem Fall beschreibt Interaktion ein Beziehungsgeflecht, das zentral für die Stabilität des Netzwerkes ist. Ein weiterer Aspekt des Netzwerkes ist dessen Befeuerung durch und Konsum von Energie und Rohstoffen.

> Holling, auf den eine große Zahl der in diesem Zusammenhang diskutierten Konzepte zurückgeht [8], stellte neben dem zyklischen Charakter der sich ändernden Systemeigenschaften insbesondere die Vernetzung (d. h., das Beziehungsnetzwerk der Spezies innerhalb des Systems) und die Resilienz (d. h., die Widerstandsfähigkeit dieser Systeme gegenüber äußeren Störungen) in den Mittelpunkt seiner Betrachtungen: Resilienz und Vernetzung benötigen beide für ihren Stoffwechsel Rohstoffe und Energie, um das System funktionsfähig zu erhalten. Im Umkehrschluss heißt dies, dass das System kollabiert, wenn weder Energie noch Rohstoffe zur Verfügung stehen.
> C. S. Holling hat mit seinen Interpretationen der Beobachtung von Populationen auch einen neuen Blickwinkel auf Krisen geworfen, der die Bewältigung der Krisen in ein bis dahin unbekanntes Licht stellt: Krisen zu bewältigen, heißt in dem Sinne nicht, den vorherigen Status oder eine bestimmte Fähigkeit wiederherzustellen, sondern abzusichern, dass das Gesamtsystem in seiner Vitalität überlebt. Aus der Sicht jeder einzelnen Spezies muss das Drängen darauf abzielen, die eigene ökologischen Nische nur so langsam zu ändern, dass die Anpassungsgeschwindigkeit der Spezies nicht überschritten wird.

Der Systemansatz soll mit seinen Eigenschaften im Folgenden beschrieben werden, wobei die Dynamik mit dem Modell der *Adaptive Cycles* beschrieben wird [9, 10].

Diese Systemeigenschaften gestatten in der von Holling vorgeschlagenen Form eine Beschreibung von natürlichen Populationsdynamiken und menschlicher Interaktionen mit Natur und im Wirtschaftsleben. C. S. Holling publizierte die Grundlagen entsprechender Ideen als erstes 1973 und war damit einer der Begründer der sogenannten ökologischen Ökonomie [9]. Ökologische Ökonomen wollen Fußabdrücke minimieren, indem sie die Knappheit globaler und regionaler Ressourcen und deren Zugänglichkeit für eine Volkswirtschaft berücksichtigen.

Ein SES zeichnet sich in einer frühen Phase seiner Existenz durch besondere Vielfalt und damit zusammenhängend Widerstandsfähigkeit aus: Im diesem ersten Stadium ist es in der Lage, bestehende Beziehungsgeflechte zu entwickeln und deren Änderung zuzulassen. Das stabile SES kann daher in einer Wachstumsphase Störungen flexibel auffangen – dies auch, wenn die Störungen mehr oder weniger dauernd und in verschiedenem Ausmaß das System beeinflussen. Flexibles Auffangen bedeutet, dass das System nach Ende der Störung wieder in seine Ausgangslage zurückkehrt. Ein in diesem Sinne widerstandsfähiges und stabiles SES zeichnet sich nicht durch ein bestimmtes Verhältnis von definierten Tier- oder Pflanzenarten in einem Gesamtsystem aus, sondern durch die Fähigkeit, sich als Gesamtsystem immer wieder neu anzupassen und sich neu selbst zu organisieren [10].

In der folgenden Lebensphase kann das SES aus dem Blickwinkel einer oder mehrerer Spezies Störungen nicht mehr flexibel abfedern und in seine Ausgangslage zurückkehren: Es reagiert nach Überschreiten eines Kipppunktes chaotisch oder kollabiert gegebenenfalls sogar so, dass lediglich Einzelteile unverbunden oder verbunden durch neue Netzwerke übrigbleiben. Der gesellschaftliche Stoffwechsel ist abgebrochen, weil im Extremfall die Gesellschaft der vorherigen Phase nicht mehr existiert. In einer dann folgenden Phase kann es sich erholen und sich in gewisser Weise stabilisieren für eine eventuell nachfolgende neue Wachstumsphase, nicht notwendigerweise mit den gleichen Spezies [10] oder einem dem vorherigen vergleichbaren SES.

Wie erwähnt, können innerhalb des Systems verschiedene Stadien von Entwicklungen oder ökologischen Nischen nebeneinander in unabhängigen Lebensphasen existieren. Dies kann auch einschließen, dass einzelne Spezies diesen Anpassungsprozess nicht überleben. Das heißt implizit, dass ein Zustand, der von einer Spezies als stabil wahrgenommen wird, gleichzeitig von einer anderen als instabil charakterisiert werden könnte. Dennoch können beide miteinander durch Beziehungen verknüpft sein. Dies kann für die zunächst nicht betroffene Spezies erst in einem zeitlich versetzten Moment negative Folgen haben oder im Gegenteil zur Stabilisierung von deren Lebenssituation beitragen. Ein schnelles Ändern vieler Rahmenbedingungen des SES kann zur Folge haben, dass diese Nischen sich schnell ändern, gegebenenfalls auch schneller, als sich die Spezies darin anpassen können.

Die am SES beteiligten Nischen existieren und funktionieren in einer Vielzahl von gegenseitigen räumlichen, zeitlichen und sozialen beziehungsweise ökonomischen Abhängigkeiten und in der Folge auch Kombinationen. Seit ihrer erster Entwicklung wird die Modellvorstellung der adaptiven Zyklen weiterentwickelt [10], wobei interagierende „adaptive Zyklen" als „Panarchie" bezeichnet werden. Adaptive Zyklen sind im heutigen Verständnis ein heuristisches Modell, das zum Ziel hat, Veränderungsprozesse zu darzustellen, zu modellieren und zu verstehen.

Im Folgenden soll etwas genauer auf die einzelnen Phasen beziehungsweise deren Darstellung im Zusammenhang mit der Modellvorstellung eingegangen werden. In einer vereinfachten Darstellung lässt sich das Modell in wiederkehrenden Phasen verstehen, die im Bild in der Abbildung 6.1 unten im Uhrzeigersinn mit der Zeit aufeinander folgend auftreten. Es ist nicht Teil der Vorstellung, dass eine Phase so viel Zeit benötigt wie die vorherige oder nachfolgende. Das Bild stellt eher eine Abfolge dar, die jeder Phase eine bestimmte Rolle in der Sequenz zuweist.

Das Modell kann genutzt werden, um strukturelle Muster im Verhalten von Systemen zu erkennen, insbesondere, wenn diese Systeme sowohl vorhersagbare als auch chaotische Veränderungsprozesse durchlaufen. Das Ziel der Beschreibung ist es, die Prozesse zu verstehen, die an diesem Wandel beteiligt sind. Zu diesem Zweck beschreibt das Modell die Entwicklung anhand von vier Phasen, die zyklisch häufig durchlaufen werden (siehe auch Abbildung 6.1 unten):
- Ausbeutung
- Erhaltung
- Freisetzung und
- Reorganisation

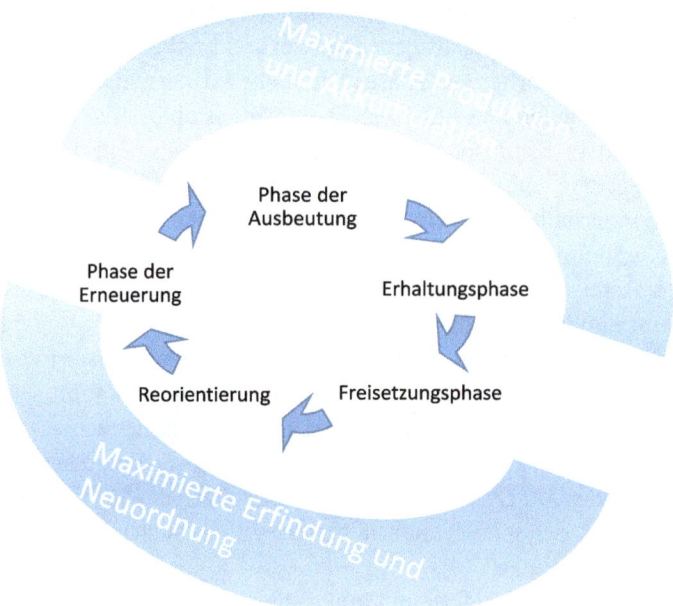

Abb. 6.1: Adaptive Cycles Der adaptive Kreislauf ist in einzelne Phasen gegliedert nach den getrennten Zielsetzungen maximierte Produktion und Akkumulation, maximierte Erfindung und Neuordnung (nach [10]). Zwischen Erhaltungs- und Freisetzungsphase findet ein Systemkollaps statt, der durch chaotische Systemreaktionen auf äußere Anregung gekennzeichnet ist.

In sukzessiven adaptiven Zyklen folgen diese verschiedenen Phasen wiederkehrend aufeinander [9, 10].

Die *Phase der Ausbeutung* beschreibt eine Phase des Wachstums, das mit wirtschaftlicher oder populationsbezogener Expansion und zunehmender Komplexität des SES einhergeht. Ein System, das sich in dieser Phase befindet, hat sich nach einer vorherigen Krise erfolgreich neu orientiert und verfügt nun in großem Umfang über frei verfüg- und verwertbare Ressourcen. Häufig wächst das System schnell und wirkt von außen betrachtet auch aufgrund des engen inneren Beziehungsgeflechts stabil. Im Wirtschaftsleben ist diese Phase oft durch das Nutzen des vormals ungenutzten Potenzials und durch die Erschaffung neuer Möglichkeiten und positiver Rückkopplungen gekennzeichnet. Verbindungen und Lieferketten werden neu hergestellt. Innovationen werden genutzt und dabei auch gegenseitige Abhängigkeiten entwickelt. Das Beziehungsgeflecht wird stabilisiert, und sowohl diese Stabilisation als auch die wachsende Wirtschaftsleistung verlangt nach Energie und Ressourcen.

Die nun folgende *Erhaltungsphase* ist ein Gleichgewichtszustand, eine Zeit der Stabilität, die durch granularer werdende Abhängigkeiten stabilisiert wird. Das Gleichgewicht ist komplex und vielschichtig, es könnte als ein reifes System bezeichnet werden. Im Sinne eines Wirtschaftsertrages kann dieses dynamische aber stabile System als auf hohen Niveau produktiv und optimiert angesehen werden.

Am Ende eines solchen Stadiums sind die verästelten Verbindungen austariert. Das System ist, was die Vernetzung der Systemteilnehmer betrifft, in dieser Phase nicht mehr dynamisch, sondern starr. Hierarchien und Strukturen haben sich etabliert und behindern bei einer Störung die dynamische Reaktion des Systems zurück in das vorherige Gleichgewicht. Die Vielfalt des Nebeneinanders, das die vorherige Phase gekennzeichnet hat, nimmt ebenso ab wie die Anzahl der Schnittstellen mit großem Einfluss. Äußerlich geht diese Phase mit einer Spezialisierung einzelner Spezies einher. Das macht das System anfällig für Störungen an diesen Schnittstellen. Das vorher elastische System wird starr und, bildlich gesprochen, spröde, was durch die abnehmende Vielfalt gefördert wird. Weniger Schnittstellen implizieren eine abnehmende Zahl von Pfaden, Lösungsmöglichkeiten und Alternativen und einer gewissen Unfähigkeit zur Selbstorganisation. Die Spezialisierung trägt damit zur Schwächung der Widerstandsfähigkeit bei, weil sie es den Systemen ermöglicht, sich an die vorherrschenden Bedingungen zu gewöhnen und davon abhängig zu werden, dass sich nichts ändert.

Diese Abhängigkeit verringert in der Folge die Fähigkeit des Systems, sich an Veränderungen anzupassen. Das starre System wirkt monolithisch, unzerstörbar. Stagnation und mangelnde Flexibilität können das System schließlich anfällig für die Zerstörung durch externe, unvorhergesehene Störung machen. Besonders ausgeprägt wird das Problem im Fall von kombinierten unerwarteten Störungen, zumal wenn diese sich positiv rückkoppeln. Eine solche Rückkopplung kann zu dramatischen Veränderungen führen, wenn das System aus seinem Stabilitätsbereich gedrängt wird.

In der Folge gelangt das System in die *Freisetzungsphase*. In dieser Phase beginnt sich das dann veränderte und neue System von seinem Zerfall zu erholen. Es ist eine Phase der Reorganisation, eine kreative Zeit, in der Vielfalt entsteht und der Wandel mannigfaltige Richtungen einschlagen kann. Im Sinne von Gleichgewichten kann das nun wieder dynamisch werdende System eine Vielzahl neuer Stabilitätsbereiche testen und sich in einem oder mehreren etablieren.

Diese Phase stellt keinen kein Zustandswechsel dar, der deterministisch abläuft. Zufall kann für die Art und Weise, wie sich das System reorganisiert, ausschlaggebend sein. Die Fügung, in welchen neuen Stabilitätsbereich das System eintritt, hängt von dem Kurs ab, der während der *Reorganisation* in der Reorientierungsphase eingeleitet wurde.

> Im vorhergehenden Kollaps wurden Verbindungen gekappt, Pfade zerstört, Netzwerke sind ganz oder teilweise abwesend und es werden langsam, gegebenenfalls auch veränderten Konstellationen neu aufgebaut. Unter diesen Umständen können sich für neue Elemente Gelegenheiten bieten, einen Platz im neuen System zu finden und/oder in neuer oder veränderter Art und Weise in Erscheinung zu treten. Elemente in dem Sinne sind, je nach betrachtetem System, Arten, Nährstoffe, einzelne Menschen, Gruppen oder Institutionen.
> In diesem Stadium des Zyklus kann es zur Ausbildung verschiedener neuer Teilsysteme kommen, die eigenständig neue adaptive Zyklen eingehen. Das komplexe adaptive System kann sich auch reorganisieren und in sein früheres System zurückkehren. Es ist ebenfalls möglich, dass sich ein anderes System mit ähnlicher Struktur, aber veränderten Rückkopplungen und dominanten Prozessen bildet oder sich in ein neues System mit neuen Zustandsvariablen und Rückkopplungen verwandelt, insbesondere, wenn sich neue gesellschaftliche oder ökologische Gruppen zusammenfinden. Einige sind erfolgreich, andere scheitern, und der adaptive Zyklus kann sich dann wiederholen.

Dieser Ablauf lässt sich sowohl in den Dimensionen Potenzial/Produktion/Resilienz versus Grad der Vernetzung als auch nach dem Grad der Vernetzung/Stoffwechselintensität versus der Zeit auflösen. Im Folgenden wird wegen der Messbarkeit die Darstellung *Grad der Vernetzung* versus *Zeit* bevorzugt (zu den verschiedenen Sichtweisen auf Widerstandsfähigkeit und Stabilität, siehe auch die Website des Stockholm Center of Resilience [11]). Wie bereits erwähnt, durchlaufen Teilsysteme diese Phasen nicht notwendigerweise gleichzeitig: Während eine Ameisenpopulation eine Phase hoher Flexibilität durchläuft, kann eine am gleichen Ort lebende Säugetierspezies vom Aussterben bedroht sein und eine dritte Spezies, eine Pflanze zum Beispiel, auf nur weniger Vertreter reduziert werden.

Eine weitere Eigenschaft des Ansatzes verdient es hervorgehoben zu werden [13]:

> Adaptive Cycles berücksichtigen die Beobachtung, wonach Systeme nur in Grenzen stabil sind. Stabilität wird hier so verstanden, dass Systeme nach einer Störung wieder in ihre Ausgangslage oder in ein vorhersagbares Gleichgewicht zurückkehren. An Phasenübergängen, den Kipppunkten, agieren Systeme nicht vorhersehbar, was bedeutet, dass Vorhersagen über Systemverhalten, die in der Phase der Stabilität zutreffen würden, in dieser Phase nicht mehr möglich sind. Netzwerke, die das System während der Erhaltungsphase stabilisieren, stellen sich als zu starr heraus, um dem System über Flexibilität Stabilität zu geben. Vor diesem Hintergrund können keine eindeutigen Ursache-Wirkungsketten vorhersagbar unter verschiedenen Umständen vorhersagbare Effekte erzielen. Das System reagiert chaotisch.

Man kann dieses Modell kritisch diskutieren – denn die Frage liegt auf der Hand, ob das System VOR der Freisetzungsphase wirklich dasselbe ist wie NACH der Freisetzungsphase. Anders formuliert: Obwohl die Systembeschreibung intuitiv plausibel ist, wird darin immer wieder ein Perspektivenwechsel vorgenommen. Die Phasen der Erneuerung, Ausbeutung und Erhaltung lassen sich bequem aus dem Blickwinkel einer oder mehrerer Spezies und deren Verhalten beschreiben. Wenn es zu einem Kollaps des Systems kommt, sind im Extremfall eben jene Spezies ausgestorben, auf deren Analyse die quantitative Beschreibung vorher fußte. Sie lassen sich also zur mathematischen Beschreibung des Systems nach dem Kollaps in der Erholungsphase nicht mehr heranziehen. Eine Möglichkeit, aus dieser Sackgasse zu gelangen, stellt der Blickwinkel des Stoffwechsels dar, also der Verarbeitung von Nahrung: Weiter unten wird der Blickwinkel der Versorgung mit Ressourcen (Rohstoffe und Energie) am Ort des Bedarfs in die Diskussion eingeführt. Wenn diese Versorgung nicht mehr gegeben ist oder der Stoffwechsel nicht mehr funktioniert, weil sich Umweltbedingungen verändert haben, zum Beispiel Grenzwerte überschritten wurden, kann es dazu kommen, dass der Stoffwechsel des Gesamtsystems zusammenbricht. Der Stoffwechsel ist eine akzeptierte Beschreibungsgröße für Leben und andererseits quantifizierbar im Sinne einer Bemessung der umgesetzten Energie und Rohstoffe – also eben jener Größen, die bei der Beschreibung der nachhaltigkeitsbezogenen Wechselwirkungen ohnehin genutzt werden. Ein anderer Maßstab, der auch in der Literatur genutzt wird, ist der der Vernetzung (Connectedness) innerhalb des SES [9, 10].

Widerstandsfähigkeit und Stabilität, also Resilienz beschreiben den Grad, in dem das System zu Selbstorganisation, Lernen und Anpassung fähig ist. Ein widerstandsfähigeres System verbleibt mit erhöhter Wahrscheinlichkeit in der Phase von *Ausbeutung, Erhaltung*, das heißt, es behält nach einer Störung seine Struktur und Funktionen bei. Diese Eigenschaft geht in der Freisetzungsphase verloren, das heißt, nach Erreichen eines Kipppunktes. Die Freisetzungsphase beginnt mit dem Passieren eines Kipppunkts. Bevor dieser erreicht ist, reagiert das System auf eine Störung, indem es wieder in die Ausgangslage zurückkehrt. Nach Erreichen des Kipppunkts ist das nicht mehr der Fall. Das System reagiert nicht mehr deterministisch, sondern chaotisch.

Dieser Phasenübergang ist aus dem Blickwinkel eines hoch organisierten Systems und auch der einzelnen Individuen unerwünscht, weil es eine Reaktion verlangt, deren Ziel unklar ist und die andererseits zu schnell sein kann für das einzelne Individuum oder die gesamte Spezies. Es ist daher aus Sicht der einzelnen Spezies wünschenswert, die Dauer der vorhergehenden Phase zu verlängern. Der Übergang tritt ein, wenn keine Ressourcen (d. h., Energie und Rohstoffe) mehr zur Verfügung stehen, um den Bedarf des SES nach Nahrung zu stillen oder wenn die Systemstabilität begrenzende Parameter wie Fußabdrücke überschritten werden. In einem System mit endlichen Ressourcen ist dieser Übergang in die Freisetzungsphase unvermeidlich [9, 10].

Eine weitere Eigenheit des komplexen Modells ist, dass sich die Parameter der Ressourcenverfügbarkeit lokal unterscheiden. Dies hat zur Folge, dass lokale Verhältnisse nur schwer mit allgemeinen Angaben vorhersagbar sind.

Es liegt nahe, den Versuch zu unternehmen, den in dem Modell unvermeidlichen Kollaps so weit wie möglich zu verzögern und auch sonst so sanft als möglich zu gestalten, also Widerstandsfähigkeit und Stabilität sowie die Erhaltung von Ökosystemleistungen in SES zu fördern. Biggs hat hierzu eine Reihe von grundsätzlichen Maßnahmen vorgeschlagen [15]:
– Erhaltung der Vielfalt und Redundanz,
– Steuerung der Konnektivität,
– Steuerung langsamer Variablen und Rückkopplungen,
– Förderung des Denkens in komplexen adaptiven Systemen,

– Ermutigung zum Lernen,
– Ausweitung der Beteiligung und Förderung polyzentrischer Governance-Systeme.

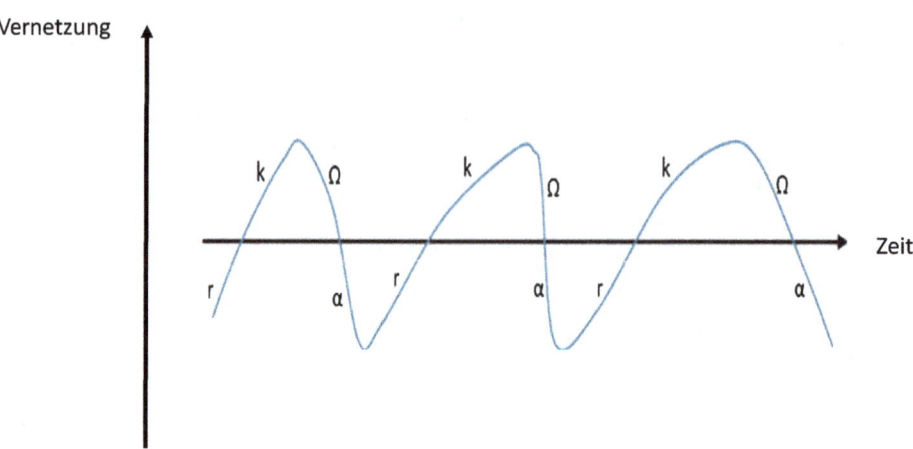

Abb. 6.2: Die verschiedenen Phasen eines Adaptive Cycle in einer zeitlichen Auflösung der Vernetzung nach [13]. Die einzelnen Phasen sind nach der Notation von Holling [14] bezeichnet mit r für Ausbeutung (wenn das System ein schnelles Wachstum erfährt, das durch die hohe Verfügbarkeit von Ressourcen und die Offenheit für neue Möglichkeiten angetrieben wird), k für Erhaltung (wenn das Wachstum zum Stillstand kommt und sich der Schwerpunkt von Stabilität auf Starre verlagert), Ω für Freisetzung (wenn nach Passieren eines Kipppunkts der Verlust des Zusammenhalts des Systems auftritt und die verschiedenen Komponenten des Systems auseinanderbrechen), α für Reorganisation (wenn neue Konfigurationen und Komponenten des dann neuen Systems entstehen, die Möglichkeiten zur Anpassung und Neukonfiguration schaffen). In verschiedenen aufeinanderfolgenden Phasen bleiben weder die Kurvenform noch die Dauer der einzelnen Phasen gleich. Dies heißt insbesondere, dass aus der Dauer eines vorhergehenden nicht auf die Dauer des nachfolgenden Zyklus geschlossen werden kann. Im Sinne der obigen Diskussion von Zeiträumen für Verantwortung ist erwähnenswert, dass der Ansatz der adaptiven Zyklen sich durch Wiederholungsraten oder Frequenzen der Zyklen von mehreren hundert Jahren beschäftigen kann (zum Beispiel [12]). Die Vernetzung folgt der gleichen zeitlichen Charakteristik wie die Produktivität des Systems und damit auch dessen Ressourcenbedarf und -konsums. Es wird sichtbar, dass die Phase der Ausbeutung (sie ist durch das Vorhandensein von Ressourcen und Innovationen gekennzeichnet, mit denen die Ressourcen zugänglich und nutzbar gemacht werden) durch einen wachsenden Grad der Vernetzung der Akteure gekennzeichnet ist. Diese zunehmende Vernetzung macht das System effektiver, aber auch starrer, was dessen Reaktions- und Widerstandsfähigkeit im Fall von Störungen abnehmen lässt. Das wiederum führt im Extremfall zu Problemen, die so ausgeprägt sein können, dass die Stabilität des Gesamtsystems nicht mehr gegeben ist und das System in chaotischer Weise zerfällt (Freisetzungsphase). Es ist hervorzuheben, dass das System nach der Reorganisationsphase zufällig auch in ein Gleichgewicht geraten kann das anders ist als das, woraus es kam. Daher kann es sein, dass sich nach dieser Phase ein SES mit deutlich anderen Spezies und Lebensformen bildet als in der vorherigen Phase [9, 10].

Aufgelöst nach der Zeit, lässt sich die Vernetzung im System, beziehungsweise gegenläufig dessen Resilienz über die Zeit und mehrere Zyklen, wie folgt darstellen, wobei sich einzelne Ansätze für Maßnahmen in der Abbildung andeuten lassen:

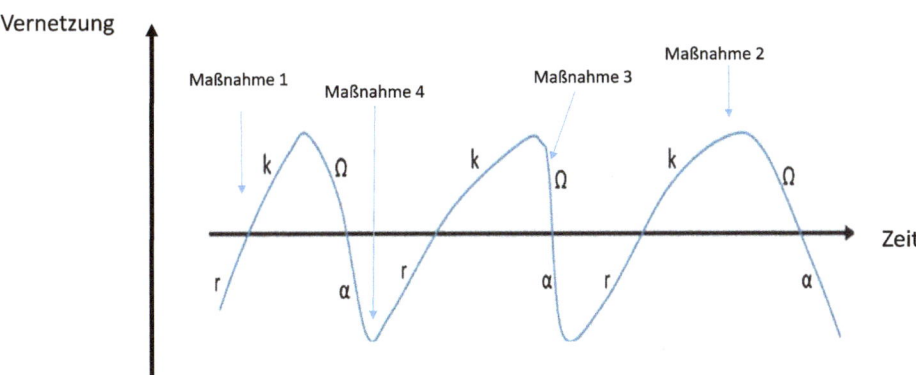

Abb. 6.3: Maßnahmen, um Stabilität und Widerstandsfähigkeit so lange wie möglich zu erhalten. Die Endlichkeit von Ressourcen (d. h., Energie und Material) bedingt, dass Systemzusammenbrüche unabwendbar sind. Auf der anderen Seite sind dennoch Maßnahmen denkbar, die dazu dienen können, die Dauer stabiler Phasen zu verlängern: Maßnahme 1 wurde bereits oben angesprochen: Die Phase der Ausbeutung möglichst langsam gestalten und so, dass Fußabdrücke bereits in der Frühphase berücksichtigt werden. Dieser Ansatzpunkt für Maßnahmen kann auch genutzt werden, um Wachstum zu reduzieren. Inwiefern ein solcher Schritt gesellschaftliche Mehrheiten im weltweiten Maßstab findet, ist unklar. Maßnahme 2 steuert eine möglichst lang andauernde Erhaltungsphase an. Dies bedeutet gleichermaßen eine geringe Nutzung von Ressourcen und Energie, wie auch für Schritte zur Flexibilisierung der Netzwerke erforderlich. Hierfür bieten sich insbesondere kleine, lokale Strukturen an. Maßnahme 3 will die Differenz von Erhaltungszustand zu Reorientierungsphase nach einem Kollaps verringern. Wie oben angedeutet, ist es wahrscheinlich, dass eine extreme Verringerung des Verbrauchs von Energie und Ressourcen, das heißt, der Wirtschaft, unabdingbar ist, um einen Neustart des Systems zu erreichen. Ein entsprechender Sprung mag lokal tragbar sein, würde aber voraussetzen, dass nicht eine globalisierte, sondern unabhängige Kulturen mit verschiedenen etablierten nebeneinander funktionieren, die ihrerseits offen für die mit einem lokalen Zusammenbruch möglicherweise einhergehenden Migrationsbewegungen sind. Maßnahme 4: Ein langsames Wachstum für eine auf den kommenden Kollaps folgende Wirtschaftsphase setzt bereits frühzeitig die Pflege der Rohstoffe und Energievorräte voraus. Es ist auch nötig, vor der Freisetzungsphase Wissen für einen solchen Nach-Kollapszustand bereit zu stellen. Dies war in der Vergangenheit in vergleichbaren Situationen nicht gegeben. Insgesamt sollten alle Maßnahmen darauf abzielen, die Fehlertoleranz des SES so lange wie möglich zu erhalten.

Wie oben dargestellt, ist der wesentliche Auslöser für die Phase der Ausbeutung das Vorhandensein von Ressourcen. Ressourcen ermöglichen das Entstehen einer Vielfalt von Teilsystemen auch im Sinne von ökologischen Nischen. Eine Erhaltung von Systemen in einem Zustand, in dem Ressourcen zur Verfügung stehen, ist damit das vordringliche Ziel nachhaltigen Agierens.

Fußabdrücke, Grenzwerte und Ressourcenversorgung

In den vorigen Kapiteln wurde dargelegt, dass Ressourcen, das heißt, Energie und Rohstoffe, nur in Grenzen vorhanden sind und deren Erschöpfung wenn auch nicht zeitlich exakt terminiert, so doch aufgrund der Endlichkeit der Welt absehbar ist. Das Modell der adaptive cycles weist unter anderem die grundsätzliche Eigenschaft von SES aus, bei nachlassender Versorgung mit Ressourcen instabil zu werden und schließlich aus einer stabilen Phase in eine instabile Phase überzugehen. Ein solcher Zusammenbruch ist dabei durch ein chaotisches Systemverhalten gekennzeichnet. Am Ende des Zusammenbruchs liegt wieder Stabilität vor, aber die Wahrscheinlichkeit, dass sich das vorherige System wieder zusammenfügt, ist deutlich herabgesetzt und liegt eventuell auch in weiterer Ferne.

Die potenziell abnehmende Versorgung mit industriell nötigen Ressourcen wurde in der Literatur bereits in den 1950er Jahren für Rohöl insbesondere von Hubbert diskutiert [30]. Hubbert ging in seinen Berechnungen davon aus, dass eine Rohstoff- oder Energiequelle zunächst mit abbaubaren Quellen gefüllt ist und in einer Abbauphase bis zu Grenze der Abbaubarkeit ausgebeutet wird. Bis zur optimalen Abbaurate wird in wachsendem Umfang abgebaut, dann bleibt die Abbaurate konstant, und zum Ende der Abbauzeit klingt die Rate wieder ab. Mathematisch wird diese Charakteristik durch eine kumulative Distributionsfunktion beschrieben. Die jährliche Abbaumenge ergibt sich durch die Jahresscheiben (die einhüllende Scheibe wird durch die erste Ableitung der Distributionsfunktion beschrieben). Hubberts Arbeiten fanden vor allem Aufmerksamkeit, weil sie die Förderungscharakteristik für Erdöl in den USA zunächst zutreffend vorhersagten. Die Schwierigkeit in der Methode liegt darin, dass sie

1. in ihrer Anwendung auf lokale Ressourcen bezogen werden muss, denn in der Summe zum Beispiel über ein Land werden neue Quellen und Abbaumethoden gefunden, die das Bild verzerren.
2. zwei gegenläufige Effekte zunächst nicht berücksichtigte: Mit fortgesetzter Förderung werden Förderungsmethoden effektiver, aber zum Ende der Förderung hin reduziert sich die Ausbeute so, dass einer gewissen Menge zum Beispiel an gewonnener Energie immer höhere Aufwendungen zu deren Gewinnung gegenüberstehen – was den Nettoertrag kleiner macht. Der summarische Effekt wird in der deutschsprachigen Literatur als „Erntefaktor" bezeichnet [35]. In der untenstehenden Abbildung beschreibt die blaue Kurve die Entwicklung des jährlich abgebauten Rohstoffs, während die graue Kurve den Rohstoff beschreibt, der nach Abzug der Aufwendungen für Abbau, Aufbereitung und Transport am Punkt des Bedarfs ankommt.

Das relativ plötzliche Abfallen der Hubbertkurve ist durch den mit wachsender Abbaumenge einhergehenden wachsenden Erntefaktor bedingt (siehe Abbildung 6.4 unten). Nach einer Phase guter Versorgung mit Rohstoffen oder Energie kann der Energetic Return of Investment (EROI) ein plötzliches Abfallen der Ressourcenversorgung und damit eine Auswirkung auf den Stoffwechsel von Individuen und Spezies oder auf das gesamte SES haben.

Stoffwechsel, also der Austausch und die Verarbeitung von Energie und Rohstoffen mit der Umwelt, entscheidend ist, um Leben zu erhalten – denn Stoffwechsel ermöglicht

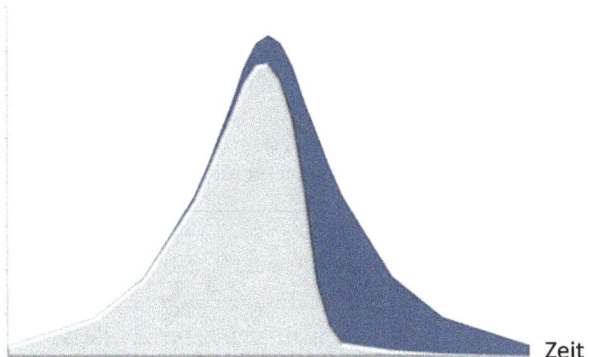

Abb. 6.4: Einfluss des Erntefaktors auf die zur Verfügung stehende Energiemenge nach D. Murphy [31]. Die stets wachsende Energiemenge, die zur Gewinnung der Energieträger aufgewendet werden muss, trägt in diesem Beispiel zu einem relativ schnellen Zusammenbruch der Energieversorgung am Ort des Verbrauchs (graue Kurve) bei, obwohl die eigentlich geförderte Energiemenge (blaue Fläche) sich nicht abrupt entwickelt.

– Kontakt mit der Umwelt (also auch Vernetzung mit ihr)
– Selbsterhaltung (des Individuums)
– Reproduktion.

Es ist daher naheliegend, dass ein SES, weil es auf die Nutzung von Ressourcen optimiert ist, durch Veränderung versucht, auf knapper werdende Ressourcen zu reagieren. Wenn diese nicht mehr zur Verfügung stehen und zum Beispiel eine Spezies diesen Mangel aber nicht mehr ausgleichen kann, kann diese Spezies zumindest an dem betreffenden Ort ihre Lebensgrundlage verlieren und aussterben [32].

Grundsätzlich ist die Bewertung der Ressourcen nicht einfach, denn es kommt nicht darauf an, wie viele Ressourcen statistisch noch vorhanden sind, sondern darauf, wie viele am Ort des Bedarfs ankommen. Dieser Zusammenhang wird durch die korrigierte Hubbertkurve angedeutet. Es muss zumindest gefragt werden, wie viele Ressourcen plus Energie eingesetzt werden müssen, um eine andere Ressource zu gewinnen, aufzubereiten und zum Ort des Verbrauchs zu transportieren. Entsprechend wird der Energiebedarf für die Gewinnung oder das Recycling jeder einzelnen Substanz mit knapper werdenden Ressourcen, insbesondere mit knapper werdender Energie, zu einem immer bedeutenderen Faktor. Zudem sind Ressourcen nicht einfach gleichbedeutend, so dass eine die andere ersetzen könnte:

> Basierend auf den Ergebnissen von Sprengel, konnte bereits 1850 Liebig 16 Mineralien identifizieren, die in einem für jede Pflanze bestimmten Verhältnis im Boden vorhanden sein müssen, um das Gedeihen einer Pflanze zu gewährleisten. Der Mineralstoff, der seinen erforderlichen Anteil unterschreitet, bestimmt den Ertrag des Gesamtsystems. Dieser Gedankengang wurde später erweitert, so dass alle Wachstumsfaktoren (wie etwa auch Temperatur oder Licht) in diese Gesetzmäßigkeit miteinbezogen wurden. Mitscherlich gelang es, das Minimalgesetz später insofern zu revidieren,

dass man heute nicht mehr davon ausgeht, dass die Beziehungen von Ertrag zu Ernährung als linear angesehen werden, und dass bei einer Übersättigung des Systems auch kontraproduktive Effekte zum Tragen kommen. Zusätzliches Zutun hat damit nicht einfach keine Folgen, wie von Liebig angenommen, sondern kann ertragsmindernd wirken. Mitscherlich formulierte das 1909 als das Gesetz des Minimums und das Gesetz des abnehmenden Bodenertrags. Zudem wurden zwischenzeitlich Spurenelemente entdeckt, die andere zum Teil ersetzen könnten – im Wesentlichen ist Liebigs Ansatz aber bis heute anerkannt.

Dem individuellen oder speziesbezogenen Stoffwechsel steht auch ein „gesellschaftlicher Stoffwechsel" gegenüber, der als „als funktionales Äquivalent des biologischen Stoffwechsels gesehen werden" kann. Hierbei wird angenommen, dass „Menge, Qualität, Zusammensetzung, Quellen und Senken von Ressourcen die wirtschaftlichen und gesellschaftlichen Produktions- und Konsumsysteme reflektieren, die wiederum zeitlich und räumlich variabel sind" [34]. In diesem Sinne wird heute auch von einer kritischen Versorgungslage mit einzelnen Rohstoffen gesprochen, weil bereits ein Ausfall der Versorgung mit einer Ressource einen ganzen Industriezweig zum Zusammenbruch bringen kann. Dabei ist eine Kaskade von Abhängigkeiten zu beobachten: Einerseits hängen die Produktionen von Rohstoffen immer mit der Produktion anderer zusammen (ohne Eisen ist zum Beispiel ein Abbau und die nachfolgende Aufbereitung anderer Rohstoffe praktisch undenkbar). Andererseits hängt die Herstellung und der Transport aller Rohstoffe vom abgebauten/geernteten Gut bis zum Antransport des aufbereiteten Rohstoffes/Halbzeug von der Verfügbarkeit von Energie in sehr definierten Formen ab. Wird die Energieversorgung also unterbrochen, können entweder die Aufbereitung von geernteten oder abgebauten Gütern oder deren Transport stattfinden, oder nur einer dieser Faktoren fällt lokal weg. Bei genauerer Betrachtung zeigt sich, dass insbesondere die Versorgung mit Erdgas und Rohöl und Folgeprodukten den beschränkenden Faktor darstellt – die Verfügbarkeit dieser Ressource liegt bei wenigen Jahrzehnten im weltweiten Maßstab. Lokal ist die Versorgungslage teilweise enger, da politische und transportbezogene Einschränkungen gegebenenfalls hinzukommen.

Ressourcen und Fußabdrücke
Ob das System keine Ressourcen mehr verarbeiten kann (weil der individuelle oder gesellschaftliche Stoffwechsel etwa nach Überschreiten von Fußabdrücken oder KPIs nicht mehr funktioniert) oder ob die Ressourcen nicht mehr zur Verfügung stehen (weil, wie oben gezeigt, die Ressourcen aus lokaler oder weltweiter Sicht aufgebraucht sind oder nicht mehr am Ort der Bestimmung ankommen) – der lokale Effekt bleibt derselbe: Die Überlebensfähigkeit des Systems ist gefährdet oder nicht mehr gegeben. Die ökologischen und sozialen Rahmenbedingungen innerhalb des SES verändern sich im Zweifelsfall zu schnell, um für die einzelne in dem System lebende Spezies noch eine ökologische Nische bieten zu können.

Die Frage liegt also nahe, inwieweit ein solches Überschreiten von einzelnen oder mehreren Grenzwerten absehbar oder vielleicht sogar bereits gegeben ist (siehe Abbildung 6.5 unten). Zu eben dieser Frage nahm Ende 2023 eine Studie Stellung, in dem neun Prozesse bewertet wurden, die planetare Grenzen darstellen. Planetare Grenzen sind hierbei Parameter, deren Überschreiten ein Überleben des SES gefährden wird. Diese Größen wurden erstmals 2009 vorgeschlagen. Bei der jüngsten Aktualisierung 2023 wurden nicht nur alle Grenzen quantifiziert, sondern es wurde auch festgestellt, dass sechs der neun Grenzen überschritten worden sind [16].

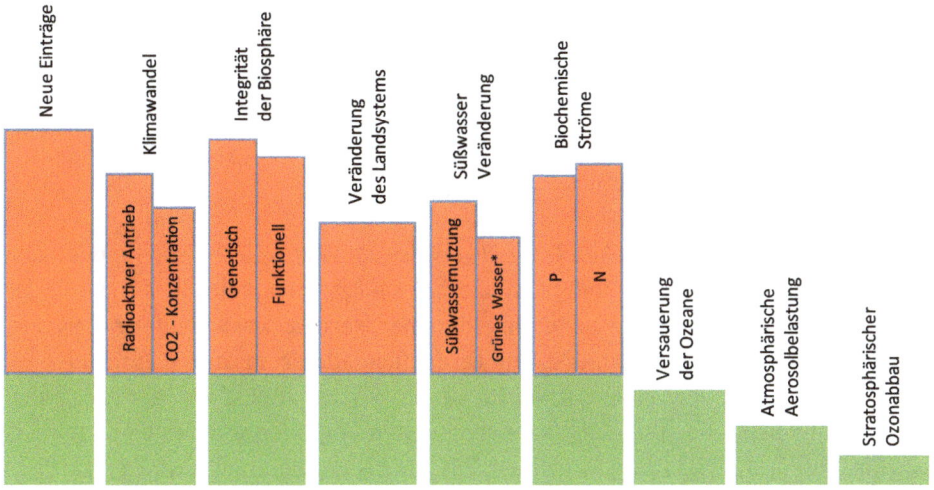

* Green water is the water held in soil and available to plants

Abb. 6.5: Im September 2023 quantifizierte ein Team von Wissenschaftlern zum ersten Mal alle neun Prozesse, die die Stabilität und Widerstandsfähigkeit des Erdsystems regulieren. Diese neun planetaren Grenzen wurden erstmals 2009 von einer Gruppe von 28 international renommierten Wissenschaftlern vorgeschlagen. Seitdem wurde ihr Rahmen mehrmals überarbeitet.
Bei der jüngsten Aktualisierung wurden nicht nur alle Grenzen quantifiziert, sondern es wurde auch festgestellt, dass sechs der neun Grenzen überschritten worden sind. [16]

Mit den oben angestellten Überlegungen bietet sich die Perspektive an, dass jeder einzelne Grenzwert aufgrund der
- der eventuell noch unbekannten Zeiteffekte (Hysterese)
- verschiedenen Charaktere der Umgebungen
- der Verknüpfungen zwischen Systemparametern

auch innerhalb der angenommenen Stabilitätsgrenzen des Gesamtsystems eher niedriger als höher anzusetzen ist. Nun sind die Grenzen, innerhalb derer ein SES stabil reagiert, aus prinzipiellen Gründen unbekannt. Prinzipiell, weil die gesamte Anzahl realistischer Kombinationen von systembeeinflussenden Faktoren unendlich groß ist. Alle gleichzeitig zu kennen und einzuschätzen, ist weder im weltweiten noch im lokalen Maßstab möglich. Die Kombinationen, die die verschiedenen ökologischen Nischen der Welt heute auszeichnen, haben sich in Jahrmillionen der Evolution herausgebildet. Nicht lebensfähige Kombinationen haben nicht überlebt. Die angesprochene Flexibilität dieses Systems ist entscheidend, denn wäre ein Winter zu lang, der eine oder andere Fressfeind zu viel, das Wasser zu kalt oder zu verschmutzt und so weiter, wäre ein Leben für viele nicht, für andere nicht so oder nicht dort möglich.

Mit diesen Überlegungen kann eine der oben getroffenen Maßgaben für Grenzwerte erweitert werden: Die Frage „Wie weit und wie schnell darf man etwas ändern, damit das Gesamtsystem noch stabil bleibt?" stellt sich damit noch einmal erweitert um den Aspekt der Dynamik instabiler Umgebungen. Grenzwerte sollten aufgrund der
- der eventuell noch unbekannten Zeiteffekte (Hysterese)
- verschiedenen Charaktere der Umgebungen
- der Verknüpfungen zwischen Systemparametern
- des Risikos des Verlassens von Stabilitätsgrenzen

limitiert werden und für den Fall, dass es Hinweise auf ein Erreichen von Kipppunkten gibt. Mit einer Steigerung der Produktivität des Gesamtsystems kann eine Erhöhung der Flexibilität der beteiligten Netzwerke vorgenommen werden. Dies bedeutet insbesondere eine Betonung lokaler Ansätze. Zudem verdeutlicht dieser Ansatz ein Problem:

Es ist keinesfalls klar, ob und wann Stabilitätsgrenzen erreicht oder gar überschritten sind, das heißt, der Übergang zum chaotischen Verhalten von Systemen initiiert wird. In diesem Stadium ist ein Steuern des SES oder seiner Teilaspekte weder lokal noch global möglich. Das verlangt nach einer Reihe von Experimenten, die unternommen werden um herauszufinden, ob natürliche oder gesellschaftliche Systeme noch vorhersagbar reagieren.

Die Charakteristik, die es zu erfassen gilt, ist die Zeitabhängigkeit der Größe, die den speziellen untersuchten Aspekt beschreibt, weniger die absolute Größe. Ein stabiles System ist dadurch charakterisiert, dass es wieder in seine Ausgangslage zurückkehrt. Bei einem belasteten System ändern sich gegebenenfalls Abklingcharakteristika nach einer externen Störung in ihrer Zeitdauern und auch im Abklingverlauf. Jenseits von Kipppunkten kann es auch zu chaotischen Vorgängen kommen, die zu einem Gleichgewichtszustand führen, der nicht der gleiche ist wie der ursprüngliche Zustand.

In der Literatur ist die Resilienz des Systems, also seine Widerstandsfähigkeit, definiert als ein Ausdruck der Zeit, die ein System benötigt, um wieder in den Ausgangszustand zurückzukehren.

In der Konsequenz bedeutet das oben Gesagte, dass ein globaler Fokus auf den Klimawandel oder auf die umweltbezogenen Fußabdrücke allein keinesfalls ausreicht, um die Nachhaltigkeit zu verbessern. Stattdessen ist das Verständnis des Zusammenspiels von Grenzen, insbesondere des Klimas und der Ressourcenverfügbarkeit und des Wirtschaftswachstums, der Schüssel für ein Überleben des SES und der Spezies darin.

Vor diesem Hintergrund beschäftigen sich die beiden folgenden Kapitel mit Recycling und Wirtschaftswachstum.

6.3 Recycling

Recycling ist der Prozess der Umwandlung von Abfallstoffen in neue Materialien und Gegenstände. Dieses Konzept wird häufig auch auf die Rückgewinnung von Energie aus Abfallstoffen angewendet. Die Recyclingfähigkeit eines Materials hängt neben dem Reinheitsgrad der Ausgangsmaterialien von dem Prozess ab, der im Recycling genutzt wurde, der Kontaminierung mit anderen Materialien und dem Energie- und Materialaufwand, der im Recyclingprozess aufgewandt wurde [17]. Recycling will neben der Möglichkeit, Rohstoffe wiederzugewinnen, eine Alternative zur „konventionellen" Abfallbeseitigung darstellen. Das Ziel ist es, gegenüber einem Entsorgen ohne Recycling
- Material einzusparen
- zur Verringerung der Treibhausgasemissionen beizutragen
- die Verschwendung von potenziell nützlichen Materialien zu verhindern
- den Verbrauch von neuen Rohstoffen zu verringern
- einen Beitrag zur Reduktion von Energieverbrauch, Luftverschmutzung (durch Verbrennung) und Wasserverschmutzung (durch Deponierung) zu leisten.

Recycling braucht ebenso wie die Rohmaterialgewinnung Energie, deren Verfügbarkeit endlich ist und bei deren Gewinnung Erntefaktoren eine Rolle spielen. Die für Recycling nötige Energie wächst mit dem Grad der Vermischung von Materialien, beziehungsweise wird mit kleiner werdenden Anteilen der zurückzugewinnenden Rohstoffe in der Regel größer. Schwindende Ressourcen tragen damit zur Verknappung der Energie bei.
In der Triade
- Reduzieren,
- Wiederverwenden und
- Recyclen

ist Recyclen zentral, denn es fördert die ökologische Nachhaltigkeit, indem es den Rohstoffinput verringert und den Abfalloutput im Wirtschaftssystem umleitet beziehungsweise im Wirtschaftssystem belässt [18].

Nicht alle Rohmaterialien sind aus Abfällen einfach wieder zugänglich zu machen und zu verwenden und den Konzepten der Extendended Producer Responsibility zugänglich. Zu den vergleichsweise einfach zugänglichen Materialien gehören im Bereich der mineralischen Abfälle verschiedene Arten von Glas, Papier oder Pappe. Die einfache Zugänglichkeit bedeutet im Einzelfall nicht gleichzeitig eine einfache Wiederverwendbarkeit, da diese sehr von der Konzentration der Rohstoffe beziehungsweise ihrer Verunreinigung abhängen kann. Im biologischen Wertstoffkreislauf stellt Kompostierung und sonstige Wiederverwendung biologisch abbaubarer Abfälle ebenfalls eine Form des Recyclings dar, wie in der folgenden Abbildung (Abbildung 6.6 unten) skizziert (siehe auch [19]).

Die Qualität der Rezyklate ist eine der größten Herausforderungen für den Erfolg einer langfristigen Vision einer grünen Wirtschaft. Die Qualität meint im Allgemeinen, wie hoch der Anteil an Zielmaterial im Vergleich zu Nicht-Zielmaterial und nicht-recycelbaren Materialien ist.

Stahl und andere Metalle haben prozessbedingt eine höhere Rezyklatqualität. Hochwertiges Recycling kann das Wirtschaftswachstum unterstützen, indem es den Wert des Abfallmaterials maximiert. Das Streben nach hochwertigem Recycling stützt zudem das Vertrauen von Verbrauchern und Unternehmen in den Abfall- und Ressourcenmanagementsektor und regt Investitionen in diesen Sektor an.

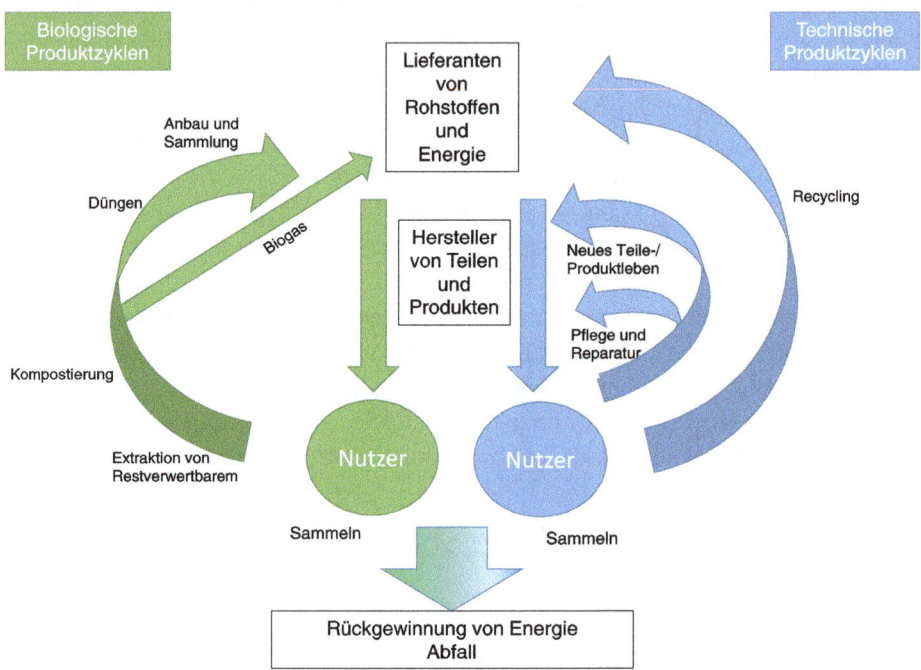

Abb. 6.6: Wertschöpfungs- und Materialkreisläufe für biologische und technische Rohstoffe (siehe auch [1]). Die zu recycelnden Materialien werden sortiert, zugeordnet, gereinigt und zu neuen Materialien für die Herstellung neuer Produkte aufbereitet. Im Idealfall wird durch das Recycling eines Materials ein neuer Vorrat desselben Materials erzeugt. Einige Arten von Materialien, wie zum Beispiel Metalldosen, können wiederholt wiederaufbereitet werden, ohne ihre Reinheit zu verlieren. Bei anderen Materialien ist dies oft schwierig oder zu teuer (im Vergleich zur Herstellung desselben Produkts aus Rohstoffen oder anderen Quellen), so dass das „Recycling" vieler Produkte und Materialien ihre Wiederverwendung bei der Herstellung anderer Materialien (zum Beispiel Pappe) beinhaltet. Eine andere Form des Recyclings ist die Rückgewinnung von Bestandteilen komplexer Produkte, entweder aufgrund ihres inneren Wertes (zum Beispiel Blei aus Autobatterien und Gold aus Leiterplatten) oder aufgrund ihrer Gefährlichkeit (zum Beispiel die Entfernung und Wiederverwendung von Quecksilber aus Thermometern).

Innerhalb der Recycling-Lieferkette gibt es Maßnahmen, die sich alle auf die Qualität der Rezyklate auswirken können. Abfallerzeuger, die nicht zu den Zielgruppen gehörende und nicht verwertbare Abfälle in Recyclingsammlungen einbringen, können die Qualität der Rezyklatströme beeinträchtigen. Unterschiedliche Sammelsysteme können zu unterschiedlichen Verunreinigungsgraden führen. Wenn mehrere Materialien gemeinsam gesammelt werden, ist ein zusätzlicher Aufwand erforderlich, um sie in getrennte Ströme zu sortieren. Trotz Verbesserungen in der Technologie und der Qualität der Rezyklate sind die Sortieranlagen nicht vollkommen effizient bei der Trennung der Materialien.

Ein Großteil der Schwierigkeiten, die mit dem Recycling verbunden sind, rührt daher, dass Produkte nicht im Hinblick auf Recycling entworfen werden. Das Konzept des Ecodesigns (Kapitel 4.2.1) zielt darauf ab, dieses Problem zu lösen. Im Idealfall sollte für jedes Produkt (und alle dazugehörigen Verpackungen) ein vollständiger, geschlossener Kreislauf entworfen werden. Ein Weg also, bei dem jedes Bauteil entweder durch biologischen Abbau in das Ökosystem zurückkehrt oder recycelt wird (siehe Abbildung 6.6 oben). Ein vollständiges Recycling ist unmöglich. Substitutions- und Recyclingstrategien verzögern die Erschöpfung der nicht erneuerbaren Vorräte, um somit Zeit für den Übergang zu echter oder starker Nachhaltigkeit gewinnen zu können, die nur in einer auf erneuerbaren Ressourcen basierenden Wirtschaft gewährleistet ist [20].

Häufig wird auf Recycling als Lösungsansatz verwiesen. Jedoch sind die Probleme, die Recycling in diesem Zusammenhang lösen kann, begrenzt: denn Recyclingraten sind materialabhängig und der Prozess des Recyclings kostet Energie. Daher ist nicht ohne weiteres klar, ob und wie lange ressourcenschonendes oder energiesparendes Design von Produkten mit dem Ansatz, Materialien durch Recycling im Wirtschaftskreislauf zu halten, ausreicht, um einen Rohstoffengpass abzuwenden. Grosse und Mainguy konnten zeigen [21], dass Recycling allein, ohne Konsumverzicht, nicht die pauschale Lösung ist und zu nachhaltigem Wirtschaften führt. Dies insbesondere dann nicht, wenn von einem Wirtschaftswachstum ausgegangen wird. Die Rahmenbedingungen für ein Wirtschaften sind aus Materialsicht damit, dass
– kein Recycling 100 % des ursprünglich Eingesetzten wiedergewinnen kann. Ein kleiner Schwund existiert grundsätzlich.
– Wirtschaftswachstum wachsenden Ressourcenverbrauch bedingt.
– Recycling auch Energieverbrauch und den Einsatz weiterer Ressourcen bedeutet.

In einer Modellrechnung und unter Annahme einer durchaus hohen Recyclingeffizienzrate von 62 % konnten Grosse et al. zeigen, dass wenn die Wachstumsrate des durchschnittlichen Verbrauchs über 2 % pro Jahr liegt, Recycling die Erschöpfung der Ressourcen nicht um mehr als 50 Jahre gegenüber einem Zustand ohne Recycling nach hinten schieben kann. Im Falle von Eisen/Stahl mit einer (realistischen) jährlichen Wachstumsrate von 3,5 % ergibt dieses Modell für die Erschöpfung der Ressourcen eine Zeitspanne von nur 12 Jahren zwischen einer Wirtschaft ohne Recycling und einer Wirtschaft mit Recycling.

Unter der sehr optimistischen Annahme, dass
– 60 % des im Abfall enthaltenen Materials weltweit recycelt würden und darüber hinaus

- ein Äquivalent von 80 % des weltweiten Verbrauchs desselben Materials ständig in Form von Abfall entsorgt wird,

kann Recycling, kein Wirtschaftswachstum vorausgesetzt, den Endpunkt der Verknappung des Ressourcenportfolios hinauszögern. Mit Wirtschaftswachstum fällt diese Verzögerungszeit beträchtlich: Wenn das Wirtschaftswachstum um 50 % des Verbrauchs reduziert wird, verringert sich die Wirkung des Recyclings auf nur 70 Jahre, und selbst bei einer Recyclingquote von 90 % würden die 130 Jahre, die zuvor als Frist für die Wiederaufnahme der Verantwortung gewonnen wurden, nicht erreicht werden. Bei einem Wirtschaftswachstum von einem Prozent und einer Recyclingquote von 80 % würde sich die Ressourcenknappheit um 60 Jahre verzögern (siehe Abbildung 6.7 unten).

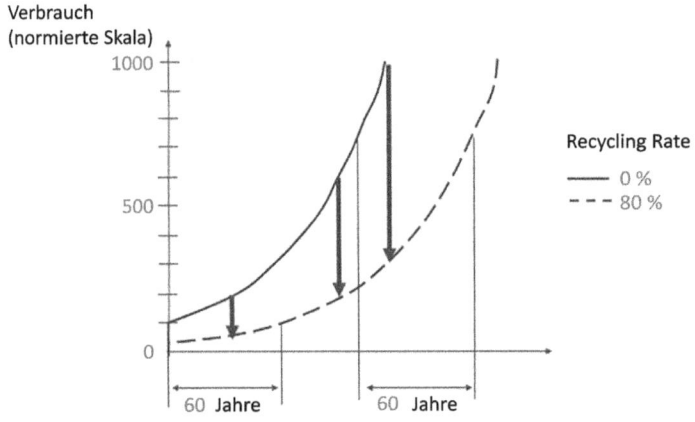

Abb. 6.7: Entwicklung des jährlichen Ressourcenverbrauchs bei verschiedenen Recyclingraten und verringertem Wachstum des GNP (1 %) im Vergleich zu den heutigen Erwartungen (durchgezogene Linie) gemäß [21].

Grosse und Mainguy schätzten in verschiedenen Modellrechnungen die durch Recycling ermöglichte Verzögerung der Rohstoffknappheit als wenige Jahrzehnte ein. Sie kommen zu dem Schluss, dass nur eine Reduzierung des Ressourceneinsatzes um mehr als 80 % eine deutliche Verzögerung der Erschöpfung ermöglichen kann. Allerdings ist der Zusammenhang nicht einfach: Je weniger Rohstoffe eingesetzt werden, desto energieintensiver und weniger effizient wird auch das Recycling. Das Phänomen ist umso ausgeprägter, je höher die Wachstumsrate der Wirtschaft ist.

Der Versuch, durch Recycling Verantwortung zu übernehmen, ohne dass Massenprodukte aufgegeben oder Produktlebensdauern deutlich verlängert werden, ist aber nur im Sinne einer Problemverlagerung wirksam: Recycling allein verschiebt das Problem nur zeitlich nach hinten. Darüber hinaus ist das Problem auch an anderer Stelle komplex, denn die Zusammenhänge von Ressourcenknappheit und individuellem

Konsum werden nicht unbedingt am Ort der Ursache sichtbar; nicht-lokale Folgen sind aufgrund der international verteilten Arbeitsteilung wahrscheinlich. In diesem Sinne müssen Technologien auch sozialisiert, also sinnvoll für die gesellschaftliche Nutzung, bereitgestellt werden.

Wenn es darum geht, wirtschaftliche Entwicklung und Nutzung/Erschöpfung nichterneuerbarer Rohstoffe zu entkoppeln, kann Recycling bestenfalls unterstützen, denn eine vollständige Schließung von Stoffkreisläufen, das heißt, eine 100 %e Wiederverwertung, ist unmöglich [21].

6.4 Green Growth – Postgrowth – Degrowth

Ernst F. Schuhmachers Buch „Small Is Beautiful" [28] aus dem Jahr 1972 muss im Rückblick als ein Teil der Diskussion um nicht wachstumsfokussiertes Wirtschaften gesehen werden. Unter heutigen Gesichtspunkten fokussiert Schumacher auf eine Abkehr von Massenproduktion bei einem Fokus auf lokale Produkte, die individuell als Beitrag zum Wohlbefinden wahrgenommen werden können. Schuhmachers Fokus auf lokale Ressourcen ist auch aus heutiger Sicht innovativ: Die Übertragbarkeit von Lösungen von einem Standort auf den nächsten ist nur manchmal gegeben. Die lokal verfügbaren Ressourcen und Energien unterscheiden sich in ihren Folgen für das lokale Wirtschaften und für das, was am Ort als nachhaltig anzusehen ist. Als Gegensatz hierzu könnte zum Beispiel die Beobachtung von Thorstein Veblen gesehen werden, wonach Besitz nur dann effektiven Prestigegewinn erzeugt, wenn er öffentlich zur Schau gestellt werden kann und wird. Soziale Differenzierung wird, so Veblens Verständnis, vor allem durch die sichtbare Anhäufung von Besitz und Prestige erzeugt. Hierbei entsteht Prestige anfangs allein durch Besitz, der wiederum auf Produktion und damit auf Ressourcennutzung beruht. Zum Zwecke der Distinktion bedarf es *demonstrativem Müßiggangs* und *emonstrativem Konsums*. Dieser soziale Aspekt von Konsum und Besitz und dem damit einhergehenden Prestige (in [29]) ist mit Privateigentum und der damit verbundenen Entstehung von Besitz und sowie Macht im Hinblick auf die resultierende soziale Anerkennung zu verstehen. Demonstrativer Müßiggang wird durch möglichst große Distanz zu produktiver Erwerbsarbeit definiert. Entscheidend ist dabei die scheinbare Aufhebung des Nutzenbezuges. Müßiggang in diesem Sinne bedeutet keinesfalls Nichtstun. Konsum wird zu demonstrativem Konsum, wenn er nicht mehr durch Bedürfnisse gesteuert wird; er überschreitet bei Weitem das, was zur Erhaltung des Lebens und der psychischen Kräfte notwendig wäre und folgt der Logik sozialer Differenzierung.

In den vorherigen Kapiteln wurde gezeigt, dass Wirtschaftswachstum zu seiner Befeuerung Ressourcen braucht (d. h., Rohmaterialien und Energie). In Kapitel 6.2 wurde die Dynamik beschrieben, mit der sich die wirtschaftliche Leistungsfähigkeit des SES entwickelt und wie diese Leistungsfähigkeit mit der Versorgung durch Ressourcen zusammenhängt. Insbesondere die zyklische Abfolge von Wachstums- und Schrumpfungsphasen wurde oben beschrieben. Wenn sich die Bemessung des Wirtschaftswachstums

maßgeblich am Ausstoß materieller Güter misst und das Ziel ein in dem Sinne möglichst großes Wirtschaftswachstum ist, resultiert großes Wachstum in einer früheren Erreichung von Grenzen der Versorgung mit Ressourcen und Energie und in der Folge einem früher eintretenden Systemzusammenbruchs. Vor diesem Hintergrund stellen sich zumindest zwei Fragen:
- Gibt es noch andere Möglichkeiten, das Wirtschaftswachstum zu bewerten?
- Welche Möglichkeiten hat die Wirtschaftspolitik in der Gestaltung einer Balance der notwendigen Finanzierung des Staatswesens und einer Steuerung des Wirtschaftswachstums auf eine Art und Weise, dass ein Systemkollaps in eine möglichst ferne Zukunft geschoben wird?

Die erste Frage hat das Potenzial, in den kommenden Jahrzehnten zu einer grundsätzlichen Revision des Konzepts der Bewertung von Wirtschafts- und Wohlstandswachstum zu führen. Eine Reihe von Ideen, wie Bemessungsgrößen zu ändern sind, wird derzeit diskutiert. Kapitel 4.1 hat hierzu beispielsweise der Ansatz von Stiglitz, Sen und Fitoussi [22] besprochen. Wie bereits skizziert, hängen Wirtschaften, Wirtschaftswachstum und Energie-/Ressourcenverbrauch eng zusammen. Bei einem sehr kleinen Wirtschaftsvolumen ist der Verbrauch gegenüber dem, was die Erde als Energie und Ressourcen zur Verfügung stellt, in endlicher Zeit nahezu vernachlässigbar. Derzeit sind Wirtschaftsvolumen und Wirtschaftswachstum bereits seit einigen Jahrzehnten so groß, dass die Endlichkeit der Ressourcen sehr absehbar zu Versorgungsproblemen führen wird, beziehungsweise zu einer aussetzenden Versorgung mit bestimmten Rohstoffen. Dies gilt, wie in Kapitel 1 ausgeführt, nicht nur für vergleichbar exotische Stoffe wie seltene Erden oder Lithium, sondern auch für unabdingbare Zutaten von Düngemitteln wie Phosphate oder einige Spurenelemente.

Damit folgt, was eigentlich intuitiv ohnedies gelten müsste: Es muss vorsichtiger und weniger verbraucht werden – was zur zweiten oben gestellten Frage überleitet: Der Gestaltung der Balance der notwendigen Finanzierung des Staatswesens und einer Steuerung des Wirtschaftswachstums.

Bei etwas genauerer Überlegung wird klar, dass jedes Wirtschaften, auch jenes ohne Wachstum, nur dann stabil ist, wenn die Prozesse zur Konzentration von Rohstoffen und Energie ebenso viel Rohstoffe in abbauwürdigen Konzentrationen und Energie liefern, wie zugänglich gemacht wird. Für Rohstoffe, deren Konzentrationsprozesse gemessen am heutigen Verbrauch in diesem Sinne zu langsam sind, und das sind viele der nicht aus der belebten Natur kommenden Rohstoffe, bedeutet dies, dass jeder Wirtschaftskreislauf das gesamte Wirtschaften mit dem Rohstoff durch Abfall endlich gestaltet. Die resultierenden Fragen sind,
- wo genau das entsprechende Gleichgewicht (zwischen Zufuhr und Verbrauch) liegt, und
- wann eine Übernutzung zu einem Kollaps des Gesamtsystems durch einen Zusammenbruch der Versorgung mit Rohstoffen führt.

Was die zweite Frage betrifft, sind die Antworten bereits seit der Studie von Meadows et al. im Auftrag des Club of Rome vor 50 Jahren umrissen worden: Ein Zusammenbruch der Versorgungssituation mit Energie und Rohstoffen wird der Studie gemäß innerhalb dieses Jahrhunderts stattfinden [23].

Dies hat Implikationen für Wirtschaftsziele, Technologien, Innovationen, Besitz und Bewirtschaftung von Ressourcen, (Massen-) Produktion, weltweitem versus lokalem Wirtschaften, und so weiter. Gleichzeitig wird das gesamte Wirtschaftsleben durch Rohstoffe, deren einfallsreiche Nutzung und deren Verbrauch stimuliert, und die Industrienationen leben von einer funktionierenden Wirtschaft.

Der Widerspruch zwischen der gängigen Vorstellung über Wirtschaft und Wohlstand sowie dem, was angesichts der absehbaren Engpässe in der Rohstoffversorgung möglich ist, ist nur aufzulösen, indem der heutige Verbrauch reduziert wird, um für sich selber oder die Nachfahren in Zukunft ein Überleben zu ermöglichen beziehungsweise gestaltbar zu halten. Ein Ansatz ist, dass verringertes Wachstum unabdingbar nötig ist, um einen chaotischen Rückgang mit naheliegenden Folgen wie Migration und eskalierten Versorgungskonflikten wie Kriegen zu vermeiden.

Im gängigen Denken bedeutet ein abnehmendes Wirtschaftsvolumen ein abnehmendes GNP. Das ist an sich kein Problem, wird aber spätestens zu einem solchen, wenn die wirtschaftspolitischen Maßnahmen und die Bewertungen der Wirtschaftskraft auf das Wirtschaftsvolumen gemessen in GNP bezogen werden. Eine Regierung, die sich nicht nach dem Wachstum des GNP als Maxime richtet, bekommt wahrscheinlich niedrigere Ratings. Auf der anderen Seite steht, dass das subjektiv empfundene Glück ab einem gewissen Einkommensniveau nicht mit dem Einkommen korreliert, während das Konsumniveau insbesondere für die niedrigen bis mittleren Einkommensklassen aber direkt mit dem Einkommensniveau zusammenhängt.

Angesichts der Abnahme der zugänglichen Rohstoffe und nicht bedingt durch den Versuch, das subjektiv empfunden Glück der BürgerInnen zu erhöhen, wird in der politischen Diskussion über die Einführung von Maßgrößen für das Wohlbefinden an Stelle des GNP diskutiert. Das bedeutet bei geschickter Auswahl der Parameter unter anderem, weniger Ressourcen und Energie zu verbrauchen, was wiederum bedeutet, kleinere Fußabdrücke zu verursachen. Aus dieser Einsicht resultiert die Notwendigkeit zu einem Umbau, dessen Konsequenzen fundamental sind: Verbrauchsreduktion lässt sich durch längere Produktlebensdauern und verringerten Konsum (Überfluss) mit weniger Energieverbrauch massiv unterstützen. Dies wiederum führt zu weniger Konsum und für produzierende Unternehmen, den Handel, oder auch Transportunternehmen zu weniger Umsatz, und so weiter. Dies wiederum hat massiven Einfluss auf das Finanzsystem, das von Inflation und dem Verleih von Geldern für Investitionen nicht zuletzt auch für Innovationen lebt.

Im Prinzip setzen Ansätze für nachhaltige Politik beim Wirtschaftswachstum an, das heißt, beim GNP beziehungsweise dessen Entwicklung und dem Verbrauch von Ressourcen. Eine Situation, in der ein Wirtschaftsraum weniger Ressourcen verbraucht und weniger Treibhausgase erzeugt, um Wachstum zu erwirtschaften, ist gegenüber einer

Herangehensweise vorzuziehen, in der für die gleiche wirtschaftliche Leistung mehr verbraucht wird. Wobei ganz im Sinne des traditionellen ökonomischen Denkens, zunächst eine wachsende Wirtschaft als das Ziel definiert ist. Dem begegnen nun verschiedene Ansätze, die alle Nachhaltigkeit und Wirtschaftswachstum in Verbindung setzen und zum Ziel haben, die Nachhaltigkeitsauswirkungen des Wirtschaftslebens zu reduzieren, das Wirtschaftsleben aber nicht zu unterbrechen.

- *Degrowth* argumentiert, dass das am GNP gemessene Wirtschaftswachstum nicht als politisches Ziel aufgegeben, aber neue Parameter als Teil des GNP hinzugefügt werden sollten. Die Politik sollte sich stattdessen auf wirtschaftliche und soziale Messgrößen wie Lebenserwartung, Gesundheit, Bildung, Wohnraum und ökologisch nachhaltige Arbeit als Indikatoren für Ökosysteme und menschliches Wohlergehen konzentrieren. Degrowth konzentriert sich auf drei Hauptziele:
    - Verringerung der Umweltzerstörung;
    - Umverteilung von Einkommen und Wohlstand auf lokaler und globaler Ebene;
    - Förderung eines sozialen Übergangs vom wirtschaftlichen Materialismus zu einer partizipativen Kultur.
- *Postwachstum* (Postgrowth) setzt das GNP als konstant an [25]: Die Wirtschaft wächst also nach dem Kriterium des GNP nicht. Die Prozesse, die zu einer Freisetzung von Treibhausgasen führen, werden auf Null reduziert. Die grundlegenden Punkte, die die Postwachstums-Perspektiven verbinden, sind
    - die Anerkennung der Grenzen des Wirtschafts- und Bevölkerungswachstums.
    - die Erkenntnis, dass es aufgrund dieser Grenzen notwendig ist, über das Wirtschaftswachstum als Ziel hinauszugehen.
    - eine Verlagerung des Schwerpunkts von den derzeitigen Erfolgsmaßstäben wie dem GNP auf neue Maßstäbe wie das Bruttonationalglück (Gross National Happyness, GNH), den Happy Planet Index und/oder andere Wohlstandsindizes.
    - die Nutzung der in der wachstumsbasierten Wirtschaftsära (und davor) gewonnenen Einsichten, um zu einer nachhaltigen Zukunft überzugehen.
    - einem Denken und Handeln nach den Werten der Zusammenarbeit, des Teilens, der sozialen Gerechtigkeit und der ökologischen Verantwortung auf lokaler wie auch globaler Ebene.
- *Grünes Wachstum* [25] gestattet ein Wachstum des GNP unter der Voraussetzung, dass die Treibhausgas (THG)-Intensität der wirtschaftlichen Prozesse mit einer deutlich höheren Rate fällt als das GNP steigt, beide Werte also entkoppelt sind. Grünes Wachstum bedeutet, Wirtschaftswachstum und nachhaltige Entwicklung zu fördern und gleichzeitig dafür zu sorgen, dass die Ressourcen und Umweltleistungen, von denen das Wohlergehen des SES abhängt, weiterhin zur Verfügung stehen. Dazu müssten entsprechend agierende Regierungen Investitionen und Innovationen anregen, die ein nachhaltiges Wachstum unterstützen und neue wirtschaftliche Chancen eröffnen. Der Green Growth-Ansatz ist, zumindest auf einer Zeitskala von Jahrzehnten, aufgrund der beschränkten Ressourcen und Energie als realitätsfern einzuschätzen.

Diese wachstumskritischen Ansätze sind problematisch, wenn sie auch wohlbegründet sind, was ihre Ziele betrifft. Dies vor allem, weil eine Schrumpfung oder Stagnation der Produktion im heute verfolgten Wirtschaftssystem mit gravierenden sozialen und politischen Folgen einher geht, von denen absehbare Verteilungskonflikte lediglich eine ist. Um dies zu illustrieren: Die Dekarbonisierung der Industrie, das heißt, die massive Reduktion der Emissionen, wird Investitionen bedingen, die wiederum nur von einer prosperierenden Wirtschaft erwirtschaftet werden können. Eine schlichte Reduktion der Wirtschaftsleistung wird also eine Reduktion von Fußabdrücken und KPIs keinesfalls erleichtern [25, 26]. Auch der Verweis auf den Staat und dessen Investitionsprogramme geht von Steuereinnahmen aus, die (neben der Finanzierung hoheitlicher Aufgaben) zur Finanzierung einer Dekarbonisierung herangezogen werden könnten. Dies ist alles möglich, aber keinesfalls einfach oder gar selbsterklärend, insbesondere auch nicht, wenn berücksichtigt wird, dass in der westlichen Welt derzeit ein teilweise zweistelliger Prozentanteil der Steuerausgaben zur Finanzierung der Schulden der Vergangenheit genutzt wird.

Im Folgenden wird zwischen Energie gemessen in Treibhausgas (Greenhouse gas, GHG)-Emissionen und materiellen Ressourcen zunächst nicht unterschieden. Dies ist sinnvoll, da sowohl Energie als auch Ressourcen beschränkt, aber durch energieaufwändige Produktionen von Rohmaterialien eng verknüpft sind. Wie im vorhergegangenen Kapitel angedeutet, gibt es Grenzen für Recycling, denn mit einer wachsenden Wirtschaft steigt der Verbrauch von Materialien und Energie, und Recyclingraten von 100 % sind unter keinen Umständen zu erreichen – ein steter Zufluss ist also nötig. Wenn also die drei erwähnten Ansätze zur Wachstumsreduktion lediglich auf den Energieverbrauch beziehungsweise die erzeugten Treibhausgase Bezug nehmen, berücksichtigen sie den Materialverbrauch als Element der Wirtschaftsleistung nicht. Es wird davon ausgegangen, dass um ein gewisses Bruttosozialprodukt zu erwirtschaften, eine gewisse Menge an Rohstoffen R plus Energie E – die Menge R_{total} – verbraucht wird. Damit wird also

$$R_{total} = \sum R_i + E_i.$$

Um mehr zu erwirtschaften, also ein positives Wirtschaftswachstum GNP zu erzeugen, werden bei gleicher Rohstoffsituation und Technik die gleichen Mengen an Energie benötigt, das heißt, über die Zeit hin wächst $\Delta R_{total}(t)$, und es wird mehr per annum verbraucht. Auf der anderen Seite steht, dass einer Wirtschaft immanent ist, dass sie Ressourcen verbraucht. Das Ausmaß dieser Steuerung ist ein Entscheidungsfreiraum, das heißt, Verbrauch um die Wirtschaft anzukurbeln, kann zum Beispiel ungebremst sein. Wirtschaftspolitik kann sich auch durch gezielte Maßnahmen als ressourcenschonend generieren und wenig verbrauchen. Eine Wirtschaft kann allerdings nicht weniger als eine von den lokalen Bedingungen abhängige Menge an Rohstoffen verbrauchen. Die Zusammensetzung von R_{total} ist keine Universalkonstante. Sie hängt von der betrachteten Region und den lokal vorhandenen Ressourcen und Energien ab. In der Abbildung unten wird der Ressourcenverbrauch als A_2 bezeichnet und der nicht zu unterschreitende Ressourcenverbrauch als A_1. Über A_1 ist bekannt, dass bei ideal nachhaltigem Wirtschaften (d. h., ohne unwiederbringlichem Verbrauch von Rohstoffen) nicht oberhalb dessen sein darf, was von Sonne oder Erde an Produkten und Sonnen- oder geothermaler Energie geliefert wird.

Wirtschaften kann damit prinzipiell nicht in den Quadranten Q2 und Q 3 stattfinden, denn dort würde vorausgesetzt, dass Ressourcen erzeugt würden. Wachstum findet im ersten Quadranten Q1 statt, ein negatives Wachstum entsprechend in Q4.

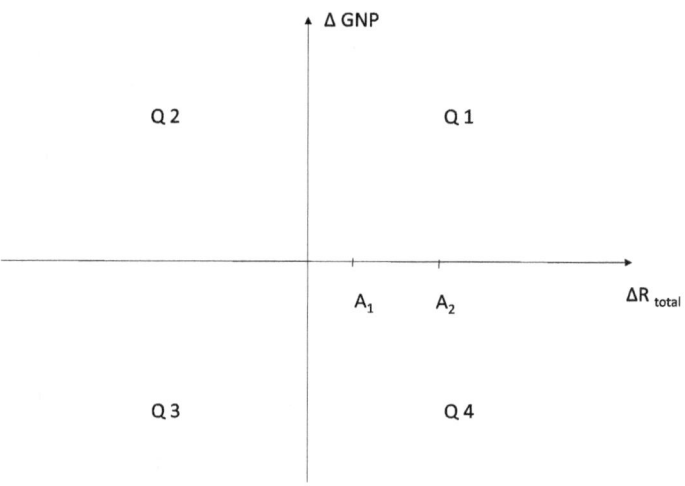

Abb. 6.8: Abwägung zwischen Wirtschaftswachstum ΔGNP und Ressourcenverbrauch 1. In der Abbildung wird der Ressourcenverbrauch als A_2 bezeichnet und der nicht zu unterschreitende Ressourcenverbrauch als A_1.

Die verschiedenen Ansätze zur Entkopplung von Wirtschaftswachstum und Ressourcenverbrauch spielen sich in den Quadranten Q1 und Q4 ab [26, 27]:
– Degrowth setzt auf ΔGNP < 0
– Postgrowth setzt auf ΔGNP = konstant
– Green Growth setzt auf ΔGNP > 0.

Allgemein gilt, den Ressourcenverbrauch so zu gestalten, dass der Abstand zwischen A_1 und A_2 minimiert wird (weil A_1 fix ist, läuft dies auf eine Reduktion von A_2 hinaus). Inwieweit es möglich ist, den realen Verbrauch von Ressourcen A_2 unter das von Sonne und Erde gelieferte Maß zu drücken, hängt von der betrachteten Region ab. A_2 ist eine lokale Größe und keine nationale oder globale Konstante (siehe Abbildung 6.8 oben).

Die Obergrenze O des Verbrauchs ist, bedingt durch die abnehmende Ressourcenverfügbarkeit, zeitabhängig, das heißt, $O(t)$ wird mit der Zeit kleiner und rückt damit

näher an A_1. Für einzelne Rohstoffe und im weltweiten Maßstab ist diese Zeitabhängigkeit für mineralische Rohstoffe und Energieträger bekannt und wurde vielfach simuliert (siehe zum Beispiel [26]). So liegt die Verfügbarkeit von Rohöl oder Erdgas bei 50–60 Jahren, und die Verfügbarkeit von Kobalt oder Lithium bei deutlich kürzeren Zeiten. Zudem muss in diesem Zusammenhang auf verschiedene Effekte Bezug genommen werden:
- Gelegentlich können Rohstoffe ersetzt werden, was Rohstoffengpässe zeitlich nach hinten verschieben würde. Dieses Ziel wird nicht für alle Rohstoffe gleichzeiting erlangt.
- Rohstoffgewinnung verlangt Energie und andere Rohstoffe. So ist zum Beispiel ein Kohleabbau ohne Eisen kaum denkbar. Die Gewinnung von stickstoffhaltigem Dünger verlangt große Energiemengen, Phosphatdünger verlangt offenbar rarer werdendes Phosphat. Wie im Zusammenhang mit der Gewinnung von Erdöl gezeigt wurde, ist der Energieträgerabbau und die Aufbereitung selber sehr energieintensiv und Rohöl eine endliche Ressource.
- Mit rarer werdenden Rohstoffen ist in der Regel verbunden, dass deren Fundorte weiter entfernt von den Verarbeitungsorten liegen. Der Energieverbrauch zum Transport/für Infrastruktur steigt mit wachsender Entfernung vom Verarbeitungsort.
- Manche Rohstoffe werden technisch in lediglich sehr geringen Konzentrationen eingesetzt. Auch dies hat zur Folge, dass sie einem Recycling wenn überhaupt, dann nur sehr schwer zugänglich sind.
- Mit der Gewinnung von Rohstoffen ist häufig eine Trennung von umgebendem Erz nötig, die wiederum mit wachsendem Materialaufwand und vergrößertem Abfallaufkommen einhergeht.

Es kann also passieren, dass sich die Geschwindigkeit, mit der sich $O(t)$ dem Punkt A_1 annähert, sich mit schwindenden Rohstoffreserven erhöht und A_1 sich durch wachsendes Abfallaufkommen reduziert, was den wirtschaftlichen Spielraum weiter verkleinert.

Wie erwähnt, ist $O(t)$ eine regionale Größe, weil sich die regional zugängliche Rohstoff- und Energieverfügbarkeit ebenso wie Verbrauch ortsabhängig unterscheiden. Die Zeit, die vergeht, bis $O(t)$ den Punkt A_1 schneidet, ist im weltweiten Maßstab bekannt. Sie liegt für einzelne Substanzen bei wenigen Jahrzehnten und ist zum Beispiel abhängig von der Nachhaltigkeit der lokalen und internationalen Wirtschaftsweise, funktionierendem internationalen Handel, der Schuldenpolitik, Frieden und so weiter. Der Handlungsrahmen für Politik liegt also zwischen $O(t)$ und A_1. Eine lokale Ungleichverteilung von A_1 und $O(t)$ impliziert offenbar das Potenzial von Verteilungskämpfen.

Politische Maßnahmen könnten nun darauf abzielen [26],
- das GNP zu reduzieren (Option$_2$) mit dem Ziel, weniger Rohstoff- und Energieverbrauch zu konsumieren, oder auch

- etwa durch Verbot bestimmter Technologien, weniger Ressourcen (Option$_1$) zu verbrauchen.
- Energie und Rohstoffe zugänglicher zu machen (die derzeit bevorzugte Wirtschaftsweise).

Beim derzeitigen Wirtschaften wird eine Beziehung zwischen Wirtschaftswachstum und R_{total} vorausgesetzt, die die Wirtschaftssituation für eine gegebene Region mit einem Punkt im Quadranten Q1 oder Q4 charakterisiert. Wenn ΔGNP < 0, werden aufgrund der angesprochenen Zusammenhänge sehr langfristig die Steuereinkünfte reduziert, das Gemeinwesen sehr verringert finanziert und ein langfristig stabiles Gemeinwesen damit unwahrscheinlicher. Sollte diese Vermutung zutreffen, verlangt Degrowth damit zumindest ein langfristiges Nullwachstum. Degrowth würde damit zu einem Spezialfall für Postgrowth.

Nun könnte der Schluss gezogen werden, dass die Vorgabe eines wirtschaftlichen Wachstums generell abwegig ist. Dem ist nicht so. Dazu führt Lindner [27] aus, dass
- Wachstum die Lebensqualität verbessert (höhere Lebenserwartung für alle Altersgruppen durch bessere Gesundheitsversorgung, Versorgung mit Infrastruktur und Energie, Möglichkeit des Schulbesuchs, und so weiter).
- Wachstum Verteilungskonflikte abgeschwächen kann.
- auch vorsichtige Innovationen führen absehbar zu steigender Produktivität, was Wirtschaftswachstum hervorrufen kann, das wiederum führt ohne Veränderung der Produkte zu mehr Arbeitslosigkeit. Damit die Arbeitslosigkeit konstant bleibt, muss ein gewisses Wirtschaftswachstum etwa in Höhe des Produktivitätswachstums gegeben sein. Langfristiges Wachstum abzulehnen ist daher komplex, einem zu hohen Wachstum skeptisch gegenüber zu stehen ist aber sicher unter dem Nachhaltigkeitsaspekt gerechtfertigt.

Obwohl die untenstehende Grafik dies suggeriert, ist der Zusammenhang zwischen der Veränderung von GNP und R im mathematischen Sinne nicht notwendigerweise stetig. Technologiesprünge, auch wenn sie selten vorkommen, könnten zum Beispiel zu stufenförmiger Entwicklung führen. Je steiler die gestrichelte Linie verläuft, das heißt, je weniger die getroffene Maßnahme mit dem Verbrauch bei gleichzeitigem Wachstum des GNP verknüpft ist, desto besser. Eine Prämisse, die umso seltener nutzbar ist, je näher A_1 ist.

Handlungsoptionen für Option$_1$ zielen auch darauf ab,
- ausgewählte Bereiche der Wirtschaft zu schrumpfen, während andere, etwa öffentliche Dienstleistungen, wachsen. Gleichzeitig muss dieser öffentliche Konsum finanziert werden von einem Staatseinkommen, das bei einem geringeren GNP auch geringer ausfällt.
- Eine andere Richtung könnte darin liegen, produktivitätserhöhende und gleichzeitig ressourcenschonende Maßnahmen landesweit zu begünstigen – bei gleichzeitiger Reduktion der Arbeitszeit sowie bei regionsabhängigem Lohnausgleich, um ei-

ne Stagnation vorzubeugen und gleichzeitig soziale Ungleichheiten auszugleichen. Obwohl dieser Ansatz als nachhaltige oder grüne Lösung verstanden werden könnte, bedeutet die Lösung eines technischen Problems nicht unbedingt eine Lösung von Ressourcenproblemen. So muss zum Beispiel vor den Folgen eines Rebound-Effekts gewarnt werden.

Die Handlungsoptionen für Option$_2$ kann klassisch über Marktpreise als Regulativ etabliert werden (siehe Abbildung 6.9 unten): Teurere Produkte werden weniger gekauft, eine abgabenbedingte Reduktion ihres Verbrauchs könnte greifen. Dem steht jedoch gegenüber, dass Regierungen nicht selten dem Druck von Lobbys erliegen und im Gegenteil selektiv Vorteile gewähren und damit Preise verschieben. Dies ist eine Falle, aus der es im Nachhinein häufig keine einfachen Auswege gibt. Eine Abgabenstruktur, die insbesondere den Verbrauch von raren Rohstoffen demotiviert (Option$_1$), könnte hier Abhilfe schaffen. Ebenso bietet eine Neubewertung des Wirtschaftsvolumens unter Berücksichtigung von wirtschaftlichen, ökologischen und soziale Messgrößen die Chance, auch das Wachstum neu einzuordnen. Soziale Größen können in diesem Zusammenhang Indikatoren wie Lebenserwartung, Gesundheit, Bildung, Wohnen und ökologisch nachhaltige Arbeit sein. Dies würde auch der unstrittigen Bedeutung von umfassenden öffentlichen Dienstleistungen wie Sorgearbeit, Selbstorganisation, Gemeingütern, Beziehungsgütern, Gemeinschaft und Arbeitsteilung Rechnung tragen.

Der Idealbereich liegt vor diesem Hintergrund vermutlich in einem sehr kleinen Wirtschaftswachstum, das
– den Produktivitätszuwachs und die damit einhergehende Arbeitslosigkeit kompensiert.
– Die Instabilität jedes Wirtschaftssystems antizipiert.
– Den materiellen Wohlstand global sichert.
– Verteilungskonflikte minimiert.

Legt man die oben diskutierten Ansätze von Grosse und Maingny zum Thema Recycling zugrunde, ergibt sich, dass eine Begrenzung des Wirtschaftswachstums auf weniger als 1.5 % erreicht werden muss, um eine Verzögerung der Rohstoffknappheit von 50–60 Jahren zu erzielen, oder eine Begrenzung des Wirtschaftswachstums um 1 % erreicht werden muss, um eine Verzögerung der Rohstoffknappheit von 100 Jahren zu erzielen.

Die dazu notwendige staatliche Disziplin ist politisch nur schwer zu etablieren, denn langfristig erfordert eine solche Politik insbesondere eine Abkehr von Staatsschulden, was fundamentale Folgen für die Finanzierung der Staatsausgaben hat. Ein gebremstes Wachstum würde auch das Problem lösen, wie der Umbau des Arbeitsmarktes und des Bankensystems ablaufen soll oder wie Armut zumindest in der Umbruchsphase vermieden werden könnte. Dies ist eine Schwäche des obigen Ansatzes und begründet zu Recht eine gewisse Skepsis, andererseits liefert das heute verfolgte Wirtschaftssystem für diese Probleme ebenfalls keine plausible Lösung. Die derzeitigen

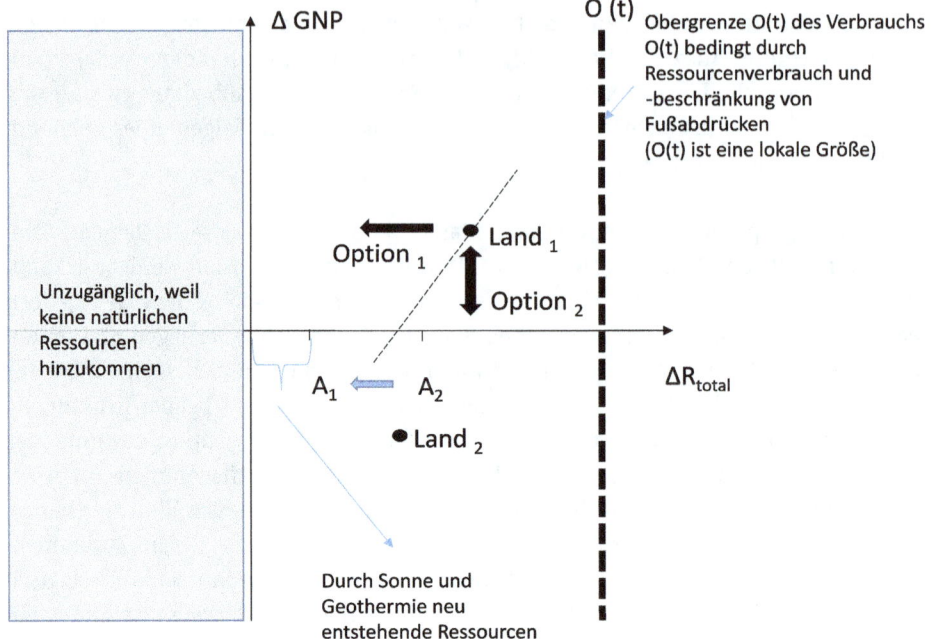

Abb. 6.9: Abwägung zwischen Wirtschaftswachstum und Ressourcenverbrauch – 2. Wirtschaftliches agieren ist, was Rohstoffverbrauch betrifft, nur im ersten Quadranten in der Nähe des Punktes A_1 möglich. Liegt in dieser vereinfachten Darstellung der Rohstoffverbrauch bei weniger als dem mit A_1 indizierten Wert, werden nur erneuerbare Rohstoffe verbraucht. Liegt der Verbrauch oberhalb des von A_1 indizierten Wertes, wird das Wachstum von nicht erneuerbaren Rohstoffen befeuert, die entweder aus Neuabbau oder aus Recycling stammen. Die Linie $O(t)$ wandert dann stetig auf A_1 zu, denn die Rohstoffreserven fallen mit Verbrauch der nicht erneuerbaren Rohstoffe zwangsläufig. Rechts von $O(t)$ existieren keine wirtschaftlichen Spielräume. Die aus Recycling gewonnenen Rohstoffe können einen Kollaps des Systems nur verzögern, denn bei einem Wirtschaftswachstum von 1 % und einer Recyclingquote von 80 % würde sich die Ressourcenknappheit um 60 Jahre verzögern, aber dennoch zu Stande kommen [21]. Sowohl für Ressourcenabbau und -aufbereitung als auch für Recycling ist allerdings Energie nötig. Es zeichnet sich jedoch ab, dass die weltweiten Gas- und Ölressourcen eine Versorgung für lediglich 60–70 Jahren sicherstellen können. Bemerkenswert an diesem Zeitrahmen dabei auch, dass die Versorgung mit Kunstdüngern zum Teil unmittelbar an der Versorgung mit Öl hängt – ein Ende der Versorgung mit Rohöl bedeutet damit auch ein Ende der heute etablierten Versorgung mit Nahrungsmitteln.

Zahlungsverpflichtungen aus Staatsanleihen und ein eingeschränktes Wachstum nach der Vorgabe von Grosse vorausgesetzt, würde aufgrund der verringerten Einnahmen staatliches Handeln massiv eingeschränkt.

7 Zusammenfassung

Das Zusammenleben von Spezies auf der Erde und das Risiko, durch nicht nachhaltiges Verhalten der Menschen und seiner Institutionen der Lebensgrundlagen beraubt zu werden, ist schwer zu fassen. Das Sensorium von Menschen ist dafür nicht ausgelegt. Der Druck, der durch Klimakrise, Rohstoffknappheit und soziale Krisen hervorgerufen wird, ist noch nicht groß genug, als dass man von einem selbstmotivierten Handeln der Akteure ausgehen könnte. Allein aus der intellektuell motivierten Befürchtung von Konsequenzen folgen keine Handlungsvorgaben, wie denn ein Verlust ökologischer und sozialer Stabilität abzuwenden wäre. Die EU wählte den Weg, von der Industrie schrittweise eine Berichterstattung hinsichtlich der Nachhaltigkeitsperspektive ihrer Tätigkeiten einzufordern. Die entsprechenden Maßzahlen beziehen sich auf Fußabdrücke oder andere Nachhaltigkeitsindikatoren, hier kurz KPIs genannt. Die von der EU im European Sustainability Reporting Standard genannten Indikatoren wurden als Referenz genutzt und kurz vorgestellt. Auf diesen Berichtsstandard wurde Bezug genommen, weil Unternehmen in ihrer Nachhaltigkeitsberichterstattung oder nicht-finanzielle Berichterstattung auf die in diesem Standard skizzierten Angaben Bezug nehmen müssen. Unternehmen müssen in dieser Berichterstattung unternehmerische Risiken aus dem Nachhaltigkeitsbereich darlegen. Zudem müssen Angaben zu Risiken mit zugehörigen Maßnahmen zur Risikoprävention oder der Lösung entsprechender Probleme beschrieben werden. Hierbei tritt ein gewisses Paradox auf, denn Privatpersonen sollten auch handeln, müssen aber nicht berichten. Hier wurde versucht, die Perspektiven von Privathaushalten in das Raster der nicht-finanziellen Berichterstattung einzufügen.

Vor diesem Hintergrund und der Beobachtung, dass konkrete Handlungsvorgaben sowohl für Betriebe als auch für Privatpersonen verallgemeinert nur schwierig zu erstellen sind, wurden Beispiele für Handlungsoptionen vorgestellt. Insofern wurde versucht, die Blickwinkel und wesentliche Handlungsvorgaben beider zu skizzieren, nicht im Sinne von eines „best of", sondern als Sammlung von Pfaden, die gegangen werden können. Es zeigte sich, dass Haushalte und Unternehmen wohl gegenseitig von Maßnahmen des jeweils anderen lernen könnten.

Bis an diese Stelle der Diskussion wurde davon ausgegangen, dass das System aus Lebewesen, Wirtschaft und Natur (hier kurz SES genannt) stabil bleibt, zumindest bis Grenzwerte von Fußabdrücken überschritten werden und zum Teil auch noch nach Überschreiten mehr oder weniger vorhersagbar auf äußere Einflüsse reagiert. Aber das Risiko wächst, dass beim Überschreiten insbesondere von mehr als einem Grenzwert die Stabilität des Gesamtsystems verloren geht. Mit unserem Verhalten der Umwelt gegenüber geht eine Verantwortung einher. Basierend auf der ersten Definition von Nachhaltigkeit wurde gezeigt, dass sich Verantwortungen für das SES, für Ressourcen und deren Nutzung im überschaubaren Zeitrahmen von +/− 120–140 Jahren bewegt. Die absehbaren Engpässe in der Rohstoffversorgung und das Auftreten von erwartbaren Folgeproblemen des Klimawandels liegen damit in der Zeit der Verantwortung heutiger Generationen.

Das System aus Natur und Wirtschaft funktioniert, weil es eine Art gesellschaftlichen Stoffwechsel gibt, der zumindest von zwei Phänomenen abhängt: Dem Vorhandensein von Ressourcen und Energie, um den Stoffwechsel am Laufen zu halten, und Umweltbedingungen, die vorhanden sein müssen, um den Stoffwechsel zu erlauben. Wirtschaftswachstum basiert darauf, mehr Ressourcen zum Verbrauch zu nutzen – durch effizientere Nutzung, vergrößerte Abbaumengen und Recycling. Ressourcen sind beschränkt, und ihr Abbau erfordert seinerseits Ressourcen. Die Möglichkeiten des Recyclings und der Innovationen sind beschränkt. Recycling kann das Problem der Rohstoffknappheit bei gleichzeitigem Wirtschaftswachstum und bei begrenzten Ressourcen nicht lösen, sondern lediglich verschieben. Innovationen helfen in diesem Zusammenhang kaum, wenn sie auf neue Ersatztechnologien setzen. Innovationen mit neuen Technologien (disruptive Innovationen) helfen in diesem Zusammenhang eventuell beispielsweise aufgrund von Rebound Effekten nicht.

Der zweite und kürzere Teil (Kapitel 6) ändert den Blickwinkel.

Die wirtschaftliche Welt ist eingebettet in eine sozialökologische Gesamtheit, die, um überleben zu können, bestimmte Umweltbedingungen vorfinden muss und die gleichzeitig Rohstoffe und Energie zur Befeuerung ihrer Aktivitäten benötigt. Die Umweltbedingungen werden in ihren Grenzwerten durch Fußabdrücke beschrieben, und die Ressourcensituation durch die Verfügbarkeit von Energie und Rohstoffen am Ort des Bedarfs. Von neun der planetaren Grenzen des SES sind sechs bereits überschritten. Die Ressourcenversorgung ist kritisch. Eine einfache und intuitive Systembeschreibung ist für derart komplexe System unmöglich. Zur Beschreibung des Systems und dessen Reaktion auf Änderungen dieser Parameter wurde die Modellvorstellung der adaptiven Zyklen von Holling herangezogen. Die Hoffnung ist natürlich, dass vorhersagbar ist, wie ein System auf Änderungen von Fußabdrücken reagiert und dass daraus Hinweise für erfolgversprechende Maßnahmen zur Problemabwendung oder gar für Strategien erhalten werden können. Neben Hinweisen auf solche Maßnahmen zeigt sich mit Hilfe des Models eine besondere Charakteristik: Innerhalb von Grenzwerten und etwas darüber reagiert das System reproduzierbar. Jenseits von Grenzen treten sogenannte Kipppunkte auf, bei deren Eintreten dieses System chaotisch, das heißt, nicht vorhersagbar auf Änderungen reagiert. Auch kleine Änderungen können zu neuen unvorhergesehenen und instabilen Zuständen führen. Wie hoch die Grenzwerte insbesondere bei gleichzeitigem Überschreiten von mehr als einem Grenzwert sind, ist prinzipiell unbekannt – es liegen keine Erfahrungswerte vor. Sehr verkürzt zeigt sich, dass sich Wachstumsphasen nur in Stadien ergeben, die über genügend Ressourcen (d. h., Rohmaterialien und Energie) verfügen und die durch Offenheit für die Ausbildung neuer Verflechtungen und Netzwerke charakterisiert sind. Die Versorgung am Ort des Bedarfs kann zusammenbrechen, wenn

– Weltweit keine Rohstoffe oder Energie vorhanden sind
– Rohstoffe und Energie aus anderen Gründen nicht an dem Ort ankommen, wo sie benötigt werden (hierzu wurde die Hubbertkurve diskutiert, die diesen Zusammenhang beschreibt)

– der Organismus oder die Gesellschaft keine Rohstoffe oder Energie mehr verarbeiten kann (etwa nach Überschreiten von Grenzwerten).

Wenn keine Rohstoffe oder Energie mehr vorhanden sind oder am Ort des Bedarfs nicht ankommen, oder wenn die Umweltbedingungen ein Verarbeiten des Energie- und Rohstoffangebotes unmöglich machen, bricht der Stoffwechsel des Systems zunächst zumindest lokal zusammen. Nach dem Erreichen eines Kipppunktes kommt es zu einem Systemzusammenbruch, zu dem auch ein Zusammenbruch der informellen und formellen Netzwerke gehört.

Um diese Dynamik abzuschwächen, wurde eine Reduktion des Wirtschaftswachstums diskutiert. In Zusammenhang mit der Nachhaltigkeitsdiskussion ergeben sich hieraus Maßgaben wie zum Beispiel die folgenden:
– eingeschränkte Nutzung von mineralischen Rohstoffen
– Fokus der Industrieforschung auf einen Ersatz von mineralischen Rohstoffen durch nachwachsende Rohstoffe
– Reduktion des Energieverbrauchs
– Nutzung von nachwachsenden Rohstoffen
– Offenheit für Bildung, andere Herangehensweisen, neue Wirtschaftsformen und neue Vertragsgeflechte.

Es zeigt sich, dass Recycling das Problem der Rohstoffversorgung nicht lösen kann. Dies einmal, weil Recycling keine Effizienz von 100 % erreicht, und andererseits bei weiter wachsender Wirtschaft auch der Rohstoffbedarf weiter steigt. Zudem bedarf auch Recycling anderer Rohstoffen und Energie, die ebenfalls begrenzt sind. Die Abschätzungen von Grosse et al. deuten auf eine maximale Verfügbarkeit von Ressourcen von 60 Jahren bei einem Wirtschaftswachstum von 1.5 % und einer Recyclingrate von 80 % hin. Dieser Zeitraum deckt sich in etwa mit den Prognosen für die Verfügbarkeit von Rohöl.

Wahrscheinlich gab und gibt es keinen evolutionären Vorteil dafür, eine qualifizierte Einschätzung oder gar ein bewusstes Verständnis über die eigene ökologische Nische oder gar darüber hinaus zu entwickeln. In diesem Sinne ist wahrscheinlich keine Spezies tatsächlich intelligent. Das bezieht sich nicht nur auf die Kenntnis und Einschätzung der Parameter, die den Raum der ökologischen Nische statisch beschreiben, sondern auch auf die Zeitkonstanten, in denen eine Äderung dieser Nische gefährdungsfrei aus der Sicht einer oder vieler Spezies im sozialen Kontext möglich ist.

Gibt es eine Antwort auf den Titel dieser Publikation, auf die rhetorische Frage „Grenzen von Nachhaltigkeit und Ecodesign – Läuft uns die Zeit davon?"

Hier wurde das Risiko in den Mittelpunkt gestellt, dass der Metabolismus des Systems, in dem wir wirtschaften, leben und arbeiten (SES), zusammenbricht: Wenn die Fähigkeit des SES nicht mehr gegeben ist, Ressourcen zu verarbeiten, kann dieses System nicht überleben – es muss kollabieren. Dies kann zumindest aus zwei Gründen der Fall sein:

- Wenn die veränderten Lebensbedingungen – beschrieben durch überschrittene Fußabdrücke – das System, in dem die Spezies leben, instabil machen oder
- wenn Ressourcen nicht mehr zur Verfügung stehen, wie bereits in der Studie des Club of Rome 1973 beschrieben.

Beide Gründe zeichnen sich als vermutlich zutreffend ab. Modellvorstellungen und historische Beobachtungen zeigen, dass es Beispiele für ein solches Kollabieren gibt. Die Dynamik ist bekannt – wenn auch prinzipiell Zeitpunkte und genaues Eintrittsszenario nicht vorhersehbar sind.

Der noch zur Verfügung stehende Zeitraum liegt eindeutig innerhalb der Zeit, für die die heute lebenden Generationen Verantwortung tragen. Der Zeitraum liegt innerhalb der Lebensdauer vieler Menschen heute. Indizien weisen auf einen Zeitraum von wahrscheinlich weniger als 60 Jahren hin, bis die Rohstoff- und/oder Energieversorgung ein Ende haben. Es kommt nicht darauf an, ob der Zeitraum bei 60 oder 80 Jahren liegt – die Dynamik ist die gleiche: Was eintreten wird, geschieht nicht schlagartig, sondern langsam. Der Weg dahin geht mit einem Preisanstieg für Rohstoffe und wahrscheinlich mit Versorgungskonflikten weit im Vorfeld einher – was wiederum die beteiligten Gesellschaften deutlich früher destabilisierten wird.

Personen- und Stichwortverzeichnis

Abfallaufkommen 43, 165
adaptive cycle 148
Adaptive Cycles 136, 137, 142, 146, 150
adaptiven Zyklen 133, 148
Apollo 140, 141, 189
Arbeitsbedingungen 21, 49, 50, 114, 122

BBergG 87, 185
Beschaffungsrichtlinien 113
Besitzverhältnisse 87
Bioakustik 41
Biodiversität 14, 38–40, 103
Biokapazität 32
Biologische Vielfalt 22, 39, 82
Blauer Engel 121, 187
Brundlandt-Report 1
Brundtlandreport 44, 133
Bruttoinlandswohlbefinden 85, 86
Bruttosozialprodukt 8, 9, 84, 136, 163, 165, 166
Bundesaufsichtsamt für das Finanzwesen 78
Business Conduct 58

Carbon Border Adjustment Mechanism 62, 67, 72, 184
Carbon Credit 102
Cline V, VII, 133, 188
Club of Rome 132–134, 161, 182, 188, 190
CLUM 187
CMEPSP 84
CO_2-Fußabdruck 14, 19, 26, 33, 34, 72, 73, 92, 110, 116, 117, 120
Code of Conduct 64, 65, 72
COICOP 110, 187
Compoundmaterialien 128
Corporate Sustainability Directive 67, 68
critical raw material 88, 185
CSDDD 26, 38, 46, 66, 69, 74, 182, 184
CSR 70, 73
CSRD 64, 65, 70, 183

De Solla Price 140
Decarbonisieren 34
Definition von Nachhaltigkeit 1, 13, 169
Degrowth VII, 136, 137, 159, 162, 164, 166, 190
Deutscher Nachhaltigkeitskodex 68, 184
Diskriminierung 21, 22, 47, 48, 64, 82
Diversitätsdruck 40

DNK 68, 70–72, 184
Drakesche Formel 134

Earth Overshoot Day 13
Ecodesign 23, 30, 67, 75, 81, 93, 100, 184–186, 191
Economic Input Output Approach 22
Eigentum 47, 87, 88, 90, 91, 99, 123, 186
EIOLCA 23, 24, 113
EMAS 122, 187
Emission Trading System 62, 67, 72, 184
Emissionszertifikate 101, 103
Empowerment 11, 53, 54
EPR 88, 99, 100, 185, 186
Erhaltungsphase 134, 145, 146, 149
ESG-Rating 72, 184
ESRS VI, 5, 20, 22, 26, 28, 30, 32, 37, 39, 43, 45, 46, 57, 58, 63, 64, 68, 70, 79, 82, 100, 103, 113, 182, 183, 185
ETS 72, 74, 184
EU Ecolabel 121, 187
Eutrophierung 31, 37
Ewigkeitskosten 83, 185
Extended Producer Responsibility 88, 92, 95, 99, 135, 185, 186

Fernerkundung 41
Fitoussi 84, 160, 185, 189
Forrester 131, 132, 188
Freisetzungsphase 134, 145, 147–149
FSC 122, 187
Fußabdrücke/KPIs 2, 14, 16, 22, 25, 28, 30, 62, 103, 113, 117, 139
Fußabdrucksrechner 19, 27, 109

Genauigkeit 27–30
GHP 35, 73
Global Reporting Initiative 68, 70, 184
GNP 81, 84, 85, 109, 136, 158, 161, 162, 164, 166
Governance 54, 57, 58, 64, 75, 77, 98, 118, 148
Green Deal 67, 70, 74, 184
Green Growth VII, 136, 137, 159, 164
Grenzen des Wachstums 57, 131, 132
Grenzwerte V, VI, IX, 2, 3, 5, 11, 14–18, 39, 60, 93, 97, 136, 147, 154
GRI 46, 68, 70, 79, 183, 184
Gross National Happyness 84, 185
Grosse 157, 158, 189

Gutschriften 100, 101, 103, 108

Hamburger Abkommen 45
Holling VII, VIII, 18, 142
Holozän 16, 17

indigener Kulturen 130
Inklusion 3, 53
Innovation VI, X, 6, 83, 98, 99, 136, 137, 140, 186, 191
Innovationen VII, X, 6, 22, 64, 82, 125, 131, 136, 140, 145, 148, 161, 166, 170
ISO 14001 122, 187, 189
ISO 14040 22, 73
ISO 14041 22
ISO 14044 22, 73
ISO 26 000 20, 21, 32
ISO 50001 122, 187

Jevon-Paradox 141

Klimawandel V, 4, 7, 16, 17, 22, 23, 31, 57, 69, 75, 82, 85, 134, 154
Kompensationen 19, 28, 100–103, 105–107
Korruption 22, 56, 58, 64, 82
KPI 11, 44, 49, 58
KPIs VI, 2, 11, 14–16, 18–20, 22–24, 26, 27, 29, 30, 44, 45, 60, 75, 82, 169, 191
Kreislaufwirtschaft 22, 43, 69, 72, 73, 82, 92, 191

Landverbrauch 41, 100, 110, 111
Lebensbedingungen 45, 51
Lebensdauern 99, 117, 127, 128, 130
Lieferkettensorgfaltspflichtengesetz 65–67, 73, 184
Life Cycle Assessment 22, 95–97, 102, 182, 183
LKsG 65, 66
LkSG 74, 75, 95, 183, 184, 186
LKsG 184
Luttropp 98, 186

Mainguy 157, 158
Meadows 132, 133, 161, 188, 190
Menschenrechte 4, 21, 45–48, 51, 53, 65, 71, 183
Messfehler 29
MOT Analyse 52
MRIO 81, 109–111, 187

nachwachsende Rohstoffe 12–14, 127, 139, 171
National Sacrifice Area 83, 185
NFR 69, 183

nicht-finanzielle Berichterstattung 63, 76, 78, 169
Nutzungsdauer 116, 127–129

ökologische Fußabdruck 32
ökologische Nischen 137, 138
Organizational Environmental Footprint Guide 67, 73, 184

Pariser Abkommen 8, 181
PEFC 122, 187
Pfandsysteme 88, 89, 95, 119
Phase der Ausbeutung 145, 148, 149
Planetare Grenzen 16, 181
Planetaren Grenzen 16, 18, 153
Planned Obsolescence 128, 188
Postgrowth 136, 159, 164, 166, 190
Product Carbon Footprint 73
Product Environmental Footprint Guide 67, 184
Produktdesign 93–95, 99, 128

Rebound-Effekt 142
Recycling VII, X, 6, 9, 13, 22, 43, 81, 83, 86, 87, 89, 93, 94, 98, 99, 117, 123, 124, 128, 130, 136, 137, 154–159, 163, 165, 170, 171, 189
Recyclingrate 158
Reorganisation 144, 145, 148
Reorientierungsphase 149
Repurposing 128
Resilienz VIII, 84, 134, 142, 147, 154
Ressourcen VI, VII, 1–4, 6, 8, 9, 12, 13, 16, 21, 23, 26, 32, 34, 41–43, 57, 71, 74, 75, 88–91, 94, 112, 123–125, 131–136, 138–140, 143, 145, 147–149, 157, 159–161, 163, 164, 166, 169–171, 187
Ressourcenknappheit 5–7, 10, 137, 158, 159, 168
Ressourcenverbrauch 8, 9, 34, 44, 61, 97, 136, 137, 157, 160, 164, 168, 170
Risikoerfassung 77

Schellnhuber 134, 181, 188
Schuhmachers 159
Scope 1 35
Scope 2 35
Scope 3 35
SDG 5
SDGs 3–5, 14, 67, 181, 184
Sen 54, 84, 160, 183, 185, 189
SES 5, 15, 137, 139, 142, 143, 145, 147–149, 153, 154, 159
Siegel 121, 187

Sinnersche Kreis 117, 120
Small Is Beautiful 159, 190
soziale Frage 11
Soziale Nachhaltigkeit 45
sozialer Fußabdruck 45
Stabilitätsgrenzen 153, 154
Stiglitz 84, 160, 185, 189
Stockholm Center of Resilience 146
Sustainability Development Goals 3, 67, 181, 184

Tainter 18, 182
Taxonomierichtlinie 20, 22, 63, 182, 183
Taxonomy Directive 67, 69
TNFD 36, 37, 182
Treibhausgase 7, 33, 86, 101, 118, 161, 163
Triggerpunkte 61
TSVCM 105, 186

Umtriebsalter 125, 126
Umtriebszeit 124, 125, 187
Umwelt-DNA 40
Umweltfußabdruck 31, 32
UN Global Compact 46, 183

Universität von Alberta 2, 124, 187
University of Alberta 1
Urban Gardening 83

Veblen 159, 190
Verantwortung VI, X, 20, 21, 48, 63, 65, 66, 69, 71, 72, 87–91, 95, 99, 100, 113, 118, 123–126, 128, 130, 131, 133, 135, 136, 148, 158, 169, 182, 185, 187
Vernetzung VIII, 15, 146, 148
von Karlowitz 1, 2, 22, 125, 126, 131

Wasserfußabdruck 35–38
WEEE 91, 186
Wesentlichkeit 22, 46, 70, 71, 82
Wesentlichkeitsanalyse 64, 71, 72, 77, 78
Whistle blower 58
Widerstandsfähigkeit 17, 68, 134, 137, 142, 143, 145–149, 153, 154
Wirtschaftsleistung VII, 1, 8, 9, 14, 33, 57, 84, 134, 137, 145, 163
Wohlbefinden 45, 51, 86, 92, 159, 161

Zertifikate 81, 92, 100, 101, 103, 106, 117, 121

Abbildungsverzeichnis

Abb. 1	Zeitliche Entwicklung eines sozialökologischen Systems ——	VIII
Abb. 2	Entwicklung des sozialökologischen Systems nach einer Störung ——	IX
Abb. 1.1	Klimawandel —— 7	
Abb. 1.2	Qualitative Entwicklung der globalen Wirtschaftsleistung —— 9	
Abb. 2.1	Fußabdrücke und Grenzwerte —— 15	
Abb. 2.2	Arbeitsfluss bei der Ermittlung von Fußabdrücken/KPIs —— 24	
Abb. 3.1	Freiwillige und verpflichtende Berichterstattung —— 68	
Abb. 3.2	Wesentlichkeitsanalyse —— 71	
Abb. 6.1	Adaptive Cycles —— 144	
Abb. 6.2	Die verschiedenen Phasen eines Adaptive Cycle in einer zeitlichen Auflösung der Vernetzung —— 148	
Abb. 6.3	Maßnahmen, um Stabilität und Widerstandsfähigkeit zu fördern —— 149	
Abb. 6.4	Einfluss des Erntefaktors auf die zur Verfügung stehende Energiemenge —— 151	
Abb. 6.5	Planetary Boundary Conditions —— 153	
Abb. 6.6	Wertschöpfungs- und Materialkreisläufe für biologische und technische Rohstoffe —— 156	
Abb. 6.7	Entwicklung des jährlichen Ressourcenverbrauchs bei verschiedenen Recyclingraten —— 158	
Abb. 6.8	Abwägung zwischen Wirtschaftswachstum ΔGNP und Ressourcenverbrauch —— 164	
Abb. 6.9	Abwägung zwischen Wirtschaftswachstum und Ressourcenverbrauch —— 168	

Tabellenverzeichnis

Tab. 1.1	Nachhaltigkeitsziele der Vereinten Nationen	3
Tab. 2.1	Die Handlungsfelder zu den Kernthemen gemäß ISO 26 000	21
Tab. 2.2	Von ESRS und Taxonomierichtlinie definierte Fußabdrücke und KPIs	22
Tab. 2.3	Liste von Fußabdrücken.	25
Tab. 2.4	Indikatoren zum Umweltfußabdruck	31
Tab. 2.5	Wasserverbrauch eines Durchschnittsösterreichers	36
Tab. 2.6	Offenlegungsparameter für Wasser- und Meeresressourcen	36
Tab. 2.7	Konsum von Lebensmitteln weltweit pro Kopf und Jahr	42
Tab. 2.8	Abfallaufkommen in Deutschland je Einwohner	43
Tab. 2.9	Durchschnittlicher Mineralienverbrauch ausgewählter Materialien bei der Pkw-Produktion 2020 in kG	44
Tab. 2.10	Themen der Menschenrechte	47
Tab. 2.11	Parameter, die berücksichtigt werden müssen, um ein minimiertes Risiko von Gesundheits- und Sicherheitsauswirkungen in beruflichen Umgebungen zu gewährleisten	52
Tab. 2.12	Fünf Dimensionen der sozialen Nachhaltigkeit	55
Tab. 2.13	Berichtsinhalte des ESRS zum Thema Governance	58
Tab. 3.1	Themenfelder des European Sustainability Reporting Standards ESRS	64
Tab. 3.2	Berichterstattungsthemen des DNK	71
Tab. 3.3	Risikobemessung – Gegenüberstellung von Verbalisierung und numerischer Klassifizierung	79
Tab. 4.1	ESG-Berichtskriterien	82
Tab. 4.2	Änderungsvorschläge der Stiglitz-Kommission	85
Tab. 4.3	Britischer Indikator für das Bruttoinlandswohlbefinden	86
Tab. 4.4	Auswahl von geeigneten Ecodesign-Strategien	94
Tab. 4.5	Benchmarking gegenüber Wettbewerbern	97
Tab. 4.6	10 goldene Regeln des Ecodesigns	98
Tab. 4.7	Preis für verschiedene Kompensationstypen im Jahr 2022	104
Tab. 4.8	MRIO Bewertung für 2015 pro durchschnittlicher Person und weltweit	111
Tab. 4.9	Durchschnittlicher persönlicher Verbrauch in Österreich 2021	112
Tab. 4.10	Ansätze zur Reduktion von Fußabdrücken für Haushalte	115
Tab. 5.1	Das Umtriebsalter einiger Baumarten	126
Tab. 5.2	Nutzungsdauer von Produkten	127
Tab. 5.3	Nutzungsdauer von Produkten im Baubereich	129

Quellenangaben

Kapitel 1

[1] Hans Carl von Carlowitz, Sylvicultura oeconomica oder Haußwirthliche Nachricht und Naturmäßige Anweisung zur Wilden Baum-Zucht, 1713, Nachdruck. Oecom Verlag München, 2022, ISBN: 978-3-96238-356-5.
[2] G. H. Brundtland, Our Common Future: Report of the World Commission on Environment and Development. Geneva, UN-Dokument A/42/427, 1987. http://www.un-documents.net/ocf-ov.htm.
[3] https://www.su.ualberta.ca/services/sustainsu/about/definition/, abgerufen am 25.3.2024.
[4] Sustainability Development Goals der UN (SDGs), https://www.globalgoals.org/, abgerufen am 25.3.2024.
[5] Y. Zeng, S. Maxwell, R. K. Runting, O. Venter, J. E. M. Watson, L. R. Carrasco, Environmental destruction not avoided with the sustainable development goals. Nat. Sustain. (2020), 1–4. https://doi.org/10.1038/s41893-020-0555-0.
[6] M. Glaser, G. Krause, B. Ratter, M. Welp, Human–nature-interaction in the anthropocene. Potential of Social-Ecological Systems Analysis, 2008. https://www.ingentaconnect.com/contentone/oekom/gaia/2008/00000017/00000001/art00018?crawler=true, abgerufen am 25.3.2024.
[7] Måns Nilsson, Elinor Chisholm, David Griggs, Philippa Howden-Chapman, David McCollum, Peter Messerli, Barbara Neumann, Anne-Sophie Stevance, Martin Visbeck, Mark Stafford-Smith, Sustain. Sci. 13 (2018), 1489–1503. https://doi.org/10.1007/s11625-018-0604-z.
[8] Raw material Liste der EU 2011, https://eur-lex.europa.eu/legal-content/DE/TXT/?uri=CELEX:52011DC0025, abgerufen am 25.3.2024.
[9] Raw material Liste der EU 2023, https://single-market-economy.ec.europa.eu/sectors/raw-materials/areas-specific-interest/critical-raw-materials_en, abgerufen am 25.3.2024.
[10] Pariser Abkommen von 2015, https://unfccc.int/process-and-meetings/the-paris-agreement, abgerufen am 25.3.2024.
[11] Y. Xu, V. Ramanathan, Well below 2 °C: mitigation strategies for avoiding dangerous to catastrophic climate changes. Proc. Natl. Acad. Sci. USA 114 (39) (2017), 10315–10323.
[12] Katrin Gerlinger, Muster globaler anthropogener CO2-Emissionen: Sozio-ökonomische Determinanten und ihre Wirkung, Potsdam, April 2004.

Kapitel 2

[1] Måns Nilsson, Elinor Chisholm, David Griggs, Philippa Howden-Chapman, David McCollum, Peter Messerli, Barbara Neumann, Anne-Sophie Stevance, Martin Visbeck, Mark Stafford-Smith, Mapping interactions between the sustainable development goals: lessons learned and ways forward. Sustain. Sci. 13 (2018), 1489–1503. https://doi.org/10.1007/s11625-018-0604-z.
[2] Dieter Gerten, Hans Joachim Schellnhuber, Planetare Grenzen, globale Entwicklung. In: Udo E. Simonis et al. (Hrsg.): Jahrbuch Ökologie. Stuttgart, 2016, S. 11–19.
[3] Pressemitteilung, Vier von neun „planetaren Grenzen" bereits überschritten. Potsdam-Institut für Klimafolgenforschung vom 16. Januar 2015. https://www.pik-potsdam.de/de/aktuelles/nachrichten/vier-von-neun-planetaren-grenzen201d-bereits-ueberschritten, abgerufen am 25.03.2024.
[4] Wissenschaftlicher Beirat der Bundesregierung Globale Umweltveränderungen(WBGU): Welt im Wandel. Gesellschaftsvertrag für eine Große Transformation. Hauptgutachten 2011, 2. veränderte Auflage, ISBN 978-3-936191-38-7, Berlin 2011, S. 66.
[5] Will Steffen et al., Planetary boundaries: guiding human development on a changing planet. Science 347 (6223) (2015). https://doi.org/10.1126/science.1259855.

[6] Planetare Grenze für Süßwasser überschritten. In: Stiftung Umwelt und Entwicklung Nordrhein-Westfalen. 28. April 2022, abgerufen am 29. April 2022.

[7] L. Wang-Erlandsson, A. Tobian, R. J. van der Ent, I. Fetzer, S. te Wierik, M. Porkka, et al. J. Rockström, A planetary boundary for green water. Nat. Rev. Earth Environ. (2022). https://doi.org/10.1038/s43017-022-00287-8.

[8] Joseph A. Tainter, The Collapse of Complex Societies. Cambridge University Press, 1988.

[9] Kate Raworth, Die Donut-Ökonomie. Endlich ein Wirtschaftsmodell, das den Planeten nicht zerstört. München: Carl Hanser, 2018, ISBN 978-3-446-25845-7 (englisch: Doughnut economics. 7 Ways to Think Like a 21st Century Economist. London, 2017).

[10] Wissenschaftlicher Beirat der Bundesregierung Globale Umweltveränderungen (WBGU): Zivilisatorischer Fortschritt innerhalb planetarer Leitplanken. Juni 2014.

[11] Katherine Richardson et al., Earth beyond six of nine planetary boundaries. Sci. Adv. 9 (2023), eadh2458. https://doi.org/10.1126/sciadv.adh2458.

[12] S. Dixon-Decleve, O. Gaffrey, J. Ghosh, J. Randers, J. Rockström, P. Stocknes, Earth for all, der neue Bericht des Club of Rome. München: oekom Verlag, 2022, Seite 31.

[13] DIN ISO 26000 „Leitfaden zur gesellschaftlichen Verantwortung von Organisationen", Bundesministerium für Arbeit und Soziales Referat Information, Publikation, Redaktion 53107 Bonn Stand: November 2011.

[14] European Sustainability Reporting Standards ESRS (https://www.efrag.org/Assets/Download?assetUrl=%2Fsites%2Fwebpublishing%2FSiteAssets%2FPreparers%2520event%2520esrs.pdf), abgerufen am 25.3.2024.

[15] Taxonomierichtlinie (https://eur-lex.europa.eu/legal-content/EN/TXT/PDF/?uri=CELEX:32020R0852&from=EN), abgerufen am 25.03.2024.

[16] Greenhouse Gas Protocol (https://ghgprotocol.org/sites/default/files/standards/ghg-protocol-revised.pdf oder ISO 140-41 oder -62), abgerufen am 25.3.2024.

[17] ISO14040 (https://www.h2.de/fileadmin/user_upload/Einrichtungen/Hochschulbibliothek/Downloaddateien/DIN_EN_ISO_14040.pdf), abgerufen am 25.3.2024.

[18] ISO14044 (https://www.h2.de/fileadmin/user_upload/Einrichtungen/Hochschulbibliothek/Downloaddateien/DIN_EN_ISO_14044.pdf), abgerufen am 25.3.2024.

[19] Chris Hendrickson, Lester Lave, H. Scott Matthews, Environmental Life Cycle Assessment of Goods and Services: An Input-Output Approach. Routledge, 2010, ISBN 978-1-136-52549-0.

[20] Corporate Sustainability Due Diligence directive CSDDD, https://www.haufe.de/sustainability/debatte/csddd-ist-verabschiedet_575768_618564.html, abgerufen am 25.3.2024.

[21] Brennwerte, https://www.energienetze-bayern.com/de/erdgas/netzinformationen/gasqualitaet.html, abgerufen am 25.3.2024.

[22] Gaszähler, https://www.energieverbraucher.de/de/gaszaehler__327/ContentDetail__288/, abgerufen am 25.3.2024.

[23] Das Fleisch der Zukunft, Umweltbundesamt Leipzig, 2019, https://www.umweltbundesamt.de/sites/default/files/medien/1410/publikationen/2019-01-17_texte_76-2018_environmental-footprint_1.pdf, abgerufen am 25.3.2024.

[24] Virtuelles Wasser 2021 des österreichischen Bundesministeriums für Land und Forstwirtschaft, Regionen und Wasserwirtschaft, https://info.bml.gv.at/service/publikationen/wasser/virtuelles-wasser-2021.html, abgerufen am 25.3.2024.

[25] Taskforce on Nature-related Financial Disclosures (TNFD), https://tnfd.global, abgerufen am 25.3.2024.

[26] ESRS E 3, https://www.efrag.org/Assets/Download?assetUrl=/sites/webpublishing/SiteAssets/ED_ESRS_E3.pdf, abgerufen am 25.3.2024.

[27] Science-Based Targets Initiative for Nature (SBTN), https://sciencebasedtargets.org/about-us/sbtn, abgerufen am 25.3.2024.

[28] https://wf-tools.see.tu-berlin.de/wf-tools/waterfootprint-toolbox/, abgerufen am 25.3.2024.

[29] Jonas Bunsen, Dr. Markus Berger, Prof. Dr. Matthias Finkbeiner, Konzeptionelle Weiterentwicklung des Wasserfußabdrucks Technische Universität Berlin, 2022, abgerufen am 25.3.2024.
[30] Global Biodiversity Score GBS, Global Biodiversity Model for Policy Support Globio, Integrated Biodiversity Assessment Tool IBAT, https://www.cdc-biodiversite.fr/publications/2024_dossier49-global-biodiversity-score-2023-update/#:~:text=The%20Global%20Biodiversity%20Score%20(GBS)%20is%20a%20corporate%20biodiversity%20footprint,a%20robust%20and%20synthetic%20way, abgerufen am 25.3.2024.
[31] Brenda Vale, Robert Vale, Time to Eat the Dog? 1. Edition (1. Juni 2009) Auflage. Thames & Hudson Ltd, 2009, ISBN 978-0-500-28790-3, S. 384.
[32] https://www.goclimate.de/statistik/muell/, Stand: 2020, abgerufen am 25.3.2024.
[33] https://www.umweltbundesamt.de/themen/abfall-ressourcen/ressourcenschonung-in-produktion-konsum/ressourcennutzung-in-deutschland, abgerufen am 25.3.2024.
[34] Durchschnittlicher Mineralienverbrauch bei der PKW Produktion, https://de.statista.com/infografik/25799/durchschnittlicher-mineralverbrauch-bei-der-pkw-produktion/, abgerufen am 25.3.2024.
[35] Sommerferien – warum sind wir Bayern immer die letzten, https://www.br.de/nachrichten/bayern/sommerferien-warum-sind-wir-bayern-immer-die-letzten,QyzA8dh, abgerufen am 25.3.2024.
[36] Life Cycle Assessment LCA, https://en.wikipedia.org/wiki/Life-cycle_assessment, abgerufen am 25.3.2024.
[37] GRI-Leitlinien zur Nachhaltigkeitsberichterstattung, 2011, https://www.globalreporting.org/how-to-use-the-gri-standards/gri-standards-german-translations/, abgerufen am 25.3.2024.
[38] Die zehn Prinzipien des UN Global Compact, 2004, https://www.globalcompact.de/fileadmin/user_upload/Bilder/Mediathek_Main_Page/Publikationen_PDF_speicher/DIE-ZEHN-PRINZIPIEN-1.pdf, abgerufen am 25.3.2024.
[39] Allgemeine Erklärung der Menschenrechte, 10. Dezember 1948, https://dgvn.de/allg-erklaerung-der-menschenrechte/?pk_campaign=cpc&pk_kwd=allgemeine%20erkl%C3%A4rung%20der%20menschenrechte&gad_source=1&gclid=Cj0KCQjwwYSwBhDcARIsAOyL0fjGuGmd_nUDbyGvIL-tAezo-ymparQjalVdZZFmNDYHV9ZjjVMRuRwaAtSgEALw_wcB, abgerufen am 25.3.2024.
[40] Deutsches Lieferketten-Sorgfaltspflichtengesetz, https://www.gesetze-im-internet.de/lksg/LkSG.pdf, abgerufen am 25.3.2024.
[41] ILO-Konvention 169, https://www.ilo.org/wcmsp5/groups/public/@ed_norm/@normes/documents/publication/wcms_100900.pdf, abgerufen am 25.3.2024.
[42] O. Strohm, E. Ulich, Unternehmen arbeitspsychologisch bewerten. Ein Mehr-Ebenen-Ansatz unter besonderer Berücksichtigung von Mensch, Technik, Organisation. Zürich: vdf, 1997, ISBN 3728121711.
[43] A. Sen, Human rights and capabilities. J. Hum. Dev. 6(2) (2005), 151–166.

Kapitel 3

[1] European Sustainability Reporting Standard (ESRS) (https://www.efrag.org/Assets/Download?assetUrl=%2Fsites%2Fwebpublishing%2FSiteAssets%2FPreparers%2520event%2520esrs.pdf), abgerufen am 25.3.2024.
[2] Taxonomierichtlinie (https://eur-lex.europa.eu/legal-content/EN/TXT/PDF/?uri=CELEX:32020R0852&from=EN), abgerufen am 25.03.2024.
[3] Corporate Sustainability Reporting Directive (CSRD) Directive (EU) 2022/2464 of the European Parliament and of the Council of 14 December 2022, https://eur-lex.europa.eu/legal-content/EN/TXT/?uri=CELEX%3A32022L2464, abgerufen am 25.3.2024.
[4] Non Financial Reporting Directive (NFR), Directive 2014/95/EU of the European Parliament and of the Council of 22 October 2014, https://eur-lex.europa.eu/eli/dir/2014/95/oj, abgerufen am 25.3.2024.

[5] Lieferkettensorgfaltspflichtengesetz (LKsG) Deutsches Lieferketten-Sorgfaltspflichtengesetz, https://www.gesetze-im-internet.de/lksg/LkSG.pdf, abgerufen am 25.3.2024.
[6] Corporate sustainability Due Diligence Directive (CSDDD) Corporate Sustainability Due Diligence directive CSDDD, https://www.haufe.de/sustainability/debatte/csddd-ist-verabschiedet_575768_618564.html, abgerufen am 25.3.2024.
[7] Sustainability Development Goals (SDGs), https://www.refworld.org/legal/resolution/unga/2015/en/111816.
[8] EU Green Deal, https://op.europa.eu/en/publication-detail/-/publication/848bee12-3de9-11ec-89db-01aa75ed71a1, abgerufen am 25.3.2024.
[9] EU Emission Trading System (ETS), https://climate.ec.europa.eu/eu-action/eu-emissions-trading-system-eu-ets_en, abgerufen am 25.3.2024.
[10] EU Carbon Border Adjustment Mechanism, https://taxation-customs.ec.europa.eu/carbon-border-adjustment-mechanism_en, abgerufen am 25.3.2024.
[11] EU Product Environmental Footprint Guide, https://eplca.jrc.ec.europa.eu/EnvironmentalFootprint.html, abgerufen am 25.3.2024.
[12] EU Organizational Environmental Footprint Guide, https://op.europa.eu/en/publication-detail/-/publication/c43b9684-4521-11ed-92ed-01aa75ed71a1/language-en, abgerufen am 25.3.2024.
[13] Deutscher Nachhaltigkeitskodex (DNK), www.dnk.org, abgerufen am 25.3.2024.
[14] (Global Reporting Initiative (GRI)) Nachhaltigkeitsberichterstattung, 2011, https://www.globalreporting.org/how-to-use-the-gri-standards/gri-standards-german-translations/, abgerufen am 25.3.2024.
[15] Sustainability accounting standards board (SASB), https://sasb.ifrs.org/blog/answering-your-top-five-questions-about-the-issb-and-sasb-standards/, abgerufen am 25.3.2024.
[16] Carbon disclosure project (CDP), https://cdn.cdp.net/cdp-production/comfy/cms/files/files/000/007/715/original/CDP_references_in_official_texts_-_Europe.pdf, abgerufen am 25.3.2024.
[17] International integrated reporting council (IIRC), https://integratedreporting.ifrs.org/wp-content/uploads/2021/01/InternationalIntegratedReportingFramework.pdf.
[18] Climate disclosure standard board (CDSB), www.cdsb.net, abgerufen am 25.3.2024.
[19] ESG-Rating-Agenturen Die folgenden Agenturen nehmen ESG Ratings vor: SCI, Sustainalytics, CDP Worldwide, FTSE Russell, ISS ESG, Refinitiv, RepRisk, S&P Global, Vigeo Eiris, Bloomberg ESG ratings.
[20] ISO14040 (https://www.h2.de/fileadmin/user_upload/Einrichtungen/Hochschulbibliothek/Downloaddateien/DIN_EN_ISO_14040.pdf), abgerufen am 25.3.2024.
[21] ISO14044 (https://www.h2.de/fileadmin/user_upload/Einrichtungen/Hochschulbibliothek/Downloaddateien/DIN_EN_ISO_14044.pdf), abgerufen am 25.3.2024.
[22] ISO 14064-3 (https://www.h2.de/fileadmin/user_upload/Einrichtungen/Hochschulbibliothek/Downloaddateien/DIN_EN_ISO_14064.pdf), abgerufen am 25.3.2024.
[23] EU regulation on monitoring, reporting and verification of carbon dioxide emissions from maritime transport, and amending Directive 2009/16/EC EU 2015/757, abgerufen am 25.3.2024.
[24] Ecodesign Richtlinie Directive 2009/125/EC of the European Parliament and of the Council of 21 October 2009, https://eur-lex.europa.eu/legal-content/EN/ALL/?uri=celex%3A32009L0125, abgerufen am 25.3.2024.
[25] BAFIN Merkblatt zum Umgang mit Nachhaltigkeitsrisiken, https://www.bafin.de/SharedDocs/Downloads/DE/Merkblatt/dl_mb_Nachhaltigkeitsrisiken.html, abgerufen am 25.3.2024.
[26] https://www.deutscher-nachhaltigkeitskodex.de/, abgerufen am 25.3.2024.
[27] https://www.datev.de/, abgerufen am 25.3.2024.

Kapitel 4

[1] European Sustainability Reporting Standards ESRS (https://www.efrag.org/Assets/Download?assetUrl=%2Fsites%2Fwebpublishing%2FSiteAssets%2FPreparers%2520event%2520esrs.pdf), abgerufen am 25.3.2024.

[2] EU Framework Directive (2005/32/EC Ecodesign (Framework Directive 2005/32/EC, https://europa.eu/youreurope/business/product/eco-design/index_en.htm) Rahmenrichtlinie 2005/32/EG, https://europa.eu/youreurope/business/product/eco-design/index_en.htm), abgerufen am 25.3.2024.

[3] Ryan Juskus, National sacrifice area sacrifice zones: a genealogy and analysis of an environmental justice concept. Environ. Humanit. 15 (1) (2023), 3–24. https://doi.org/10.1215/22011919-10216129, abgerufen am 25.3.2024.

[4] Christoph Hartmann, Ewigkeitskosten nach dem Ausstieg aus der Steinkohleförderung in Deutschland in RaumFragen: Stadt–Region–Landschaft. Heidelberg: Springer, 2017.

[5] Cordula Kropp, Urban gardens – collective action and new ways of supplying food, https://www.uni-stuttgart.de/en/university/news/all/publish-urban-gardens, abgerufen am 25.3.2024.

[6] Stiglitz, Sen und Fitoussi (Josef Stiglitz, Amartya Sen, Jean-Paul Fitoussi, Mismeasuring Our Lives: Why GDP Doesn't Add Up. New York: The New Press, 2010, ISBN 978-1-59558-519-6).

[7] Ritu Verma, Gross National Happyness: meaning, measure and degrowth in a living development alternative, https://journals.librarypublishing.arizona.edu/jpe/article/id/2008, abgerufen am 25.3.2024.

[8] Überblick über verschiedene Indikatoren in Wolfgang Hein, Entwicklung messen: ein Überblick über verschiedene Indikatoren und ihre Grenzen, 2022, https://link.springer.com/referenceworkentry/10.1007/978-3-658-05675-9_14-2.

[9] Bundesberggesetz (BBergG), https://www.gesetze-im-internet.de/englisch_bbergg/englisch_bbergg.html, abgerufen am 25.3.2024.

[10] Umweltschutz im Fachrecht, https://www.umweltbundesamt.de/themen/nachhaltigkeit-strategien-internationales/umweltrecht/umweltschutz-im-fachrecht/bergrecht#entwicklung-und-herausforderung-aus-sicht-des-umwelt-und-ressourcenschutzes, abgerufen am 25.3.2024.

[11] Council Directive 85/337/EEC of 27 June 1985 on the assessment of the effects of certain public and private projects on the environment, https://eur-lex.europa.eu/legal-content/EN/TXT/?uri=CELEX%3A31985L0337, abgerufen am 25.3.2024.

[12] The State of Play on Extended Producer Responsibility (EPR): Opportunities and Challenges Global Forum on Environment: Promoting Sustainable Materials Management through Extended Producer Responsibility (EPR) 17–19 June 2014, Tokyo, Japan, https://www.oecd.org/environment/waste/Global%20Forum%20Tokyo%20Issues%20Paper%2030-5-2014.pdf, abgerufen am 25.3.2024.

[13] Critical raw material act – ensuring secure and sustainable supply chains for EU's green and digital future, https://ec.europa.eu/commission/presscorner/detail/en/ip_23_1661, abgerufen am 25.3.2024.

[14] Verordnung des EuropÄischen Parlaments und des Rates über die Wiederherstellung der Natur, https://eur-lex.europa.eu/legal-content/DE/TXT/HTML/?uri=CELEX:52022PC0304, abgerufen am 25.3.2024.

[15] „Nach dem Entsorgungsfondsgesetz, Artikel 1 des Gesetzes zur Neuordnung der Verantwortung in der kerntechnischen Entsorgung [1A-31], gehen in Zukunft die finanziellen Verpflichtungen der Betreiber der im Gesetz genannten Kernkraftwerke an den Fonds zur Finanzierung der kerntechnischen Entsorgung über, wenn der Betreiber für die Anlage die nach § 7 Abs. 2 Satz 1 des Entsorgungsfondsgesetzes fällige Einzahlung, beziehungsweise die erste Rate einer nach dem Entsorgungsfondsgesetz wirksamen Ratenzahlungsvereinbarung, in den Fonds geleistet hat." Gemeinsames Übereinkommen über die Sicherheit der Behandlung abgebrannter Brennelemente und über die Sicherheit der Behandlung radioaktiver Abfälle Bericht der Bundesrepublik Deutschland für die sechste Überprüfungskonferenz im Mai 2018.

[16] „(2) Eigentum verpflichtet. Sein Gebrauch soll zugleich dem Wohle der Allgemeinheit dienen." (Abs. 2 des Art 14 GG), abgerufen am 25.3.2024.

[17] (Der Grundstückserwerber/Nachvermieter haftet nicht für Ansprüche, die vor dem Eigentumsübergang entstanden sind (LG Berlin, Urteil vom 05.02.2002 – 63 S 216/01, in: GE 2002, 533), https://www.spohn-recht.de/rechtsprechung/immobilienrecht/immobilienrecht/#:~:text=%E2%80%93%20Der%20Grundst%C3%BCckserwerber%2FNachvermieter%20haftet%20nicht,%3A%20GE%202002%2C%20533), abgerufen am 25.3.2024.

[18] WEEE-Directive 2012/19/EU, Directive 2012/19/EU of the European Parliament and of the Council of 4 July 2012 on waste electrical and electronic equipment (WEEE), https://eur-lex.europa.eu/legal-content/EN/TXT/?uri=celex%3A32012L0019, abgerufen am 25.3.2024.

[19] Wasserhaushaltsgesetz (WHG), https://www.gesetze-im-internet.de/whg_2009/, abgerufen am 25.3.2024.

[20] Bundesimmissionsschutzgesetz (BImSchG), https://www.gesetze-im-internet.de/bimschg/, abgerufen am 25.3.2024.

[21] Extended Producer Responsibility. (The State of Play on Extended Producer Responsibility (EPR): Opportunities and Challenges Global Forum on Environment: Promoting Sustainable Materials Management through Extended Producer Responsibility (EPR) 17–19 June 2014, Tokyo, Japan, https://www.oecd.org/en/publications/2024/04/extended-producer-responsibility_4274765d.html, abgerufen am 25.3.2024).

[22] Innovation and Ecodesign in the Ceramic Industry, https://www.academia.edu/26017051/InEDIC_Innovation_and_Ecodesign_in_the_Ceramic_Industry_Overview_and_results_of_an_European_training_and_demonstration_project.

[23] Gemäß § 3 LkSG bewertet als Ordnungswidrigkeit, https://www.gesetze-im-internet.de/lksg/, abgerufen am 25.3.2024.

[24] Conrad Luttropp, Jessica Lagerstedt, EcoDesign and The Ten Golden Rules: generic advice for merging environmental aspects into product development. J. Clean. Prod. 14 (15–16) (2006), 1396–1408. https://www.sciencedirect.com/science/article/abs/pii/S0959652605002556.

[25] Advanced Disposal Fees, ADF (Hiroshi Kinokunia, Shuichi Ohorib, Yasunobu Tomodac, Advance disposal fee vs. disposal fee: a monopolistic producer's durability choice model. Res. Energy Econ. 65 (2021). https://doi.org/10.1016/j.reseneeco.2021.101242), abgerufen am 25.3.2024.

[26] Arndt Schmehl, (Rechtmäßigkeit von Umweltsteuern am Beispiel des NABU-Vorschlags einer Getränkeverpackungsteuer, 2015, https://www.nabu.de/imperia/md/content/nabude/abfallpolitik/nabu-rechtsgutachten_getr__nkeverpackungssteuer.pdf), abgerufen am 25.3.2024.

[27] OECD, Extended Producer Responsibility: Updated Guidance for Efficient Waste Management. Paris: OECD Publishing, 2016, https://doi.org/10.1787/9789264256385-en, abgerufen am 25.3.2024.

[28] Frithjof Laubinger, Andrew Brown, Maarten Dubois, Peter Börkey, (Modulated fees for extended producer responsibility schemes (EPR), OECD Environment Working Paper No. 184, Paris, 2021, https://www.oecd.org/en/publications/modulated-fees-for-extended-producer-responsibility-schemes-epr_2a42f54b-en.html), abgerufen am 25.3.2024.

[29] Verordnung über die Kompensation von Eingriffen in Natur und Landschaft, BayKompV, https://www.gesetze-bayern.de/Content/Document/BayKompV/true, abgerufen am 25.3.2024.

[30] 8billiotrees.com, abgerufen am 25.3.2024.

[31] Taskforce on scaling Voluntary Carbon Markets (TSVCM), https://icvcm.org/, abgerufen am 25.3.2024.

[32] Clean Development Mechanism (CDM), https://unfccc.int/process-and-meetings/the-kyoto-protocol/mechanisms-under-the-kyoto-protocol/the-clean-development-mechanism, abgerufen am 25.3.2024.

[33] Verified Carbon Standard (VCS), https://verra.org/programs/verified-carbon-standard, abgerufen am 25.3.2024.

[34] Umweltbundesamt-Ratgeber „Freiwillige CO2-Kompensation durch Klimaschutzprojekte", https://www.umweltbundesamt.de/sites/default/files/medien/376/publikationen/ratgeber_freiwillige_co2_kompensation_final_internet.pdf, Berlin 2024, abgerufen am 25.3.2024.

[35] MRIO (Multi-Regional Input Output), https://www.footprintnetwork.org/resources/mrio/.
[36] CLUM (Consumption Land-Use Matrix), https://www.footprintnetwork.org/licenses/clum-country-package/, abgerufen am 25.3.2024.
[37] UN Classification of Individual Consumption by Purpose, kurz COICOP Klassifizierung, https://unstats.un.org/unsd/classifications/unsdclassifications/COICOP_2018_-_pre-edited_white_cover_version_-_2018-12-26.pdf, abgerufen am 25.3.2024.
[38] Ressourcen & CO_2 einsparen, https://klimaohnegrenzen.de/co2-einsparen.
[39] Sinnerscher Kreis, https://de.wikipedia.org/wiki/Sinnerscher_Kreis, abgerufen am 25.3.2024.
[40] Fakten zur Elektromobilität: Das sind die Vor- und Nachteile, 2023, https://www.adac.de/rund-ums-fahrzeug/elektromobilitaet/info/elektroauto-pro-und-contra/, abgerufen am 25.3.2024.
[41] So hoch ist die durchschnittliche Fahrleistung eines Pkw in Deutschland, 2022, https://www.motointegrator.de/blog/durchschnittliche-fahrleistung-pkw/, abgerufen am 25.3.2024.
[42] Siegel „Ohne Gentechnik", https://www.bmel.de/DE/themen/ernaehrung/lebensmittel-kennzeichnung/freiwillige-angaben-und-label/ohne-gentechnik-kennzeichnung-hg-informationen.htm, abgerufen am 25.3.2024.
[43] Fairtrade-Siegel, https://www.fairtrade-deutschland.de/was-ist-fairtrade/fairtrade-siegel.html?gad_source=1&gclid=Cj0KCQjwwYSwBhDcARIsAOyL0fiLkFKnjPugDFPwuoBEdPNyv6nTIpYWkilTiesH7F27dqCgxIuYhVMaAsE2EALw_wcB, abgerufen am 25.3.2024.
[44] Blauer Engel, https://www.blauer-engel.de/de.
[45] EU Ecolabel / Euroblume, https://www.ecolabel.be/de/allgemein/das-eu-ecolabel#:~:text=Das%20EU%20Ecolabel%20oder%20Euroblume,besser%20f%C3%BCr%20die%20Umwelt%20sind, abgerufen am 25.3.2024.
[46] Forest Stewardship Council (FSC), https://www.wwf.de/themen-projekte/waelder/verantwortungsvollere-waldnutzung/fsc-was-ist-das, abgerufen am 25.3.2024.
[47] Programme for the Endorsement of Forest Certification Schemes (PEFC), https://en.wikipedia.org/wiki/Programme_for_the_Endorsement_of_Forest_Certification, abgerufen am 25.3.2024.
[48] DIN EN ISO 14001, https://www.beuth.de/de/norm-entwurf/din-en-iso-14001/215527304, abgerufen am 25.3.2024.
[49] DIN EN ISO 50001, https://www.umweltbundesamt.de/energiemanagementsysteme-iso-50001, abgerufen am 25.3.2024.
[50] Eco Management and Audit Scheme EMAS, https://www.emas.de/fileadmin/user_upload/4-pub/Leitfaden-EMAS-Einstieg.pdf#:~:text=EMAS%20(Eco-Management%20and%20Audit%20Scheme)%20ist%20ein%20Akronym,(UMS)%20nachhaltiger%20wirtschaften%20m%C3%B6chten, abgerufen am 25.3.2024.

Kapitel 5

[1] Franz-Xaver Kaufmann, Der Ruf nach Verantwortung: Risiko und Ethik in einer unüberschaubaren Welt. Freiburg i. Br.: Herder, 1992, S. 42.
[2] Nachhaltigkeitsdefinition der Universität von Alberta, https://www.su.ualberta.ca/services/sustainsu/about/definition/.
[3] Umtriebszeit, https://www.wald-prinz.de/umtriebszeit-wie-lange-benotigt-ein-baum-bis-zur-hiebsreife/3697.
[4] Hans Carl von Carlowitz, Sylvicultura oeconomica oder Haußwirthliche Nachricht und Naturmäßige Anweisung zur Wilden Baum-Zucht, 1713, Nachdruck. Oecom Verlag München, 2022, ISBN: 978-3-96238-356-5.
[5] Wie lange braucht ein Baum bis zur Hiebreife?, https://www.deutschewildtierstiftung.de/baumarten-laubbaum-nadelbaum, https://www.wald-prinz.de/umtriebszeit-wie-lange-benotigt-ein-baum-bis-zur-hiebsreife/3697.

[6] H. Polley, Der Normalvorrat. AFZ-Der Wald 21 (2008), 1155 ff.
[7] Jürgen Backhaus, Fritz Helmedag (Hrsg.), Holzwege, Forstpolitische Optionen auf dem Prüfstand. Marburg (Metropolis), 2002, S. 11–42.
[8] Durchschnittliche Lebensdauer eines Smartphones, https://everphone.com/de/blog/lebensdauer-smartphone/.
[9] Elektrogeräte gehen schneller kaputt, https://www.wiwo.de/technologie/umwelt/umweltbundesamt-studie-elektrogeraete-gehen-immer-schneller-kaputt/11444634.html – berufend auf eine Studie von Umweltbundesamt (UBA), Öko-Institut und der Uni Bonn.
[10] G. B. Tallmann, Planned obsolescence: the setting – the issues involved. In: T. L. Berg, A. Shuchman (Eds.): Product Strategy and Management. London–New York, 1963.
[11] Energieausweis und Energieberatung, https://www.berger-immobilienbewertung.de/informationen/energieausweis-und-energieberatung/lebensdauer-von-bauteilen/, Zugriff am 20.1.2024.
[12] SIA Zürich 1995, BMBau Bonn 1994, LBB Aachen 1995, Verein Deutscher Ingenieure 1983, IP Bau Bern 1994 zitiert in https://www.berger-immobilienbewertung.de/informationen/energieausweis-und-energieberatung/lebensdauer-von-bauteilen/, Zugriff am 20.1.2024.
[13] Hans-Joachim Putz, Samuel Schabel, Der Mythos begrenzter Faserlebenszyklen. Über die Leistungsfähigkeit einer Papierfaser. Wochenbl. Pap.fabr. 6 (2018), 350–357.
[14] Michael Has, Jori Ringmans-Beck, Jean-Francois Robert, Gary Williams, et al., Design and Management for Circularity – the Case of Paper, 2016, http://www3.weforum.org/docs/WEF_Design_Management_for_Circularity.pdf.
[15] Ian Vázquez-Rowe, Pedro Villanueva-Rey, Ma Teresa Moreira, Gumersindo Feijoo, Environmental analysis of Ribeiro wine from a timeline perspective: harvest year matters when reporting environmental impacts. J. Environ. Manag. 98 (2012), 73–83.
[16] 7th Generation Responsibility, https://www.iisd.org/system/files/publications/seventh_gen.pdf.
[17] Lebensdauer von Indianern in Nordamerika, https://www.spektrum.de/lexikon/biologie-kompakt/generationszeit/4681, Lebensdauer von Indianern in Nordamerika heute ist laut, http://dms-portal.bildung.hessen.de/elc/fortbildung/kuns/kuns_b4/literaturmat/b4_Hintergrundinfo_zu_Indianer_Ojibwa0001.pdf, etwa 66 Jahre.
[18] Jay Forrester, World Dynamics. Cambridge, Mass.: Wright-Allen Press, 1971.
[19] D. Meadows et al., Die Grenzen Des Wachstums: Bericht Des Club of Rome Zur Lage Der Menschheit. Stuttgart: Deutsche Verlags-Anstalt, 1972.
[20] S. Dixon-Decleve, O. Gaffrey, J. Ghosh, J. Randers, J. Rockström, P. Stocknes, (Earth for all, der neue Bericht des Club of Rome. München: oekom Verlag, 2023).
[21] G. H. Brundtland, Our Common Future: Report of the World Commission on Environment and Development. Geneva, UN-Dokument A/42/427, 1987. http://www.un-documents.net/ocf-ov.htm (S. Dixon, O. Gaffney, J. Ghosh, J. Randers, J. Rockstrom, P. Stockness, Earth for all, München, 2022).
[22] Eric H. Cline, 1177 B. C.: The Year Civilization Collapsed: Revised and Updated. Princeton University Press, 2021, ISBN: 9780691208015.
[23] Katherine Richardson et al., Earth beyond six of nine planetary boundaries. Sci. Adv. 9 (2023), eadh2458. https://doi.org/10.1126/sciadv.adh2458.
[24] H.-J. Schellnhuber, „Kosmos" zur „Erdsystemanalyse", Vortrag im Rahmen der Konferenz: „Alexander von Humboldt: Die ganze Welt, der ganze Mensch", Berlin, 13.06.2019, Eine Veranstaltung der Berlin-Brandenburgischen Akademie der Wissenschaften, https://www.youtube.com/watch?v=sRQMm7joLlg, (~ 21 Min.) Zugriff am 23.01.2024.

Kapitel 6

[1] Ökologische Nischen, https://de.wikipedia.org/wiki/%C3%96kologische_Nische.

[2] M. Glaser, G. Krause, B. Ratter, M. Welp, Human–nature-interaction in the anthropocene. Potential of Social-Ecological Systems Analysis, 2008.
[3] Ahjond S. Garmestani, Craig Reece Allen, Lance Gunderson, Panarchy: discontinuities reveal similarities in the dynamic system structure of ecological and social systems. Ecol. Soc. 14(1) (2009). https://doi.org/10.5751/ES-02744-140115.
[4] P. Milanesi, L. Giraudo, A. Morand, R. Viterbi, G. Bogliani, Does habitat use and ecological niches shift over the lifespan of wild species? Patterns of the bearded vulture population in the Western Alps. Ecol. Res. 31 (2) (2015), 229–238. Nischen haben eine begrenzte Lebensdauer – was zum Aussterben von Arten führen kann. https://esj-journals.onlinelibrary.wiley.com/doi/abs/10.1007/s11284-015-1329-4, abgerufen am 25.3.2024.
[5] Derek J. de Solla Price, Little Science, Big Science. New York: Columbia University Press, 1963, ISBN 978-0-231-08562-5.
[6] What Made Apollo a Success? A series of eight articles reprinted by permission from the March 1970 issue of Astronautics & Aeronautics, A publication of the American Institute of Aeronautics and Astronautics, frei verfügbar unter, https://ntrs.nasa.gov/api/citations/19720005243/downloads/19720005243.pdf, abgerufen am 25.3.2024 darin: K. S. Kleinknecht Design Principles Stressing Simplicity.
[7] Blake Alcott, Jevons' paradox. Ecol. Econ. 54 (1) (1 July 2005), 9–21. https://www.sciencedirect.com/science/article/abs/pii/S0921800905001084, abgerufen am 25.3.2024.
[8] L. H. Gunderson, C. S. Holling, Panarchy: Understanding Transformations in Human and Natural Systems. Washington, D. C., US: Island Press, 2002.
[9] C. S. Holling, Resilience and stability of ecological systems. Annu. Rev. Ecol. Syst. 4 (1973), 1–23.
[10] Lance H. Gunderson, Craig Reece Allen, C. S. Holling (Eds.), Foundations of Ecological Resilience. Washington London: Island Press, 2003.
[11] https://www.stockholmresilience.org, abgerufen am 25.3.2024.
[12] Irene Kuhmonen, Tuomas Kuhmonen, Transitions through the dynamics of adaptive cycles: evolution of the Finnish agrifood system. Agric. Syst. 206 (March 2023), 103604.
[13] Marc Escamilla Nacher, Carla Sofia Santos Ferreira, Michael Jones, Zahra Kalantari, Application of the adaptive cycle and panarchy in La Marjaleria social-ecological system: reflections for operability. Land 10(9) (2021), 980. https://doi.org/10.3390/land10090980.
[14] C. Holling, Understanding the complexity of economic, ecological, and social systems. Ecosystems 4 (2001), 390–405.
[15] Reinette Biggs et al., Toward principles for enhancing the resilience of ecosystem services. Annu. Rev. Environ. Resour. 37 (2012), 421–448.
[16] Katherine Richardson et al., Earth beyond six of nine planetary boundaries. Sci. Adv. 9 (2023), eadh2458. https://doi.org/10.1126/sciadv.adh2458.
[17] G. Villalba, M. Segarra, A. I. Fernández, J. M. Chimenos, F. Espiell, A proposal for quantifying the recyclability of materials. Resour. Conserv. Recycl. 37 (1) (December 2002), 39–53. https://doi.org/10.1016/S0921-3449(02)00056-3.
[18] Martin Geissdoerfer, Paulo Savaget, Nancy M. P. Bocken. Erik Jan Hultink, The circular economy – a new sustainability paradigm? (PDF). J. Clean. Prod. 143 (1 February 2017), 757–768. https://doi.org/10.1016/j.jclepro.2016.12.048. S2CID 157449142, ISO 15270:2008, ISO 14001:2015.
[19] https://www.ellenmacarthurfoundation.org/, abgerufen am 25.3.2024.
[20] Michael H. Huesemann, The limits of technological solutions to sustainable development. Clean Technol. Environ. Policy 5 (1) (2003), 21–34. Bibcode:2003CTEP....5...21H. https://doi.org/10.1007/s10098-002-0173-8. S2CID 55193459.
[21] François Grosse, Is recycling „part of the solution"? The role of recycling in an expanding society and a world of finite resources. S.A.P.I.EN.S – Surv. Perspect. Integr. Environ. Soc. 3 (1) (2010).
[22] Joseph Stiglitz, Amartya Sen, Jean Paul Fitoussi, Mismeasuring Our Lives. New York: The New Press, 2010, ISBN 978-1-59558-519-6.

[23] Donella Meadows, Dennis Meadows, Jørgen Randers, William W. Behrens III, The Limits to Growth. A Report for the Club of Rome's Project on the Predicament of Mankind. New York: Universe Books, 1972, ISBN 0-87663-165-0.

[24] R. Kurz, Postgrowth. In: S. Idowu, R. Schmidpeter, N. Capaldi, L. Zu, M. Del Baldo, R. Abreu (Eds.): Encyclopedia of Sustainable Management. Cham: Springer, 2020, https://doi.org/10.1007/978-3-030-02006-4_499-1.

[25] Marco Capasso, Hansen Teis, Jonas Heiberg, Antje Klitkou, Markus Steen, Green growth – a synthesis of scientific findings. Technol. Forecast. Soc. Change 146 (2019), 390–402. ISSN 0040-1625. https://doi.org/10.1016/j.techfore.2019.06.013.

[26] Harlad Sverdrup, Deniz Koca, The WORLD Model Development and The Integrated Assessment of the Global Natural Resources, Environmental Research of the Federal Ministry for the Environment, Nature Conservation and Nuclear Safety Project No. (FKZ) 3712 93 102 Report No. (UBA-FB) 002711/ENG, Berlin, 2018.

[27] F. Lindner, Ökologische Nachhaltigkeit und materieller Wohlstand – Ein Zielkonflikt?, Nachhaltige Soziale Marktwirtschaft Focus Paper, 10, Bertelsmann Stiftung, 2023.

[28] E. F. Schumacher, Small Is Beautiful: Economics As If People Mattered: 25 Years Later...With Commentaries. Hartley & Marks Publishers, 1999, ISBN 0-88179-169-5.

[29] Thorstein Veblen, 1857–1929, The Theory of the Leisure Class. New York, N. Y., U. S. A.: Penguin Books, 1994.

[30] M. King Hubbert, „Nuclear Energy and the Fossil Fuels" (PDF). Drilling and Production Practice, American Petroleum Institute & Shell Development Co. Publication No. 95, 1956. See pp. 9–11, 21–22.

[31] D. J. Murphy, The implications of the declining energy return on investment of oil production. Philos. Trans. - Royal Soc., Math. Phys. Eng. Sci. 372 (Jan. 2014) (2006), 20130126. https://doi.org/10.1098/rsta.2013.0126.

[32] Thomas Homer-Dixon, The Uoside of Down. Canada: Random House, 2006.

[33] Max Plank Institut für Synthetische Biologie, Leben ist Definitionssache, https://www.synthetische-biologie.mpg.de/17480/was-ist-leben, aufgerufen 24.04.2024.

[34] Institut für soziale Ökologie der Universität Wien, Gesellschaftlicher Stoffwechsel, https://boku.ac.at/wiso/sec/forschung/gesellschaftlicher-stoffwechsel, aufgerufen am 24.04.2024.

[35] Karl-Heinrich Grote, Jörg Feldhusen (Hrsg.), Dubbel – Taschenbuch für den Maschinenbau. 22. Auflage. Berlin: Springer, 2007, ISBN 978-3-540-49714-1, Kapitel L2.

Biographie

Nach einer Ausbildung zum Chemiefacharbeiter studierte Michael Has Physik an der Universität Regensburg und Marketing am INSEAD in Fontainebleau. Er promovierte 1991 an der Universität Regensburg auf dem Gebiet der Biophysik mit einer Arbeit über Druck- und Temperatureffekte auf die hydrophobe Wechselwirkung. Has war über viele Jahre Teil des Vorstands der Gesellschaft für bedrohte Völker und leitete die wissenschaftliche Arbeit des World Uranium Hearings. Seine Arbeiten zum Thema Alternativtourismus führten zu dem Buch „Der Neue Tourismus", das 1991 erschien. Am FOGRA-Institut in München leitete Dr. Has die Bereiche Innovationsforschung und Druckvorstufe. Er gründete und leitete die Arbeitsgruppe, aus der später das International Color Consortium (ICC) hervorging, und er war eines der Gründungsmitglieder des ICC. Für das ICC war er mehrere Jahre lang als deren technischer Sekretär tätig.

Dr. Has war in mehreren industriellen Beratungsgremien tätig und beteiligte sich an Start-up-Unternehmen.

Nach seinem Eintritt bei Océ im Jahr 1998 bekleidete er leitende Positionen in den Bereichen Forschung und Entwicklung, Partnermanagement, Marketing, Produktlinienmanagement und Produktstrategie. Er verantwortete mehrere neue Produkt-und Portfolioentwicklungen und erfolgreiche Markteintritte im Bereich Software und Hardware.

Parallel zu seiner Tätigkeit in der Industrie habilitierte sich Dr. Has 1998 am Institut National Polytechnique der Universität Grenoble.

Seit 1998 lehrt er in Grenoble als distinguished Professor. Als Gastdozent ist er derzeit an der Universität Klagenfurt tätig. Zu seinen Lehrthemen gehören neue Technologien sowie Unternehmens- und Portfoliostrategie. Ausgehend von der Analyse der Kreislaufwirtschaft von Papier beschäftigt er sich seit 2011 mit dem Schwerpunkt der Nachhaltigkeit. In diesem Zusammenhang befasst er sich mit nichtfinanzieller Berichterstattung sowie der Erfassung und Bewertung von Daten (KPIs, Fußabdrücke und Risiken), die in Berichte aufgenommen werden sollen, einschließlich Maßnahmen zur Reduzierung von Fußabdrücken und Ecodesign. Dabei hat er mit Unternehmen und Produkten aus sehr unterschiedlichen Branchen wie der Automobil-, Chemie- oder Druckindustrie gearbeitet.

Seine wissenschaftliche Arbeit zur Entwicklung der Industrie führte zu zahlreichen Veröffentlichungen im Bereich Workflow-Management, Marktentwicklung in der Druckindustrie, Digitaldruck und Farbmanagement. Für letzteres wurde er mit einem Mac World Award ausgezeichnet und erhielt den Seybold Award for Innovation. Nach 2010 konzentrierte er seine wissenschaftliche Arbeit auf das Thema Nachhaltigkeit.

Has ist geschäftsführender Partner bei der Düsseldorfer Beratungsagentur Monopteros. Er berät Unternehmen und Organisationen zu nachhaltigkeitsrelevanten Themen, nicht-finanziellen Berichten und der Bewertung von Daten (KPIs, Fußabdrücke und Risiken), die in Berichte aufgenommen werden sollen, einschließlich Maßnahmen zur Reduzierung von Fußabdrücken und Ecodesign.

In Anerkennung seiner Arbeit wurde er zum Vertrauensdozenten der Hans-Böckler-Stiftung (der Stiftung des Deutschen Gewerkschaftsbundes) berufen. Dr. Has leitet als Vorsitzender des Stiftungsrates die Stiftung Vielfalt der Kulturen der Welt. Die Stiftung Vielfalt beschäftigt sich mit Menschenrechtsaktivitäten und Projekten für ethnische und religiöse Minderheiten und unterstützt diese.

(http://pagora.grenoble-inp.fr/fr/annuaire/michael-has,

https://de.wikipedia.org/wiki/Michael_Has,

https://monopteros.net)

www.ingramcontent.com/pod-product-compliance
Lightning Source LLC
Chambersburg PA
CBHW081419230426
43668CB00016B/2292